推荐系统
核心技术与实践

游雪琪　刘建涛 ◎ 编著

清华大学出版社
北京

内 容 简 介

本书循序渐进地讲解了使用 Python 语言开发推荐系统的核心知识，并通过实例的实现过程演练了各个知识点的使用方法和使用流程。全书共分 12 章，内容包括推荐系统基础知识介绍、基于内容的推荐、协同过滤推荐、混合推荐、基于标签的推荐、基于知识图谱的推荐、基于隐语义模型的推荐、基于神经网络的推荐模型、序列建模和注意力机制、强化推荐学习、电影推荐系统、动漫推荐系统等。本书内容讲解简洁而不失技术深度，内容丰富全面，用简练的文字介绍了复杂的案例，易于读者学习。

本书适用于已经了解了 Python 语言基础语法，想进一步学习机器学习、深度学习、推荐系统技术的读者，还可以作为高等院校相关专业师生和培训机构的教材。

本书封面贴有清华大学出版社防伪标签，无标签者不得销售。
版权所有，侵权必究。举报：010-62782989，beiqinquan@tup.tsinghua.edu.cn。

图书在版编目(CIP)数据

推荐系统核心技术与实践 / 游雪琪，刘建涛编著.
北京：清华大学出版社, 2025. 2. -- ISBN 978-7-302-68194-6

Ⅰ. TP312.8
中国国家版本馆 CIP 数据核字第 2025K89562 号

责任编辑：魏　莹
封面设计：李　坤
责任校对：李玉茹
责任印制：宋　林
出版发行：清华大学出版社
　　　　　网　　址：https://www.tup.com.cn, https://www.wqxuetang.com
　　　　　地　　址：北京清华大学学研大厦 A 座　　邮　编：100084
　　　　　社 总 机：010-83470000　　邮　购：010-62786544
　　　　　投稿与读者服务：010-62776969, c-service@tup.tsinghua.edu.cn
　　　　　质量反馈：010-62772015, zhiliang@tup.tsinghua.edu.cn
印　装　者：河北鹏润印刷有限公司
经　　　销：全国新华书店
开　　　本：185mm×230mm　　印　张：22.5　　字　数：449 千字
版　　　次：2025 年 3 月第 1 版　　印　次：2025 年 3 月第 1 次印刷
定　　　价：99.00 元

——

产品编号：104589-01

前　　言

随着信息时代的不断演进，我们日常生活中面临的选择越来越多，从电影、音乐、图书到购物和旅行，每一个领域都有着无尽的选项。在这个信息爆炸的时代，推荐系统成为我们日常生活中不可或缺的一部分，为我们提供了个性化、智能化的指导和建议。本书旨在深入探索推荐系统背后的原理、方法和应用，帮助读者更好地理解并应用这一领域的知识。本书从推荐系统的基础知识入手，逐步引导读者走进推荐系统的世界，深入探讨了基于内容、协同过滤、混合推荐、基于标签和知识图谱的推荐方法，以及利用强化学习、神经网络和序列建模等技术不断拓展推荐系统的边界。无论您是初学者，还是已经有了一定经验的从业者，本书都将为您提供有价值的信息和见解。

写作本书的初衷是帮助那些对推荐系统感兴趣的读者，从一个系统的角度深入了解这一领域。推荐系统不仅是一门技术，更是与我们的日常生活息息相关的智能伙伴。在这个充满机遇和挑战的领域，让我们一同踏上探索推荐系统的旅程，探讨智能化未来的可能性。

本书特色

1. 涵盖推荐系统的多个领域

本书对推荐系统领域的多个关键方面进行了深入研究，涵盖了基础知识、基于内容的推荐、协同过滤、混合推荐、基于标签的推荐、基于知识图谱的推荐、强化学习等多个主题。

2. 理论与实践结合

本书不仅介绍了推荐系统的理论基础知识，还提供了丰富的实际应用案例。每个主题都伴随着详细的理论讲解和实际代码示例，帮助读者深入理解并实际应用所学知识。

3. 深入讲解推荐技术

本书不仅介绍了推荐系统的基础知识，还深入讨论了各种推荐算法的原理、方法和优缺点，读者可以从中深入了解不同算法背后的思想和适用场景。

4. 涵盖新兴推荐技术

本书涵盖了一些新兴的推荐技术领域，如基于神经网络的推荐模型、基于强化学习的推荐模型等，这些内容将帮助读者紧跟推荐系统领域的最新发展动态。

5. 提供丰富的配套资源

本书提供了网络视频教学，这些视频能够帮助读者快速入门，增强学习的信心，从而理解所学知识。读者可通过扫描每章二级标题下的二维码获取视频资源，既可在线观看，也可以下载到本地随时学习。此外，本书的配套学习资源中还提供了全书案例的源代码和PPT课件，读者可通过扫描下方的二维码获取。

源代码

PPT 课件

本书读者对象

- 数据科学家：对于从事数据分析和挖掘工作的专业人士，本书提供了深入的推荐系统技术和算法知识，帮助他们提升在推荐系统领域的专业能力。
- 机器学习工程师：对于专注于机器学习和深度学习的工程师来说，书中关于推荐系统的算法实现和模型优化等内容将对他们的工作具有直接的指导意义。
- 推荐系统开发者：对于正在开发或计划开发推荐系统的技术人员，本书提供了从理论到实践的全面指导，包括系统设计、算法选择和性能评估。
- 相关专业的在校大学生：对于计算机科学、信息科学、数据科学等相关专业的学术研究者和学生，本书可以作为学习和研究推荐系统的教材或参考资料。
- 技术爱好者和自学者：对于对推荐系统感兴趣并希望自学相关知识的技术爱好者，本书提供了丰富的技术细节和实践案例，非常适合作为自学材料。

致谢

本书在编写过程中，得到了清华大学出版社编辑的大力支持，正是各位编辑的求实、耐心和效率，才使得本书能够在短时间内成功出版。另外，也十分感谢我的家人给予的巨大支持。因本人水平有限，书中可能存在纰漏之处，诚请读者提出宝贵的意见或建议，以便修订并使之更加完善。

最后感谢您购买本书，希望本书能成为您编程路上的领航者，祝您学习愉快！

编　者

目 录

第 1 章 推荐系统基础知识介绍 1
  1.1 推荐系统简介 2
    1.1.1 推荐系统的应用领域 2
    1.1.2 推荐系统的重要性 2
  1.2 推荐系统和人工智能 3
    1.2.1 机器学习 3
    1.2.2 深度学习 4
    1.2.3 推荐系统与人工智能的关系 4
  1.3 推荐系统算法概览 5
  1.4 推荐系统面临的挑战 6
    1.4.1 用户隐私和数据安全问题 6
    1.4.2 推荐算法的偏见和歧视 7
    1.4.3 推荐算法面临的社会影响和道德考量 8

第 2 章 基于内容的推荐 9
  2.1 文本特征提取 10
    2.1.1 词袋模型 10
    2.1.2 n-gram 模型 14
    2.1.3 特征哈希 16
  2.2 TF-IDF(词频-逆文档频率) 18
    2.2.1 词频计算 19
    2.2.2 逆文档频率计算 20
    2.2.3 TF-IDF 权重计算 22
  2.3 词嵌入 23
    2.3.1 分布式表示方法 23
    2.3.2 使用 Word2Vec 模型 24
    2.3.3 使用 GloVe 模型 26
  2.4 主题模型 26
    2.4.1 潜在语义分析 27
    2.4.2 隐含狄利克雷分布 28
    2.4.3 主题模型的应用 29
  2.5 文本分类和标签提取 31
    2.5.1 传统机器学习 31
    2.5.2 卷积神经网络 34
    2.5.3 循环神经网络 45
  2.6 文本情感分析 48
    2.6.1 机器学习方法 48
    2.6.2 深度学习方法 50

第 3 章 协同过滤推荐 57
  3.1 协同过滤推荐介绍 58
  3.2 基于用户的协同过滤 58
    3.2.1 基于用户的协同过滤推荐算法的基本步骤 58
    3.2.2 使用 Python 实现基于用户的协同过滤推荐 59
  3.3 基于物品的协同过滤 61
    3.3.1 计算物品之间的相似度 61
    3.3.2 协同过滤推荐实践 62
  3.4 基于模型的协同过滤 63
    3.4.1 矩阵分解模型 64
    3.4.2 基于图的模型 66
  3.5 混合型协同过滤 69

第 4 章 混合推荐 73

4.1 特征层面的混合推荐 74
- 4.1.1 特征层面混合推荐介绍 74
- 4.1.2 用户特征融合 74
- 4.1.3 物品特征融合 76

4.2 模型层面的混合推荐 78
- 4.2.1 基于加权融合的模型组合 78
- 4.2.2 基于集成学习的模型组合 80
- 4.2.3 基于混合排序的模型组合 82
- 4.2.4 基于协同训练的模型组合 86

4.3 策略层面的混合推荐 88
- 4.3.1 动态选择推荐策略 88
- 4.3.2 上下文感知的推荐策略 91

第 5 章 基于标签的推荐 101

5.1 标签的获取和处理 102
- 5.1.1 获取用户的标签 102
- 5.1.2 获取物品的标签 104
- 5.1.3 标签预处理和特征提取 106

5.2 标签相似度计算 110
- 5.2.1 基于标签频次的相似度计算 110
- 5.2.2 基于标签共现的相似度计算 112
- 5.2.3 基于标签语义的相似度计算 118

5.3 基于标签的推荐算法 119
- 5.3.1 基于用户标签的推荐算法 120
- 5.3.2 基于物品标签的推荐算法 123

5.4 标签推荐系统的评估和优化 125
- 5.4.1 评估指标的选择 125
- 5.4.2 优化标签推荐效果 126

第 6 章 基于知识图谱的推荐 127

6.1 知识图谱介绍 128
- 6.1.1 知识图谱的定义和特点 128
- 6.1.2 知识图谱的构建方法 129
- 6.1.3 知识图谱与个性化推荐的关系 129

6.2 知识表示和语义关联 130
- 6.2.1 实体和属性的表示 130
- 6.2.2 关系的表示和推理 132
- 6.2.3 语义关联的计算和衡量 134

6.3 知识图谱中的推荐算法 137
- 6.3.1 基于路径的推荐算法 137
- 6.3.2 基于实体的推荐算法 139
- 6.3.3 基于关系的推荐算法 142
- 6.3.4 基于知识图谱推理的推荐算法 146

第 7 章 基于隐语义模型的推荐 149

7.1 隐语义模型概述 150
- 7.1.1 隐语义模型介绍 150
- 7.1.2 隐语义模型在推荐系统中的应用 151

7.2 潜在语义索引 151
- 7.2.1 LSI 的基本思想和实现步骤 151
- 7.2.2 使用 Python 实现潜在语义索引 152

7.3 潜在狄利克雷分配 155
- 7.3.1 实现 LDA 的基本步骤 155
- 7.3.2 使用库 Gensim 构建推荐系统 156

7.4 增强隐语义模型的信息来源 159

7.4.1 基于内容信息的隐语义模型 159
7.4.2 时间和上下文信息的隐语义模型 161
7.4.3 社交网络信息的隐语义模型 163

第 8 章 基于神经网络的推荐模型 167

8.1 深度推荐模型介绍 168
 8.1.1 传统推荐模型的局限性 168
 8.1.2 深度学习在推荐系统中的应用 168
8.2 基于多层感知器的推荐模型 169
 8.2.1 基于 MLP 推荐模型的流程 169
 8.2.2 用户和物品特征的编码 170
8.3 基于卷积神经网络的推荐模型 172
 8.3.1 卷积神经网络的用户和物品特征的表示 172
 8.3.2 卷积层和池化层的特征提取 173
8.4 基于循环神经网络的推荐模型 177
 8.4.1 序列数据的建模 178
 8.4.2 历史行为序列的特征提取 182
8.5 基于自注意力机制的推荐模型 185
 8.5.1 自注意力机制介绍 186
 8.5.2 使用基于自注意力机制的推荐模型 186
8.6 基于强化学习的推荐模型 190
 8.6.1 基于强化学习的推荐模型的构成 190
 8.6.2 Q-learning 算法 191
 8.6.3 深度 Q 网络算法介绍 193

第 9 章 序列建模和注意力机制 203

9.1 序列建模 204
 9.1.1 使用长短期记忆网络建模 204
 9.1.2 使用门控循环单元建模 210
9.2 注意力机制 213
 9.2.1 注意力机制介绍 213
 9.2.2 注意力机制在推荐系统中的作用 214
 9.2.3 使用自注意力模型 215
9.3 使用 Seq2Seq 模型和注意力机制实现翻译系统 219
 9.3.1 Seq2Seq 模型介绍 220
 9.3.2 使用注意力机制改良 Seq2Seq 模型 221
 9.3.3 准备数据集 222
 9.3.4 数据预处理 222
 9.3.5 实现 Seq2Seq 模型 226
 9.3.6 训练模型 232
 9.3.7 模型评估 237
 9.3.8 训练和评估 238
 9.3.9 注意力的可视化 240

第 10 章 强化推荐学习 245

10.1 强化学习的基本概念 246
 10.1.1 基本模型和原理 246
 10.1.2 强化学习中的要素 247
 10.1.3 网络模型设计 247
 10.1.4 强化学习和深度强化学习 248
10.2 强化学习算法 249
 10.2.1 值迭代算法 249
 10.2.2 蒙特卡洛方法 251
10.3 深度确定性策略梯度算法 253

10.3.1　DDPG 算法的核心思想
　　　　　　和基本思路................253
　　10.3.2　使用 DDPG 算法实现推荐
　　　　　　系统....................254
10.4　双重深度 Q 网络算法..............257
　　10.4.1　双重深度 Q 网络介绍........257
　　10.4.2　基于双重深度 Q 网络的歌曲
　　　　　　推荐系统................257
10.5　PPO 策略优化算法................262
　　10.5.1　PPO 策略优化算法介绍......262
　　10.5.2　使用 PPO 策略优化算法实现
　　　　　　推荐系统................263
10.6　TRPO 算法......................265
　　10.6.1　TRPO 算法介绍............266
　　10.6.2　使用 TRPO 算法实现商品
　　　　　　推荐系统................266
10.7　A3C 算法.......................269
　　10.7.1　A3C 算法介绍.............269
　　10.7.2　使用 A3C 算法训练推荐
　　　　　　系统....................269

第 11 章　电影推荐系统..................273

11.1　系统介绍........................274
　　11.1.1　背景介绍..................274
　　11.1.2　推荐系统和搜索引擎.........275
　　11.1.3　项目介绍..................275
11.2　系统模块........................276
11.3　探索性数据分析..................277
　　11.3.1　导入库文件................277
　　11.3.2　数据预处理................278
　　11.3.3　数据可视化................282
11.4　推荐系统........................296

　　11.4.1　混合推荐系统..............297
　　11.4.2　深度学习推荐系统..........303

第 12 章　动漫推荐系统..................313

12.1　背景介绍........................314
　　12.1.1　动漫发展现状..............314
　　12.1.2　动漫未来的发展趋势........314
12.2　系统分析........................315
　　12.2.1　需求分析..................315
　　12.2.2　系统目标分析..............315
　　12.2.3　系统功能分析..............316
12.3　准备数据集......................316
　　12.3.1　动漫信息数据集............317
　　12.3.2　评分信息数据集............317
　　12.3.3　导入数据集................317
12.4　数据分析........................318
　　12.4.1　基础数据探索方法..........318
　　12.4.2　数据集摘要................321
　　12.4.3　深入挖掘..................325
　　12.4.4　热门动漫..................327
　　12.4.5　统计动漫类别..............328
　　12.4.6　总体动漫评价..............331
　　12.4.7　基于评分的热门动漫........334
　　12.4.8　按类别划分的动漫评分
　　　　　　分布....................335
　　12.4.9　动漫类型..................343
　　12.4.10　最终数据预处理...........345
12.5　推荐系统........................346
　　12.5.1　协同过滤推荐系统..........346
　　12.5.2　基于内容的推荐系统........349
12.6　总结............................352

第1章 推荐系统基础知识介绍

推荐系统是近年来兴起的一项技术,能够有针对性地为用户推荐相关信息。本章将简要介绍和推荐系统有关的基础知识。

1.1 推荐系统简介

推荐系统是一种信息过滤技术，它根据用户的偏好和兴趣，提供个性化的推荐内容。推荐系统通过分析用户的历史行为、偏好、兴趣以及与其他用户的相似性等数据，来预测用户可能喜欢的物品或信息，并将这些推荐内容展示给用户，可以帮助用户发现新的产品、服务或内容，提高用户满意度和忠诚度，促进销售额和交易量的增长。

扫码看视频

1.1.1 推荐系统的应用领域

推荐系统的应用领域非常广泛，以下是一些主要的应用领域。

- 电子商务：推荐系统在电子商务平台中被广泛应用，用于帮助用户发现和购买感兴趣的产品。通过分析用户的购买历史、浏览行为和评价等信息，推荐系统可以向用户推荐个性化的商品，提高用户购物体验并促进销售额的增长。
- 社交媒体：社交媒体平台可利用推荐系统向用户推荐可能感兴趣的朋友、关注的主题或页面，以及相关的帖子、新闻和内容。这有助于用户发现新的社交联系，获取感兴趣的内容，并增强用户对平台的参与度和黏性。
- 音乐和视频流媒体：音乐和视频流媒体平台可利用推荐系统为用户推荐符合其口味的音乐、歌曲、电影和电视剧集。推荐系统会根据用户的听歌或观看历史、喜欢的艺术家或演员等信息，提供个性化的推荐内容，从而提升用户的娱乐体验。
- 新闻和文章推荐：在线新闻和文章平台可利用推荐系统向用户推荐相关且个性化的新闻和文章内容。根据用户的浏览历史、阅读兴趣和偏好，推荐系统可以过滤和排序大量的新闻和文章，为用户呈现最相关和有价值的内容。

除了上述应用领域，推荐系统还在旅游、餐饮、在线学习、广告推荐等多个行业中得到应用。随着数据量的增长和机器学习技术的进步，推荐系统在提供个性化用户体验，提高用户满意度和促进商业增长方面发挥着越来越重要的作用。

1.1.2 推荐系统的重要性

在现代信息时代，推荐系统的重要性体现在如下几个方面。

- 个性化体验：推荐系统能够根据用户的兴趣和偏好提供个性化的推荐内容，使用户能够更快地找到感兴趣的信息或产品，提升用户的满意度和体验。
- 信息过滤和发现：在大量的信息和内容中，推荐系统可以过滤和筛选出最相关和有价值的信息,帮助用户发现新的产品、服务或内容,节省用户的时间和精力。
- **提高销售额和转化率**:在电子商务领域,推荐系统可以推动销售增长,提高转化率。通过向用户展示他们可能感兴趣的产品,可以增加用户购买的可能性,从而促进交易量和销售额的增长。
- **用户参与度和忠诚度**:个性化的推荐内容可以提高用户对平台或应用的参与度和忠诚度。通过为用户提供符合其兴趣和需求的推荐,可以增加用户的使用频率和黏性,提高用户的忠诚度。

1.2 推荐系统和人工智能

推荐系统是人工智能(Artificial Intelligence,AI)的一个重要应用领域,它能利用 AI 技术和算法,根据用户的兴趣、行为和偏好,提供个性化的推荐内容。在学习推荐系统的核心知识之前,需要先了解人工智能的几个相关概念。

扫码看视频

1.2.1 机器学习

机器学习(Machine Learning,ML)是一门多领域交叉学科,涉及概率论、统计学、逼近论、凸分析、算法复杂度理论等多门学科。机器学习研究计算机怎样模拟或实现人类的学习行为,以获取新的知识或技能,重新组织已有的知识结构,并不断改善自身的性能。

机器学习是一类算法的总称,这些算法企图从大量历史数据中挖掘出隐含的规律,并用于预测或者分类。更具体地说,机器学习可以看成一个函数,输入的是样本数据,输出的是期望的结果,只是这个函数过于复杂,以至于不太方便形式化表达。需要注意的是,机器学习的目标是使学到的函数很好地适用于"新样本",而不仅仅是在训练样本上有很好的表现。学到的函数适用于新样本的能力,称为泛化(generalization)能力。

机器学习有一个显著的特点,也是机器学习最基本的做法,就是使用一个算法从大量的数据中解析得到有用的信息,并从中学习,然后对之后真实世界中会发生的事情进行预测或做出判断。机器学习需要海量的数据进行训练,并从这些数据中得到要用的信息,然后反馈给真实世界中的用户。

我们可以用一个简单的例子来说明机器学习。假设在天猫或京东购物的时候,天猫或京东会向我们推送商品信息,这些推荐的商品往往是我们很感兴趣的东西,这个过程就是通过机器学习完成的。其实这些推送商品是天猫或京东根据我们以前的购物订单和经常浏览的商品记录而得出的结论,可以从中得出商城的哪些商品是我们感兴趣的并且我们会有大概率购买,然后将这些商品定向推送给我们。

1.2.2 深度学习

如前所述,机器学习是一种实现人工智能的方法,而深度学习是一种实现机器学习的技术。深度学习并非是一种独立的学习方法,它本身也会用到有监督和无监督的学习方法来训练深度神经网络。但由于近几年该领域发展迅猛,一些特有的学习手段(如残差网络)相继被提出,因此,越来越多的人将深度学习单独看作一种学习方法。

假设我们需要识别某张照片是狗还是猫,如果是传统机器学习的方法,会首先定义一些特征,如有没有胡须、耳朵、鼻子、嘴巴的模样等。也就是说,首先要确定相应的"面部特征"作为机器学习的特征,以此来对我们的对象进行分类识别。而深度学习的方法更进一步,它能自动找出这个分类问题所需要的重要特征。那么,深度学习是如何做到这一点的呢?继续以猫和狗识别的例子进行说明,按照以下步骤执行操作。

(1) 确定有哪些边和角与识别出猫和狗的关系最大。
(2) 根据上一步识别出的小元素(边、角等)构建层级网络,找出它们之间的各种组合。
(3) 在构建层级网络之后,就可以确定根据哪些组合可以识别出猫和狗。

注意:人工智能、机器学习、深度学习三者的关系

机器学习是实现人工智能的方法,深度学习是机器学习算法中的一种方法,即一种实现机器学习的技术和学习方法。

1.2.3 推荐系统与人工智能的关系

推荐系统是人工智能的一个重要应用领域,它能利用 AI 技术和算法来实现个性化推荐,提高用户体验和商业效益。以下是总结的推荐系统与人工智能的关系。

- 数据分析和挖掘:推荐系统需要处理大量的用户行为数据和物品信息,包括用户的浏览历史、购买记录、评分等。人工智能技术可以应用于数据分析和挖掘,从中提取有用的模式和特征,用于推荐系统的建模和预测。
- 机器学习算法:推荐系统使用机器学习算法来构建推荐模型,根据用户的历史行为和反馈,预测他们可能喜欢的物品。人工智能中的各种机器学习算法(如协同过滤、矩阵分解、深度学习等)可以应用于推荐系统,提高推荐的准确性和个性化程度。
- 自然语言处理技术:推荐系统有时需要处理文本数据,如用户评论、商品描述等。自然语言处理技术可以用于理解和分析这些文本数据,从中提取关键信息和情感

倾向，为推荐系统提供更准确的信息。
- 强化学习：强化学习是人工智能中的一个重要分支，可以应用于推荐系统中。通过使用强化学习算法，推荐系统可以根据用户的反馈和系统的奖励信号，不断优化推荐策略，以获得更好的用户体验和业务效果。
- 混合智能系统：推荐系统通常利用多个智能技术和算法的组合，构建混合智能系统。这些技术包括机器学习、自然语言处理、知识图谱等，通过协同工作来提供个性化的推荐服务。

1.3 推荐系统算法概览

推荐系统算法包括多种不同的方法和技术。下面列出一些常见的推荐系统算法。

扫码看视频

- 基于内容的推荐算法(content-based recommendation algorithms)：该算法根据物品的特征和属性，为用户推荐与过去喜欢的物品相似的物品。它通过比较用户对物品的历史偏好和物品之间的相似性来进行推荐。
- 协同过滤推荐算法(collaborative filtering recommendation algorithms)：该算法利用用户的历史行为数据，比如购买记录、评分、点击行为等，计算用户之间的相似性，并基于相似用户的行为和偏好进行推荐。协同过滤可以分为基于用户的协同过滤和基于物品的协同过滤两种方法。
- 矩阵分解算法(matrix factorization algorithms)：这类算法将用户和物品之间的关系表示为一个矩阵，并通过分解该矩阵来捕捉用户和物品的潜在特征。矩阵分解算法能够发现隐藏在用户行为数据中的模式和特征，从而进行个性化推荐。
- 混合推荐算法(hybrid recommendation algorithms)：这类算法将多个推荐算法和策略进行组合，以提高推荐的准确性和多样性。例如，将基于内容的推荐和协同过滤推荐进行融合，以综合利用它们的优点。
- 基于深度学习的推荐算法(deep learning-based recommendation algorithms)：这类算法使用深度神经网络模型，如多层感知机(MLP)、卷积神经网络(CNN)、循环神经网络(RNN)等，对用户行为数据进行建模和预测，以实现更精确和高级的推荐。
- 基于图的推荐算法(graph-based recommendation algorithms)：这类算法将用户和物品之间的关系建模为图结构，并利用图的传播和节点之间的相互作用来进行推荐。图结构能够捕捉用户和物品之间的复杂关系，提供更全面和准确的推荐。

上面列出的算法仅是推荐系统中的一部分，此外，还有许多推荐算法和技术，如序列推荐、实时推荐、增强学习等。在实际应用中,需要根据具体场景和需求选择合适的算法,或结合多个算法来实现更好的推荐效果。

1.4 推荐系统面临的挑战

随着人工智能技术的发展,推荐系统得到了飞速的发展和普及,现在已经被用于各个领域。尽管如此,推荐系统的发展之路依然面临着众多挑战。本节将简要介绍推荐系统具体面临哪些挑战。

扫码看视频

1.4.1 用户隐私和数据安全问题

推荐系统面临的用户隐私和数据安全问题是一个重要挑战,特别是在处理用户个人数据和敏感信息方面。以下是需要考虑的与用户隐私和数据安全相关的方面。

- ❑ 数据收集和存储:推荐系统需要收集和存储大量的用户数据,包括浏览历史、购买记录、评分等。确保这些数据的安全和隐私保护是一个重要问题,必须防止数据泄露或未经授权的访问。
- ❑ 数据处理和共享:推荐系统可能需要与其他系统或合作伙伴共享数据,以提供更准确的推荐。在共享数据时,需要采取相应的安全措施,以确保数据的机密性和完整性。
- ❑ 匿名化和脱敏:为了保护用户隐私,推荐系统通常会采取匿名化和脱敏等技术手段,对用户数据进行处理。但是,对数据进行匿名化并不总是能够完全保护用户隐私,因此,需要谨慎处理和评估匿名化方法的安全性。
- ❑ 隐私政策和用户信任:推荐系统应该明确公布其隐私政策,告知用户数据的收集和使用方式,以建立用户对系统的信任。此外,推荐系统需要遵守相关的隐私法规和政策,确保用户数据的合法使用。
- ❑ 差分隐私保护:差分隐私是一种隐私保护的技术框架,可以在保证数据分析有效性的同时,保护用户个人隐私。推荐系统可以采用差分隐私技术来对用户数据进行噪声添加或数据扰动,从而减少敏感信息的泄露风险。
- ❑ 用户选择权和控制权:推荐系统应该尊重用户的选择权和控制权,允许用户选择是否共享个人数据,以及对推荐结果进行反馈和调整。用户应该能够方便地访问和管理他们的个人数据,并有权选择是否参与个性化推荐。
- ❑ 安全性和防护措施:推荐系统需要具备强大的安全性和防护措施,包括数据加密、访问控制、身份验证等,以防止未经授权的访问和恶意攻击。

推荐系统开发者和运营者需要重视用户隐私和数据安全问题,采取适当的技术和策略来保护用户数据，并建立用户对系统的信任。同时，监管机构和相关法规也在不断发展，要求推荐系统遵守隐私保护的法律和规定。

1.4.2 推荐算法的偏见和歧视

推荐系统面临的推荐算法的偏见和歧视是一个重要挑战，这可能导致不公平的推荐结果和对某些用户或物品的歧视。以下是需要考虑的与推荐算法的偏见和歧视相关的方面。

- 数据偏见：推荐系统使用历史用户行为数据进行学习和预测，但这些数据可能存在偏见。例如，数据可能反映了社会偏见、群体倾向或先入为主的偏见，导致推荐算法对特定群体或类型的物品有倾向性。
- 冷启动偏见：推荐系统在面对新用户或新物品时，缺乏足够的数据来进行个性化推荐。这可能导致推荐算法依赖一般性的偏见，如热门物品或常见偏好，而忽略了个体差异和多样性。
- 反馈偏见：推荐系统中的用户反馈(如评分或点击)也可能受到偏见的影响。例如，用户可能更倾向于给予特定类型的物品高评分，或者点击某些类型的推荐更频繁。这样的反馈偏见可能影响推荐算法的学习和个性化效果。
- 算法偏见：推荐算法本身可能存在内在的偏见。例如，某些推荐算法可能更倾向于推荐热门物品，而忽略了长尾中的个性化偏好。或者算法可能根据用户的某些属性(如性别、种族等)进行推荐，从而产生不公平的结果。
- 歧视问题：推荐系统可能会对特定群体或类型的用户及物品产生歧视性的推荐结果。这可能是由于数据偏见、算法偏见或者不完善的特征表示等原因导致的。歧视问题可能损害用户体验，降低推荐系统的可接受性和可信度。

解决推荐算法的偏见和歧视问题是一项复杂的任务，需要综合考虑数据采集、算法设计、特征表示和评估等方面。其中常用的解决方案如下。

- 多样性和公平性指标：引入多样性和公平性指标来评估推荐算法的效果，确保推荐结果具有多样性，并避免对特定群体的歧视。
- 数据预处理和平衡：对训练数据进行预处理，去除或平衡其中的偏见，以减少数据偏见对算法的影响。
- 算法调优和改进：针对特定的偏见和歧视问题，对推荐算法进行调优和改进，如引入倾向性修正、反偏差技术等。
- 用户参与和控制：允许用户参与推荐过程，并给予用户更多的选择权和控制权，以减少对他们的偏见和歧视。
- 多方合作和审查：推荐系统的开发者、研究者、监管机构和用户社群之间进行合作和审查，共同努力解决偏见和歧视问题。

通过采取上述措施，可以逐步减少推荐算法的偏见和歧视，提供更公平、多样化和包容性的推荐体验。

1.4.3 推荐算法面临的社会影响和道德考量

推荐算法面临的社会影响和道德考量是一个重要的挑战。推荐系统直接或间接地影响用户的决策和行为，因此，我们需要考虑以下几个方面的社会影响和道德考量。

- 过滤气泡和信息孤岛：推荐系统可能会使用户陷入信息过滤气泡和信息孤岛。根据用户的偏好和历史行为推荐相似内容，推荐系统可能限制了用户接触多样化的观点和信息，加剧了信息的片面性和局限性。
- 深化偏见和刻板印象：如果推荐系统过度强调用户的个人偏好，可能会加深用户的偏见和刻板印象，这可能导致信息的选择性接收，加剧社会分歧和对立。
- 隐私和个人权益：推荐系统需要处理用户的个人数据和隐私信息，因此，保护用户的隐私权益，遵守相关法规和道德准则是至关重要的。推荐系统应该确保用户数据的安全，并保护用户隐私，同时明确告知用户数据的收集和使用方式。
- 广告和商业利益：很多推荐系统是在商业环境中运行的，广告成了推荐系统的一部分。在推荐广告时，需要平衡商业利益和用户体验，避免过度侵入用户隐私或干扰用户的自主选择。
- 公平和歧视：推荐系统需要遵循公平原则，避免对特定群体的歧视。推荐结果应该基于公正、平等和多样化的原则，不应该对用户或物品进行歧视性的推荐。
- 用户权益和选择：推荐系统应该尊重用户的权益和选择。用户应该有权选择是否接受个性化推荐，以及对推荐结果进行反馈和调整。推荐系统应该提供透明的机制，让用户了解推荐的原因和依据。

在开发和运营推荐系统时，需要综合考虑这些社会影响和道德考量。开发者和运营者应该积极关注用户权益、隐私保护和社会公益，确保推荐系统的运行符合道德和社会责任的要求。此外，监管机构和相关的法规也要起到监督和指导的作用，推动推荐系统的合理使用。

第2章

基于内容的推荐

　　基于内容的推荐是推荐系统的一种方法,它基于物品(如文章、音乐、电影等)的内容特征和用户的偏好,为用户提供个性化的推荐。这种推荐方法主要依靠对物品的内容进行分析和比较,以确定物品之间的相似性,以及与用户的兴趣匹配度。本章将详细讲解基于内容推荐的知识。

2.1 文本特征提取

文本特征提取是将文本数据转换为可供机器学习算法或其他自然语言处理任务使用的特征表示的过程。文本特征提取的目标是将文本中的信息转化为数值或向量形式,以便计算机可以理解和处理。

扫码看视频

2.1.1 词袋模型

词袋(bag-of-words)模型是一种常用的文本特征表示方法,用于将文本转换为数值形式,以便于机器学习算法的处理。该模型基于假设,认为文本中的词语顺序并不重要,只关注词语的出现频率。词袋模型的基本思想是将文本视为一个袋子(或集合),并忽略词语之间的顺序。在构建词袋模型时,首先需要进行以下几个操作。

- ❑ 分词(tokenization):将文本划分为词语或其他有意义的单元。通常使用空格或标点符号来分隔词语。
- ❑ 构建词表(vocabulary):将文本中的所有词语收集起来构建一个词表,其中每个词语都对应一个唯一的索引。
- ❑ 计算词频(term frequency):对于每个文本样本,统计每个词语在该样本中出现的频率。可以用一个向量表示每个样本的词频,其中向量的维度与词表的大小相同。

通过上述步骤,可以将每个文本样本转换为一个向量,其中向量的每个维度表示对应词语的出现频率或其他相关特征。这样就可以将文本数据转换为数值形式,供机器学习算法使用。

注意:词袋模型的优点是简单易用,适用于大规模文本数据,并能够捕捉到词语的出现频率信息。然而,词袋模型忽略了词语之间的顺序和上下文信息,可能会丢失一部分语义和语境的含义。

在 Python 中,有多种工具和库可用于实现词袋模型,具体说明如下。

1. scikit-learn

在 scikit-learn 库中提供了用于实现文本特征提取的类 CountVectorizer 和 TfidfVectorizer,例如,下面的实例演示了使用 scikit-learn 库实现词袋模型,并基于相似度计算进行推荐。读者可以根据自己的具体数据集和应用场景,自定义和扩展这个例子,构建更复杂和个性化的推荐系统。

源码路径：daima/2/skci.py

```python
from sklearn.feature_extraction.text import CountVectorizer
from sklearn.metrics.pairwise import cosine_similarity

# 电影数据集
movies = [
    'The Shawshank Redemption',
    'The Godfather',
    'The Dark Knight',
    'Pulp Fiction',
    'Fight Club'
]

# 电影简介数据集
synopsis = [
    'Two imprisoned men bond over a number of years, finding solace and eventual redemption through acts of common decency.',
    'The aging patriarch of an organized crime dynasty transfers control of his clandestine empire to his reluctant son.',
    'When the menace known as the Joker wreaks havoc and chaos on the people of Gotham, Batman must accept one of the greatest psychological and physical tests of his ability to fight injustice.',
    'The lives of two mob hitmen, a boxer, a gangster and his wife, and a pair of diner bandits intertwine in four tales of violence and redemption.',
    'An insomniac office worker and a devil-may-care soapmaker form an underground fight club that evolves into something much, much more.'
]

# 构建词袋模型
vectorizer = CountVectorizer()
X = vectorizer.fit_transform(synopsis)

# 计算文本之间的相似度
similarity_matrix = cosine_similarity(X)

# 选择一部电影，获取相似推荐
movie_index = 0  # 选择第一部电影作为例子
similar_movies = similarity_matrix[movie_index].argsort()[::-1][1:]

print(f"根据电影 '{movies[movie_index]}' 推荐的相似电影：")
for movie in similar_movies:
    print(movies[movie])
```

在上述代码中，首先，定义了一个包含电影标题和简介的数据集。然后，使用scikit-learn库中的CountVectorizer类来构建词袋模型，将文本数据转换为词频向量表示。接下来，使用cosine_similarity计算文本之间的余弦相似度，得到一个相似度矩阵。最后，选择一部电影，根据它在相似度矩阵中的索引，获取相似度最高的电影推荐。执行代码后会输出：

```
根据电影 'The Shawshank Redemption' 推荐的相似电影：
Pulp Fiction
The Dark Knight
The Godfather
Fight Club
```

2. NLTK

在库 NLTK(natural language toolkit)中提供了用于实现文本分词和特征提取的函数和工具。例如，下面是一个使用 NLTK 库实现词袋模型的基础例子，功能是针对一个电影评论数据集，能根据评论内容来进行情感分类。

源码路径： daima/2/nldk.py

```python
# 下载电影评论数据集
nltk.download('movie_reviews')

# 加载电影评论数据集
reviews = [(list(movie_reviews.words(fileid)), category)
           for category in movie_reviews.categories()
           for fileid in movie_reviews.fileids(category)]

# 构建词袋模型
all_words = [word.lower() for review in reviews for word in review[0]]
all_words_freq = FreqDist(all_words)
word_features = list(all_words_freq)[:2000]

# 定义特征提取函数
def extract_features(document):
    document_words = set(document)
    features = {}
    for word in word_features:
        features[word] = (word in document_words)
    return features

# 构建特征集
featuresets = [(extract_features(review), category) for (review, category) in reviews]

# 划分训练集和测试集
train_set = featuresets[:1500]
test_set = featuresets[1500:]

# 使用朴素贝叶斯分类器进行分类
classifier = nltk.NaiveBayesClassifier.train(train_set)
```

```python
# 测试分类器的准确率
accuracy = nltk.classify.accuracy(classifier, test_set)
print("分类器准确率:", accuracy)

# 使用 SVM 分类器进行分类
svm_classifier = SklearnClassifier(SVC())
svm_classifier.train(train_set)

# 测试 SVM 分类器的准确率
svm_accuracy = nltk.classify.accuracy(svm_classifier, test_set)
print("SVM 分类器准确率:", svm_accuracy)
```

在上述代码中,首先,下载了 NLTK 库的电影评论数据集,加载评论数据并进行词袋模型的构建。通过计算词频,选择出现频率最高的 2000 个词语作为特征。接下来,定义一个特征提取函数,将每个评论文本转换为特征向量表示。然后,构建特征集,并将它划分为训练集和测试集。最后,使用朴素贝叶斯分类器进行情感分类,并计算分类器的准确率。另外,使用 SVM 分类器进行分类并计算准确率。执行代码后会输出:

```
[nltk_data] Downloading package movie_reviews to
[nltk_data]     C:\Users\apple\AppData\Roaming\nltk_data...
[nltk_data]   Unzipping corpora\movie_reviews.zip.
分类器准确率: 0.78
SVM 分类器准确率: 0.616
```

上述例子演示了如何使用 NLTK 库实现词袋模型,并应用于情感分类任务。大家可以根据自己的数据集和任务需求进行定制和扩展。

3. Gensim

Gensim 是一个用于主题建模和文本相似度计算的库,也可以用于词袋模型的构建。例如,下面的实例演示了使用 Gensim 库实现词袋模型的过程,功能是针对一个新闻文章数据集,能根据文章内容推荐相似的新闻。

源码路径: daima/2/recommendation.py

```python
from gensim import models, similarities
from gensim.corpora import Dictionary

# 新闻文章数据集
documents = [
    "The economy is going strong with positive growth.",
    "Unemployment rates are decreasing, indicating a robust job market.",
    "Stock market is experiencing a bull run, with high trading volumes.",
    "Inflation remains low, providing stability to the economy."
]
```

```python
# 分词和建立词袋模型
texts = [[word for word in document.lower().split()] for document in documents]
dictionary = Dictionary(texts)
corpus = [dictionary.doc2bow(text) for text in texts]

# 训练 TF-IDF 模型
tfidf = models.TfidfModel(corpus)
corpus_tfidf = tfidf[corpus]

# 构建相似度索引
index = similarities.MatrixSimilarity(corpus_tfidf)

# 选择一篇文章,获取相似推荐
article_index = 0  # 选择第一篇文章作为例子
similarities = index[corpus_tfidf[article_index]]

# 按相似度降序排列并打印推荐文章
sorted_indexes = sorted(range(len(similarities)), key=lambda i: similarities[i], reverse=True)
print(f"根据文章 '{documents[article_index]}' 推荐的相似文章: ")
for i in sorted_indexes[1:]:
    print(documents[i])
```

在上述代码中,首先,定义了一个包含新闻文章的数据集。随后,使用 Gensim 库对文章进行分词,并构建词袋模型。接下来,训练 TF-IDF 模型来计算每个词语的重要性,并使用 TF-IDF 模型转换文档向量,构建语料库。然后,构建相似度索引,将语料库中的每个文档转换为特征向量表示。最后,选择一篇文章作为例子,计算与其他文章的相似度,并将文章根据相似度降序排列,打印推荐的相似文章。执行代码后会输出:

```
根据文章 'The economy is going strong with positive growth.' 推荐的相似文章:
Stock market is experiencing a bull run, with high trading volumes.
Inflation remains low, providing stability to the economy.
Unemployment rates are decreasing, indicating a robust job market.
```

2.1.2　n-gram 模型

在推荐系统中,n-gram 模型是一种基础的文本建模技术,能捕捉词序列的局部信息。它是一种基于概率的统计模型,用于预测给定文本序列中下一个词或字符的可能性。n-gram 模型中的 n 表示模型考虑的词语或字符的数量。例如,一个 2-gram 模型(也称为 bigram 模型)会考虑每个词的上下文中的前一个词,而一个 3-gram 模型(也称为 trigram 模型)会考虑前两个词。n-gram 模型的基本假设是:前词的出现仅依赖前面的 n−1 个词。通过观察大量文本数据可知，n-gram 模型可以学习到不同词语之间的频率和概率分布，从而对下一个词的出现进行预测。

在 Python 程序中，NLTK 库提供了一些工具和函数，用于构建 n-gram 模型并进行文本生成和预测。例如，下面的实例演示了使用库 NLTK 实现 n-gram 模型的过程。

源码路径：daima/2/ngram.py

```python
import nltk
nltk.download('punkt')
from nltk import ngrams

# 商品列表
products = [
    "Apple iPhone 12",
    "Samsung Galaxy S21",
    "Google Pixel 5",
    "Apple iPad Pro",
    "Samsung Galaxy Tab S7",
    "Microsoft Surface Pro 7"
]

# 构建 n-gram 模型
n = 2  # n-gram 模型中考虑的词语数量
product_tokens = [product.lower().split() for product in products]
product_ngrams = [list(ngrams(tokens, n)) for tokens in product_tokens]

# 用户输入查询
query = "Apple iPhone"

# 根据查询匹配推荐商品
query_tokens = query.lower().split()
query_ngrams = list(ngrams(query_tokens, n))

recommended_products = []
for i in range(len(products)):
    count = 0
    for query_ngram in query_ngrams:
        if query_ngram in product_ngrams[i]:
            count += 1
    if count == len(query_ngrams):
        recommended_products.append(products[i])

print("Recommended Products:")
for product in recommended_products:
    print(product)
```

上述代码的具体说明如下。

- 导入 NLTK 库，并从中导入 ngrams 函数。
- 定义商品列表：创建了一个包含不同商品名称的列表。
- 构建 n-gram 模型：将商品名称分成单词，并使用 ngrams 函数生成 n-gram 序列。这里指定 n 的值为 2，表示使用二元组(bigram)作为 n-gram 模型。
- 用户查询输入：定义一个查询字符串，例如"Apple iPhone"。
- 根据查询匹配推荐商品：将查询字符串分成单词，并生成相应的 n-gram 序列。然后遍历商品列表，并对每个商品的 n-gram 序列进行匹配。如果查询的所有 n-gram 都在商品的 n-gram 序列中出现，则认为该商品与查询相关，并将它添加到推荐列表中。
- 输出推荐商品：最后打印出推荐的相关商品列表。

执行代码后会输出：

```
Recommended Products:
Apple iPhone 12
```

注意：这只是一个简化的例子，用于说明如何使用 NLTK 库实现基于 n-gram 的推荐系统。实际的推荐系统可能包含更多的步骤和复杂的算法，能处理更大规模的数据和更复杂的推荐逻辑。

2.1.3 特征哈希

特征哈希(feature hashing)是一种常用的特征处理技术，用于将高维特征向量映射到固定长度的哈希表中。在推荐系统中，特征哈希可用于处理稀疏的特征数据，减少内存消耗并加快计算速度。特征哈希的基本原理如下。

- 特征表示：在推荐系统中，通常使用特征来表示用户和物品，例如用户的年龄、性别、浏览历史，物品的类别、标签等。这些特征可以形成一个高维的特征向量。
- 特征哈希函数：特征哈希使用哈希函数将高维特征向量映射到固定长度的哈希表中。哈希函数将特征的取值范围映射到一个固定大小的哈希表索引。通常哈希函数的输出是一个整数，表示特征在哈希表中的位置。
- 哈希表存储：哈希表可以使用数组或其他数据结构来表示。每个特征都对应哈希表中的一个位置，可以将特征的取值作为索引，将特征的计数或权重作为值存储在哈希表中。
- 特征编码：对于每个样本，通过特征哈希函数将特征向量映射到哈希表中，并根据哈希表的索引位置将特征编码为一个固定长度的特征向量。这个特征向量可以作为输入用于训练推荐系统的模型。

特征哈希的主要优点是简单高效，适用于处理大规模的稀疏特征数据。它可以减少内存消耗，因为哈希表的大小是固定的，不受原始特征向量维度的影响。此外，特征哈希还能加快计算速度，因为哈希函数比完整的特征向量计算速度更快。

在 Python 程序中，可以使用类 sklearn.feature_extraction.FeatureHasher 实现特征哈希处理，并将哈希后的特征用于推荐系统的特征工程和模型训练。假设现在有一个电影推荐系统，其中每部电影有以下特征：电影名称、电影类型、导演、演员。我们可以使用特征哈希来处理这些特征，并将它们转换为固定长度的特征向量。下面是一个使用特征哈希处理上述电影特征的例子。

源码路径：daima/2/teha.py

```python
from sklearn.feature_extraction import FeatureHasher

# 电影数据集
movies = [
    {"movie_id": 1, "title": "Movie A", "genre": "Action", "director": "Director X", "actors": ["Actor A", "Actor B"]},
    {"movie_id": 2, "title": "Movie B", "genre": "Comedy", "director": "Director Y", "actors": ["Actor B", "Actor C"]},
    {"movie_id": 3, "title": "Movie C", "genre": "Drama", "director": "Director Z", "actors": ["Actor A", "Actor C"]}
]

# 将列表类型的特征转换为字符串
for movie in movies:
    movie["actors"] = ", ".join(movie["actors"])

# 特征哈希处理
hasher = FeatureHasher(n_features=5, input_type="dict")
hashed_features = hasher.transform({movie["movie_id"]: movie for movie in movies}.values())

# 打印特征哈希处理后的特征向量
for i, movie in enumerate(movies):
    print(f"Movie ID: {movie['movie_id']}")
    print(f"Title: {movie['title']}")
    print(f"Hashed Features: {hashed_features[i].toarray()[0]}")
    print("------")
```

上述代码的具体说明如下。

(1) 创建电影数据集，其中包含每部电影的一些特征，如电影 ID、标题、类型、导演和演员列表。

(2) 需要对演员列表进行处理，将它从列表类型转换为以逗号分隔的字符串，以确保特征是字符串类型。

(3) 使用类 FeatureHasher 进行特征哈希处理。其中指定了哈希处理后的特征向量的长度(n_features)为 5，并设置输入类型为字典(input_type="dict")。

(4) 将电影数据集转换为字典形式，并使用电影 ID 作为字典的键，电影特征作为字典的值。

(5) 使用特征哈希器对字典形式的电影特征进行转换，得到哈希处理后的特征向量。再循环遍历每部电影，打印出电影 ID、标题以及对应的哈希处理后的特征向量。

执行代码后，会输出每部电影的 ID、标题以及对应的特征哈希向量。具体输出的内容取决于电影数据集的内容，每行包含一部电影的信息。本例输出内容如下：

```
Movie ID: 1
Title: Movie A
Hashed Features: [-3.  0.  1.  0.  1.]
------
Movie ID: 2
Title: Movie B
Hashed Features: [-2.  0.  0. -1. -1.]
------
Movie ID: 3
Title: Movie C
Hashed Features: [-3.  0. -1. -2. -1.]
------
```

总体来说，上述代码演示了如何使用特征哈希对电影特征进行处理，将其转换为固定长度的特征向量。这种方法适用于处理高维稀疏特征的情况，能提高计算效率和降低存储成本。

2.2　TF-IDF(词频-逆文档频率)

TF-IDF(Term Frequency-Inverse Document Frequency)是一种用于评估文本中词语重要性的统计算法，它结合了词频(TF)和逆文档频率(IDF)两个指标。

在推荐系统中，逆文档频率通常与词频结合使用，形成 TF-IDF 特征表示。TF-IDF 通过考虑一个词语在当前文本中的频率(TF)，以及它在整个文本集合中的普遍性和独特性(IDF)，综合评估词语的重要性。TF-IDF 的计算公式如下：

扫码看视频

```
TF-IDF = TF * IDF
```

其中，TF 是词频，IDF 是逆文档频率。

通过计算一个词语的 TF-IDF 值，我们可以确定该词语在文档中的重要性。当一个词语的词频较高且在整个文档集中出现的次数较少时，它的 TF-IDF 值将更高，表示它在该文档中具有更高的重要性。

TF-IDF 常用于信息检索、文本挖掘和推荐系统等任务中，用于计算文档之间的相似度或衡量词语的重要性，以便于进行文本分析和自动化处理。

2.2.1 词频计算

词频是指一个词语在文本中出现的频率，用于衡量一个词语在给定文本中的重要程度。词频可以通过计算一个词语在文本中出现的次数来获取。在推荐系统中，词频计算是一种基础的文本特征计算方法，用于评估文本中词语的重要性和出现的频率。

在 Python 中，可以使用各种库和方法来计算词频。例如，下面的实例演示了使用库 NLTK 来计算词频的过程。

源码路径： daima/2/cipin.py

```python
import nltk
from nltk import FreqDist

# 推荐系统的用户评价数据
reviews = [
    "This movie is great!",
    "I love this movie so much.",
    "The acting in this film is superb.",
    "The plot of this movie is confusing.",
    "I didn't enjoy this film."
]

# 将所有评价合并为一个字符串
text = ' '.join(reviews)

# 分词
tokens = nltk.word_tokenize(text)

# 计算词频
freq_dist = FreqDist(tokens)

# 输出词频统计结果
for word, frequency in freq_dist.items():
    print(f"Word: {word}, Frequency: {frequency}")
```

在上述代码中，用户对电影的评价数据存储在 reviews 列表中。首先，将所有评价合并为一个字符串。然后，使用 nltk.word_tokenize()方法对字符串进行分词，得到一个词语列表。接下来，使用 FreqDist 类计算词频，生成一个词频分布对象。最后，通过遍历词频分布对象，打印出每个词语及其对应的词频。执行代码后会输出：

```
Word: This, Frequency: 1
Word: movie, Frequency: 3
Word: is, Frequency: 3
Word: great, Frequency: 1
Word: !, Frequency: 1
Word: I, Frequency: 2
Word: love, Frequency: 1
Word: this, Frequency: 4
Word: so, Frequency: 1
Word: much, Frequency: 1
Word: ., Frequency: 4
Word: The, Frequency: 2
Word: acting, Frequency: 1
Word: in, Frequency: 1
Word: film, Frequency: 2
Word: superb, Frequency: 1
Word: plot, Frequency: 1
Word: of, Frequency: 1
Word: confusing, Frequency: 1
Word: did, Frequency: 1
Word: n't, Frequency: 1
Word: enjoy, Frequency: 1
```

本实例展示了如何使用词频计算来分析用户评价数据。通过统计词语出现的频率，我们可以了解哪些词语在用户评价中出现得更频繁，从而帮助推荐系统更好地理解用户的喜好和偏好。基于词频的分析结果，推荐系统可以提供与用户评价相关的电影推荐或者进一步完成文本情感分析等任务。

2.2.2 逆文档频率计算

逆文档频率是推荐系统中常用的一种特征权重计算方法，它衡量了一个词语在文本集合中的重要程度。

下面是一个使用 Python 计算逆文档频率的例子，其中假设有一个文本集合存储在列表 documents 中。

源码路径： daima/2/niwen.py

```python
import math
from collections import Counter

# 文本集合
```

```
documents = [
    "This is the first document.",
    "This document is the second document.",
    "And this is the third one.",
    "Is this the first document?"
]

# 分词并去重
word_sets = [set(document.lower().split()) for document in documents]

# 计算逆文档频率
idf = {}
num_documents = len(documents)
for word in set(word for word_set in word_sets for word in word_set):
    count = sum(1 for word_set in word_sets if word in word_set)
    idf[word] = math.log(num_documents / (count + 1))

# 输出逆文档频率
for word, idf_value in idf.items():
    print(f"Word: {word}, IDF: {idf_value}")
```

在上述代码中,首先对每个文本进行分词,并去除重复的词语,得到一个词语集合。然后遍历所有词语的集合,计算每个词语的逆文档频率。逆文档频率的计算公式是 $\log(N/(n+1))$,其中,N 表示文本集合中的文档数,n 表示包含当前词语的文档数。最后,打印输出每个词语及其对应的逆文档频率。执行代码后会输出:

```
Word: this, IDF: -0.2231435513142097
Word: third, IDF: 0.6931471805599453
Word: second, IDF: 0.6931471805599453
Word: document?, IDF: 0.6931471805599453
Word: first, IDF: 0.28768207245178085
Word: is, IDF: -0.2231435513142097
Word: one., IDF: 0.6931471805599453
Word: document, IDF: 0.6931471805599453
Word: and, IDF: 0.6931471805599453
Word: document., IDF: 0.28768207245178085
Word: the, IDF: -0.2231435513142097
```

注意:通过逆文档频率的计算,可以帮助推荐系统识别那些在整个文本集合中相对不常见但在当前文本中出现较多的词语。这些词语通常具有一定的独特性和重要性,因此,在推荐系统中起到一定的权重作用。通过将逆文档频率与词频结合,可以构建出更具表达力的特征表示,用于执行推荐系统中的任务,例如文本相似度计算、文本分类等。

2.2.3　TF-IDF 权重计算

TF-IDF 是一种常用的特征权重计算方法,通过将词频与逆文档频率相乘得到特征权重,用于衡量一个词语在文本中的重要性。和前面介绍的 IDF 相比,TF-IDF 的优势在于,它不仅考虑了词语在单个文档中的出现频率(TF),还考虑了词语在整个文档集合中的稀有程度(IDF),从而更准确地衡量词语的重要性。这种结合使得 TF-IDF 能够突出显示在特定文档中重要但在整体文档集中不常见的词语,增强了特征的区分能力。例如,下面是一个使用 Python 程序计算 TF-IDF 权重的例子。

源码路径：daima/2/quan.py

```python
from sklearn.feature_extraction.text import TfidfVectorizer

# 文本集合
documents = [
    "This is the first document.",
    "This document is the second document.",
    "And this is the third one.",
    "Is this the first document?"
]

# 创建 TF-IDF 向量化器
vectorizer = TfidfVectorizer()

# 对文本集合进行向量化
tfidf_matrix = vectorizer.fit_transform(documents)

# 输出词语和对应的 TF-IDF 权重
feature_names = vectorizer.get_feature_names()
for i in range(len(documents)):
    doc = documents[i]
    feature_index = tfidf_matrix[i, :].nonzero()[1]
    tfidf_scores = zip(feature_index, [tfidf_matrix[i, x] for x in feature_index])
    for word_index, score in tfidf_scores:
        print(f"Document: {doc}, Word: {feature_names[word_index]}, TF-IDF Score: {score}")
```

在上述代码中,使用了库 scikit-learn 中的类 TfidfVectorizer 来计算 TF-IDF 权重。首先,创建一个 TF-IDF 向量化器对象 vectorizer。然后,将文本集合 documents 传入向量化器的 fit_transform()方法,得到 TF-IDF 矩阵 tfidf_matrix。最后,遍历每个文本和对应的 TF-IDF 向量,打印输出词语和对应的 TF-IDF 权重。执行代码后会输出：

```
Document: This is the first document., Word: document, TF-IDF Score: 0.46979138557992045
Document: This is the first document., Word: first, TF-IDF Score: 0.5802858236844359
Document: This is the first document., Word: the, TF-IDF Score: 0.38408524091481483
Document: This is the first document., Word: is, TF-IDF Score: 0.38408524091481483
Document: This is the first document., Word: this, TF-IDF Score: 0.38408524091481483
Document: This document is the second document., Word: second, TF-IDF Score: 0.5386476208856763
Document: This document is the second document., Word: document, TF-IDF Score: 0.6876235979836938
Document: This document is the second document., Word: the, TF-IDF Score: 0.281088674033753
Document: This document is the second document., Word: is, TF-IDF Score: 0.281088674033753
Document: This document is the second document., Word: this, TF-IDF Score: 0.281088674033753
Document: And this is the third one., Word: one, TF-IDF Score: 0.511848512707169
Document: And this is the third one., Word: third, TF-IDF Score: 0.511848512707169
Document: And this is the third one., Word: and, TF-IDF Score: 0.511848512707169
Document: And this is the third one., Word: the, TF-IDF Score: 0.267103787642168
Document: And this is the third one., Word: is, TF-IDF Score: 0.267103787642168
Document: And this is the third one., Word: this, TF-IDF Score: 0.267103787642168
Document: Is this the first document?, Word: document, TF-IDF Score: 0.46979138557992045
Document: Is this the first document?, Word: first, TF-IDF Score: 0.5802858236844359
Document: Is this the first document?, Word: the, TF-IDF Score: 0.38408524091481483
Document: Is this the first document?, Word: is, TF-IDF Score: 0.38408524091481483
Document: Is this the first document?, Word: this, TF-IDF Score: 0.38408524091481483
```

2.3 词嵌入

词嵌入(word embedding)是一种将词语映射到连续向量空间的技术，用于表示词语的语义和语法信息。它是自然语言处理(NLP)中的一项重要技术，对于推荐系统的构建和改进具有重要意义。在传统的基于计数的表示方法中，每个词语表示为一个独立的向量，无法捕捉到词语之间的语义关系。而词嵌入通过将词语映射到一个低维连续向量空间中，使得相似的词语在向量空间中的距离更小，因此能够更好地表示词语之间的语义相似性。

2.3.1 分布式表示方法

分布式表示方法是一种将词语或文本表示为连续向量的技术，在推荐系统中被广泛应用于词嵌入和文本表示任务。它通过捕捉词语或文本的上下文信息来构建向量表示，使得具有相似语义或语法特征的词语及文本在向量空间中距离更近。

在 Python 中，有多种分布式表示方法可供使用，其中最常见的是 Word2Vec 和 GloVe。

1. Word2Vec

Word2Vec 是一种基于神经网络的词嵌入方法，它通过学习词语上下文的分布模式来生成词向量。Word2Vec 包括两种模型：连续词袋模型(continuous bag-of-words，CBOW)和跳字模型(Skip-gram)。CBOW 模型是根据上下文词语预测目标词语，Skip-gram 模型则是根据目标词语预测上下文词语。

2. GloVe

GloVe(global vectors for word representation)是一种基于全局统计信息的词嵌入方法，它利用词语的共现矩阵来捕捉词语之间的关系。GloVe 通过最小化损失函数来学习词语的向量表示，使得在向量空间中具有相似共现模式的词语距离更小。

与 Word2Vec 不同，GloVe 是基于全局词汇共现矩阵进行训练的，而不是仅依赖于局部上下文窗口。GloVe 的核心思想是：词与词之间的关系可以通过它们在上下文窗口中的共现频率来捕捉。具体来说，GloVe 会首先构建一个词汇共现矩阵，其中的每个元素表示两个词同时出现在上下文窗口中的频率。然后通过优化目标函数，将这些共现信息映射到低维的词嵌入空间。最终得到的词嵌入向量具有良好的语义表示能力，可以用于推荐系统中的相似度计算、文本分类等任务。

分布式表示方法可以应用于推荐系统中的多个任务，如文本分类、文本聚类、推荐算法中的特征表示等。通过将词语或文本转换为连续向量表示，可以更好地捕捉到语义和语法的特征，从而提高推荐系统的性能和准确性。

> **注意**：词嵌入模型的训练需要大量的文本数据，并且模型的选择和参数调整也会对结果产生影响。因此，在应用词嵌入技术时，需要根据具体的任务和数据进行合适的模型选择和参数调整，以获得更好的效果。

2.3.2 使用 Word2Vec 模型

使用库 Gensim 可以方便地实现 Word2Vec 模型，再通过输入语料库进行训练，可以得到每个词语的分布式表示。下面的实例是假设现在有一个电影推荐系统，使用 Word2Vec 模型实现分布式表示方法并计算电影的相似度。

源码路径：daima/2/fenbu1.py

```
import pandas as pd
from gensim.models import Word2Vec

# 电影数据
```

```python
movies_list = [
    "The Dark Knight",
    "Inception",
    "Interstellar",
    "The Shawshank Redemption",
    "Pulp Fiction",
    "Fight Club"
]

# 对电影标题进行分词
movies_tokens = [movie.lower().split() for movie in movies_list]

# 训练 Word2Vec 模型
model = Word2Vec(sentences=movies_tokens, vector_size=100, window=5, min_count=1)

# 获取电影的分布式表示
def get_movie_embedding(title):
    tokens = title.lower().split()
    embedding = []
    for token in tokens:
        if token in model.wv:
            embedding.append(model.wv[token])
    if embedding:
        return sum(embedding) / len(embedding)
    else:
        return None

# 选择一部电影,获取相似推荐
movie_title = 'The Dark Knight'
movie_embedding = get_movie_embedding(movie_title)
if movie_embedding is not None:
    similar_movies = model.wv.most_similar([movie_embedding], topn=5)
    similar_movie_titles = [movie[0] for movie in similar_movies]
    print(f"根据电影 '{movie_title}' 推荐的相似电影:")
    print(similar_movie_titles)
else:
    print(f"找不到电影 '{movie_title}' 的分布式表示。")
```

在上述代码中，首先，导入所需的库，包括 pandas 和 Word2Vec。随后，创建一个包含电影标题的列表 movies_list。接着，对电影标题进行分词处理，生成一个包含分词结果的列表 movies_tokens。然后，使用 Word2Vec 模型进行训练，传入分词后的电影标题列表 movies_tokens，设置向量维度为 100，窗口大小为 5，最小词频为 1。最后，定义函数 get_movie_embedding()，用于获取电影的词嵌入表示。在该函数中，首先检查电影是否在训练集中存在，如果存在，就返回对应的词嵌入向量，否则返回空向量。

执行代码后会输出模型的训练进度和结果。而在调用函数 get_movie_embedding() 时，会输出电影的词嵌入向量或空向量。例如：

```
根据电影 'The Dark Knight' 推荐的相似电影：
['the', 'knight', 'dark', 'interstellar', 'inception']
```

2.3.3 使用 GloVe 模型

在 Python 中可以使用库 Gensim 或者直接下载预训练的 GloVe 向量进行词嵌入操作。下面实例的功能是使用 GloVe 预训练模型(glove-wiki-gigaword-100)来计算电影标题的相似度。

源码路径： daima/2/fenbu2.py

```python
from gensim.models import KeyedVectors

# 加载预训练的 GloVe 模型
glove_model = KeyedVectors.load_word2vec_format('glove-wiki-gigaword-100.txt', binary=False)

# 定义电影标题列表
movies = ['The Dark Knight', 'Inception', 'Interstellar', 'The Matrix', 'Fight Club']

# 计算相似度矩阵
similarity_matrix = [[glove_model.wv.similarity(movie1, movie2) for movie2 in movies] for movie1 in movies]

# 打印相似度矩阵
print("相似度矩阵：")
for i in range(len(movies)):
    for j in range(len(movies)):
        print(f"{movies[i]} 与 {movies[j]} 的相似度：{similarity_matrix[i][j]}")
```

在本实例中，使用了 GloVe 官方网站中的数据集文件 glove-wiki-gigaword-100.txt，需要读者自己去下载。上述代码计算了电影标题之间的相似度矩阵，并打印了每对电影之间的相似度值。

2.4 主题模型

主题模型(topic model)是一种用于分析文本数据的统计模型，它旨在发现文本背后的潜在主题或话题结构。主题模型假设每个文档都由多个主题组成，并且每个主题都由一组相关的单词表示。通过分析文档中单词的分布模式，主题模型可以识别出这些主题，并用它们来描述和表示文本数据。在基于内容

扫码看视频

的推荐系统中，主题模型可以帮助理解文本数据中的主题信息，并将其应用于推荐过程中。

2.4.1 潜在语义分析

潜在语义分析(Latent Semantic Analysis，LSA)是一种主题模型方法，用于在文本数据中发现潜在的语义结构。LSA 基于矩阵分解技术，可以将文本数据转换为低维的语义空间表示。

LSA 的核心思想是通过奇异值分解(Singular Value Decomposition，SVD)来降低文本数据的维度，并捕捉文本之间的语义关系。下面是一个使用 LSA 实现主题模型的例子。

源码路径： daima/2/qian.py

```
from sklearn.feature_extraction.text import TfidfVectorizer
from sklearn.decomposition import TruncatedSVD

# 假设有一组文档数据
documents = [
    "I like to watch movies",
    "I prefer action movies",
    "Documentaries are informative",
    "I enjoy romantic movies",
    "Comedies make me laugh",
]

# 将文档数据向量化为 TF-IDF 矩阵
vectorizer = TfidfVectorizer()
X = vectorizer.fit_transform(documents)

# 使用 LSA 进行主题建模
lsa = TruncatedSVD(n_components=2)
lsa.fit(X)

# 输出每个主题的关键词
feature_names = vectorizer.get_feature_names()
for topic_idx, topic in enumerate(lsa.components_):
    print(f"主题 {topic_idx+1}:")
    top_words = [feature_names[i] for i in topic.argsort()[:-6:-1]]
    print(", ".join(top_words))
```

在上述代码中，首先，使用库 scikit-learn 中的类 TfidfVectorizer 将文档数据转换为 TF-IDF 矩阵，该矩阵反映了单词在文档中的重要性。然后，使用 TruncatedSVD 进行 LSA 主题建模，设置主题数为 2。最后，打印输出每个主题的关键词，以了解每个主题所代表的语义内容。执行代码后会输出：

```
主题 1:
movies, action, prefer, romantic, enjoy
主题 2:
informative, documentaries, are, enjoy, romantic
```

LSA 可以帮助我们在文本数据中发现主题和语义关系，从而应用于推荐系统中。例如，可以根据用户的偏好和文本数据的主题进行推荐，提供个性化的推荐结果。

注意：LSA 是一种无监督学习方法，它依赖于文本数据本身的特征。在实际应用中，可以结合其他特征和技术，如用户反馈、协同过滤等，以构建更加精确的推荐系统。

2.4.2 隐含狄利克雷分布

隐含狄利克雷分布(Latent Dirichlet Allocation，LDA)是一种概率主题模型，用于发现文本数据中的潜在主题和主题分布。LDA 假设每个文档包含多个主题，每个主题又由多个单词组成，然后通过统计方法推断文档的主题分布和单词的主题分布。例如，下面是一个使用 LDA 实现主题模型的例子。

源码路径： daima/2/yinhan.py

```python
from sklearn.feature_extraction.text import CountVectorizer
from sklearn.decomposition import LatentDirichletAllocation

# 假设有一组文档数据
documents = [
    "I like to watch movies",
    "I prefer action movies",
    "Documentaries are informative",
    "I enjoy romantic movies",
    "Comedies make me laugh",
]

# 将文档数据向量化为词频矩阵
vectorizer = CountVectorizer()
X = vectorizer.fit_transform(documents)

# 使用LDA进行主题建模
lda = LatentDirichletAllocation(n_components=2, random_state=42)
lda.fit(X)

# 输出每个主题的关键词
feature_names = vectorizer.get_feature_names()
```

```
for topic_idx, topic in enumerate(lda.components_):
    print(f"主题 {topic_idx+1}:")
    top_words = [feature_names[i] for i in topic.argsort()[:-6:-1]]
    print(", ".join(top_words))
```

在上述代码中,首先,使用库 scikit-learn 中的类 CountVectorizer 将文档数据转换为词频矩阵,该矩阵反映了每个单词在文档中的出现次数。然后,使用 LatentDirichletAllocation 进行 LDA 主题建模,设置主题数为 2。最后,打印输出每个主题的关键词,以了解每个主题所代表的语义内容。执行代码后会输出:

```
主题 1:
are, informative, documentaries, enjoy, romantic
主题 2:
movies, me, make, comedies, laugh
```

LDA 可以帮助我们在文本数据中发现潜在的主题结构,从而应用于推荐系统中。例如,可以根据用户的兴趣和文本数据的主题分布进行推荐,提供个性化的推荐结果。

需要注意的是,LDA 是一种无监督学习方法,它基于概率模型进行推断,依赖于文本数据本身的特征。在实际应用中,可以结合其他特征和技术,如用户行为数据、协同过滤等,以构建更加精确的推荐系统。同时,还有其他主题模型方法可供选择,如潜在语义分析(LSA)也可以用于发现文本数据的主题结构。选择适合问题需求和数据特点的主题模型方法是推荐系统设计的重要考虑因素。

2.4.3 主题模型的应用

假设我们运营一个电商平台,现在希望通过主题模型来实现基于内容的商品推荐。我们可以使用 LDA 主题模型来分析商品的文本描述,从中发现商品的潜在主题,然后根据用户的偏好向其推荐相关主题的商品。下面的实例演示了使用 LDA 主题模型实现商品推荐的过程。

源码路径: daima/2/product.py

```
from sklearn.feature_extraction.text import CountVectorizer
from sklearn.decomposition import LatentDirichletAllocation

# 假设有一组商品数据,每种商品有一个文本描述
products = [
    {"product_id": 1, "description": "High-performance gaming laptop with powerful graphics card."},
    {"product_id": 2, "description": "Wireless noise-canceling headphones for immersive audio experience."},
```

```
    {"product_id": 3, "description": "Smart home security camera with real-time monitoring."},
    {"product_id": 4, "description": "Compact and lightweight digital camera for travel photography."},
    {"product_id": 5, "description": "Stylish and durable backpack for everyday use."},
]

# 提取商品描述文本
documents = [product["description"] for product in products]

# 将商品描述向量化为词频矩阵
vectorizer = CountVectorizer()
X = vectorizer.fit_transform(documents)

# 使用LDA进行主题建模
lda = LatentDirichletAllocation(n_components=3, random_state=42)
lda.fit(X)

# 对每种商品进行主题预测
for i, product in enumerate(products):
    description = product["description"]
    X_new = vectorizer.transform([description])
    topic_probabilities = lda.transform(X_new)
    topic_idx = topic_probabilities.argmax()
    product["topic"] = topic_idx

# 根据用户偏好推荐商品
user_preferences = [1, 2]   # 假设用户偏好的主题是1和2
recommended_products = [product for product in products if product["topic"] in user_preferences]

# 输出推荐的商品
print("推荐的商品：")
for product in recommended_products:
    print(f"商品ID: {product['product_id']}，描述: {product['description']}")
```

在上述代码中，首先使用 CountVectorizer 将商品描述转换为词频矩阵，然后使用 LatentDirichletAllocation 进行 LDA 主题建模，设置主题数为3。接下来，对每种商品进行主题预测，并将预测结果存储在商品数据中。最后，根据用户的偏好选择相应的主题，并推荐属于这些主题的商品。执行代码后会输出：

```
推荐的商品：
商品ID: 2，描述: Wireless noise-canceling headphones for immersive audio experience.
商品ID: 4，描述: Compact and lightweight digital camera for travel photography.
商品ID: 5，描述: Stylish and durable backpack for everyday use.
```

本实例展示了使用主题模型进行商品推荐的过程。通过分析商品描述的潜在主题，可以根据用户的偏好推荐与其兴趣相关的商品。这种基于内容的推荐方法可以帮助推荐系统提供个性化的商品推荐，增加用户的购买体验和满意度。

注意：这只是一个简单的示例，在实际应用中可能需要考虑更多的因素，如用户历史行为、商品属性等，以构建更准确和更有效的推荐系统。此外，还可以根据具体情况使用其他主题模型算法和技术，如潜在语义分析(LSA)和BERT等。

2.5 文本分类和标签提取

文本分类是指将文本数据按照预定义的类别或标签进行分类的任务。文本分类是自然语言处理(NLP)领域中的一个重要问题，具有广泛的应用，例如情感分析、垃圾邮件过滤、新闻分类等。在Python中，有多种方法可以用于文本分类和标签提取，其中常用的有3种：传统机器学习、卷积神经网络和循环神经网络。

扫码看视频

2.5.1 传统机器学习

在Python中，可以使用机器学习技术实现文本分类和标签提取。文本分类是将文本数据分为不同的预定义类别或标签的任务，而标签提取是从文本中提取关键标签或关键词的任务。接下来，将简要介绍两种实现文本分类和标签提取的机器学习方法。

1. 朴素贝叶斯分类器

朴素贝叶斯分类器(naive bayes classifier)是一种简单且有效的文本分类方法。它基于朴素贝叶斯定理和特征独立性假设，将文本特征与类别之间的条件概率进行建模。常见的朴素贝叶斯分类器包括多项式朴素贝叶斯(multinomial naive bayes)和伯努利朴素贝叶斯(bernoulli naive bayes)。下面是一个使用朴素贝叶斯分类器进行文本分类和标签提取的例子，功能是对电影评论信息进行文本分类。

源码路径：daima/2/pusu.py

```
from sklearn.feature_extraction.text import CountVectorizer
from sklearn.naive_bayes import MultinomialNB

# 文本数据
texts = [
```

```python
    "This movie is great!",
    "I loved the acting in this film.",
    "The plot of this book is intriguing.",
    "I didn't enjoy the music in this concert.",
]

# 对文本进行特征提取
vectorizer = CountVectorizer()
X = vectorizer.fit_transform(texts)

# 标签数据
labels = ['Positive', 'Positive', 'Positive', 'Negative']

# 创建朴素贝叶斯分类器模型并进行训练
clf = MultinomialNB()
clf.fit(X, labels)

# 进行文本分类和标签提取
test_text = "The acting in this play was exceptional."
test_X = vectorizer.transform([test_text])
predicted_label = clf.predict(test_X)

print(f"文本: {test_text}")
print(f"预测标签: {predicted_label}")
```

在上述代码中，使用了库 scikit-learn 中的类 CountVectorizer 进行文本特征提取，并使用类 MultinomialNB 实现了朴素贝叶斯分类器。通过将训练好的模型应用于新的文本，可以进行文本分类和标签提取。执行代码后会输出：

```
文本: The acting in this play was exceptional.
预测标签: ['Positive']
```

2. 支持向量机

支持向量机(Support Vector Machine，SVM)是一种强大的文本分类算法，它可以通过构建高维特征空间并找到最佳的分割超平面来实现分类。SVM 在文本分类中的应用主要包括线性支持向量机(linear SVM)和核支持向量机(kernel SVM)。核函数可以帮助 SVM 处理非线性问题，如径向基函数核(radial basis function kernel)。下面是一个简单的实例，演示了使用支持向量机实现音乐推荐的文本分类的用法。实例中使用音乐的特征描述作为模型的输入，并将音乐的推荐标签作为目标变量进行训练。

第 2 章　基于内容的推荐

源码路径： daima/2/xiang.py

```python
from sklearn.feature_extraction.text import TfidfVectorizer
from sklearn.svm import SVC
from sklearn.metrics import accuracy_score

# 音乐数据
music_features = [
    "This song has a catchy melody and upbeat rhythm.",
    "The lyrics of this track are deep and thought-provoking.",
    "The vocals in this album are powerful and emotional.",
    "I don't like the repetitive beats in this song.",
]

# 推荐标签数据
recommendations = ['Pop', 'Indie', 'Rock', 'Electronic']

# 对音乐特征进行文本特征提取
vectorizer = TfidfVectorizer()
X = vectorizer.fit_transform(music_features)

# 创建支持向量机分类器模型并进行训练
clf = SVC()
clf.fit(X, recommendations)

# 进行音乐推荐
test_music = "I love the electronic beats in this track."
test_X = vectorizer.transform([test_music])
predicted_recommendation = clf.predict(test_X)

print(f"音乐特征: {test_music}")
print(f"推荐标签: {predicted_recommendation}")
```

在上述代码中，使用了库 scikit-learn 中的类 TfidfVectorizer 来提取音乐特征的文本表示，然后使用 SVC 来构建支持向量机分类器模型，并进行音乐推荐的标签预测。用户可以根据实际情况调整训练数据和测试数据，并使用更复杂的特征提取方法和模型调参来提高预测的准确性。执行代码后会输出：

```
音乐特征: I love the electronic beats in this track.
推荐标签: ['Electronic']
```

2.5.2 卷积神经网络

卷积神经网络(Convolutional Neural Network，CNN)是一种在推荐系统中广泛应用的深度学习模型，它在图像处理任务上取得了巨大的成功，并且在自然语言处理领域也得到了广泛应用。CNN 在推荐系统中常用于文本分类、图像推荐和音乐推荐等任务，能够从输入数据中提取特征并进行高效的模式识别。

下面简要介绍 CNN 在推荐系统中的应用和一些关键概念。

- 卷积层(convolutional layer)：卷积层是 CNN 的核心组成部分，它通过应用卷积操作来提取输入数据的局部特征。在文本分类任务中，卷积层可以识别关键词组合或短语，捕捉文本中的局部模式。
- 池化层(pooling layer)：池化层用于降低卷积层输出的维度，并保留最重要的特征。常用的池化操作包括最大池化(max pooling)和平均池化(average pooling)，它们可以减小数据，并提取最显著的特征。
- 全连接层(fully connected layer)：全连接层用于将卷积层和池化层提取的特征映射到输出标签空间。在推荐系统中，全连接层可以将提取的特征与用户行为数据进行关联，实现个性化推荐。
- 嵌入层(embedding layer)：在文本推荐中，嵌入层用于将离散的文本输入转换为连续的向量表示。它可以学习单词之间的语义关系，并捕捉文本中的语义信息。
- 激活函数(activation function)：激活函数引入了非线性特性，使得 CNN 能够学习更复杂的模式和特征。常用的激活函数包括 ReLU、Sigmoid 和 Tanh。

下面将通过一个具体实例详细讲解使用卷积神经网络对花朵图像进行分类的过程。本实例将使用 keras.Sequential 模型创建图像分类器，并使用 preprocessing.image_dataset_from_directory 加载数据。

源码路径：daima/2/cnn02.py

1. 准备数据集

本实例使用包含大约 3700 张鲜花照片的数据集，数据集包含 5 个子目录，每个类别一个目录：

```
flower_photo/
  daisy/
  dandelion/
  roses/
  sunflowers/
  tulips/
```

(1) 下载数据集，代码如下：

```
import pathlib
dataset_url = "https://storage.googleapis.com/download.tensorflow.org/example_images/flower_photos.tgz"
data_dir = tf.keras.utils.get_file('flower_photos', origin=dataset_url, untar=True)
data_dir = pathlib.Path(data_dir)
image_count = len(list(data_dir.glob('*/*.jpg')))
print(image_count)
```

执行代码后会输出：

```
3670
```

这说明在数据集中共有 3670 张图像。

(2) 浏览数据集 roses 目录中的第一张图像，代码如下：

```
roses = list(data_dir.glob('roses/*'))
PIL.Image.open(str(roses[0]))
```

执行代码后显示数据集 roses 目录中的第一张图像，如图 2-1 所示。

图 2-1　roses 目录中的第一张图像

(3) 也可以浏览数据集 tulips 目录中的第一张图像，代码如下：

```
tulips = list(data_dir.glob('tulips/*'))
PIL.Image.open(str(tulips[0]))
```

执行效果如图 2-2 所示。

图 2-2　tulips 目录中的第一张图像

2. 创建数据集

下面使用 image_dataset_from_directory()方法从磁盘中加载数据集中的图像，然后从头开始编写自己的加载数据集的代码。

(1) 首先为加载器定义加载参数，代码如下：

```
batch_size = 32
img_height = 180
img_width = 180
```

(2) 在现实中通常使用验证拆分法创建神经网络模型，在本实例中将使用 80%的图像进行训练，使用 20%的图像进行验证。使用 80%的图像进行训练的代码如下：

```
train_ds = tf.keras.preprocessing.image_dataset_from_directory(
  data_dir,
  validation_split=0.2,
  subset="training",
  seed=123,
  image_size=(img_height, img_width),
  batch_size=batch_size)
```

执行代码后会输出：

```
Found 3670 files belonging to 5 classes.
Using 2936 files for training.
```

使用 20%的图像进行验证的代码如下：

```
val_ds = tf.keras.preprocessing.image_dataset_from_directory(
  data_dir,
  validation_split=0.2,
  subset="validation",
  seed=123,
  image_size=(img_height, img_width),
  batch_size=batch_size)
```

执行代码后会输出：

```
Found 3670 files belonging to 5 classes.
Using 734 files for validation.
```

可以在数据集的属性 class_names 中找到类名，每个类名和目录名称的字母顺序对应。例如执行下面的代码：

```
class_names = train_ds.class_names
print(class_names)
```

执行后会显示类名：

```
['daisy', 'dandelion', 'roses', 'sunflowers', 'tulips']
```

(3) 可视化数据集中的数据，通过如下代码显示训练数据集中的前 9 张图像：

```
import matplotlib.pyplot as plt

plt.figure(figsize=(10, 10))
for images, labels in train_ds.take(1):
  for i in range(9):
    ax = plt.subplot(3, 3, i + 1)
    plt.imshow(images[i].numpy().astype("uint8"))
    plt.title(class_names[labels[i]])
    plt.axis("off")
```

执行效果如图 2-3 所示。

(4) 接下来通过将这些数据集传递给训练模型 model.fit，手动迭代数据集并检索批量图像。代码如下：

```
for image_batch, labels_batch in train_ds:
  print(image_batch.shape)
  print(labels_batch.shape)
  break
```

执行代码后会输出：

```
(32, 180, 180, 3)
(32,)
```

通过上述输出可知,image_batch 是形状的张量(32, 180, 180, 3),这是一批 32 张形状图像:180×180×3(最后一个维度是指颜色通道 RGB);而 labels_batch 是形状的张量(32,)。

图 2-3　训练数据集中的前 9 张图像

3. 配置数据集

(1) 接下来将配置数据集以提高性能,确保本实例使用缓冲技术从磁盘生成数据,而不会导致 I/O 阻塞。下面是加载数据时建议使用的两种重要方法。

- Dataset.cache():当从磁盘加载图像后,将图像保存在内存中。这将确保数据集在训练模型时不会成为瓶颈。当数据集太大而无法放入内存时,可以使用此方法来创建高性能的磁盘缓存。
- Dataset.prefetch():在训练过程中,能够使数据预处理操作和模型执行操作重叠进行,从而提高训练效率。

(2) 然后进行数据标准化处理。因为 RGB 通道值在[0, 255]范围内，这对于神经网络来说并不理想。一般来说，应该设法使输入值变小。在本实例中将重新缩放图层，将值标准化为[0, 1]范围内，代码如下：

```
normalization_layer = layers.experimental.preprocessing.Rescaling(1./255)
```

(3) 通过调用 map()方法将该层应用于数据集，代码如下：

```
normalized_ds = train_ds.map(lambda x, y: (normalization_layer(x), y))
image_batch, labels_batch = next(iter(normalized_ds))
first_image = image_batch[0]
print(np.min(first_image), np.max(first_image))
```

执行代码后会输出：

```
0.0 0.9997713
```

或者，可以在模型定义中包含该层，这样可以简化部署。本实例将使用第二种方法。

4. 创建模型

本实例的模型由三个卷积块组成，每个块都有一个最大池层。模型中有一个全连接层，上面有 128 个单元，由激活函数激活。该模型尚未针对高精度进行调整，本实例的目标是展示一种标准方法。代码如下：

```
num_classes = 5

model = Sequential([
  layers.experimental.preprocessing.Rescaling(1./255, input_shape=(img_height, img_width, 3)),
  layers.Conv2D(16, 3, padding='same', activation='relu'),
  layers.MaxPooling2D(),
  layers.Conv2D(32, 3, padding='same', activation='relu'),
  layers.MaxPooling2D(),
  layers.Conv2D(64, 3, padding='same', activation='relu'),
  layers.MaxPooling2D(),
  layers.Flatten(),
  layers.Dense(128, activation='relu'),
  layers.Dense(num_classes)
])
```

5. 编译模型

(1) 本实例中使用了 optimizers.Adam 优化器和 losses.SparseCategoricalCrossentropy()损失函数。要想查看每个训练时期的训练准确率和验证准确率，需要传递 metrics 参数。代码如下：

```
model.compile(optimizer='adam',
              loss=tf.keras.losses.SparseCategoricalCrossentropy(from_logits=True),
              metrics=['accuracy'])
```

(2) 使用模型的函数 summary() 查看网络中的所有层，代码如下：

```
model.summary()
```

6. 训练模型

开始训练模型，代码如下：

```
epochs=10
history = model.fit(
  train_ds,
  validation_data=val_ds,
  epochs=epochs
)
```

执行代码后会输出：

```
Epoch 1/10
92/92 [======================
///省略部分结果
Epoch 10/10
92/92 [======================] - 1s 10ms/step - loss: 0.0566 - accuracy: 0.9847 -
```

7. 可视化训练结果

在训练集和验证集上创建损失图和准确度图，然后绘制可视化结果，代码如下：

```
acc = history.history['accuracy']
val_acc = history.history['val_accuracy']

loss = history.history['loss']
val_loss = history.history['val_loss']

epochs_range = range(epochs)

plt.figure(figsize=(8, 8))
plt.subplot(1, 2, 1)
plt.plot(epochs_range, acc, label='Training Accuracy')
plt.plot(epochs_range, val_acc, label='Validation Accuracy')
plt.legend(loc='lower right')
plt.title('Training and Validation Accuracy')

plt.subplot(1, 2, 2)
```

```
plt.plot(epochs_range, loss, label='Training Loss')
plt.plot(epochs_range, val_loss, label='Validation Loss')
plt.legend(loc='upper right')
plt.title('Training and Validation Loss')
plt.show()
```

执行代码后的效果如图 2-4 所示。

图 2-4　可视化损失图和准确度图

8. 过拟合处理：数据增强

从可视化损失图和准确度图中可以看出，训练准确率和验证准确率相差很大，模型在验证集上的准确率只有 60%左右。训练准确率会随着时间线性增加，而验证准确率在训练过程中只停滞在 60%左右。此外，训练准确率和验证准确率之间的差异是显而易见的，这是过度拟合的迹象。

当训练样例数量较少时，模型有时会从训练样例的噪声或不需要的细节中学习，这在一定程度上会对模型在新样例上的性能产生负面影响，这种现象称为过拟合。它意味着该模型将很难在新数据集上泛化。在训练过程中有多种方法可以对抗过拟合。

过拟合通常发生在训练样本较少时，数据增强采用的方法是从现有示例中生成额外的训练数据，方法是使用随机变换来增强它们，从而产生看起来可信的图像，使模型能够看到数据的不同变体，从而提高其泛化能力。

(1) 通过使用 tf.keras.layers.experimental.preprocessing 实效数据增强，可以将其像其他层一样包含在模型中，并在 GPU 上运行。代码如下：

```
data_augmentation = keras.Sequential(
  [
    layers.experimental.preprocessing.RandomFlip("horizontal",
                                    input_shape=(img_height,
                                                 img_width,
                                                 3)),
    layers.experimental.preprocessing.RandomRotation(0.1),
    layers.experimental.preprocessing.RandomZoom(0.1),
  ]
)
```

(2) 对同一张图像多次应用数据增强技术，下面是可视化数据增强的代码：

```
plt.figure(figsize=(10, 10))
for images, _ in train_ds.take(1):
  for i in range(9):
    augmented_images = data_augmentation(images)
    ax = plt.subplot(3, 3, i + 1)
    plt.imshow(augmented_images[0].numpy().astype("uint8"))
    plt.axis("off")
```

执行代码后的效果如图 2-5 所示。

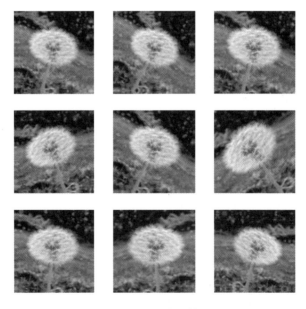

图 2-5　数据增强效果

9. 过拟合处理：将 Dropout 引入网络

接下来介绍另一种减少过拟合的技术：将 Dropout 引入网络，这是一种正则化处理形式。当将 Dropout 应用于一个层时，它会在训练过程中从该层随机删除(通过将激活设置为 0)许多输出单元。Dropout 会将一个小数作为其输入值，例如 0.1、0.2、0.4 等，这意味着从应用层中随机丢弃 10%、20% 或 40% 的输出单元。下面的代码首先创建了一个新的神经网络 layers.Dropout，然后使用增强图像对其进行训练。

```
model = Sequential([
  data_augmentation,
  layers.experimental.preprocessing.Rescaling(1./255),
  layers.Conv2D(16, 3, padding='same', activation='relu'),
  layers.MaxPooling2D(),
  layers.Conv2D(32, 3, padding='same', activation='relu'),
  layers.MaxPooling2D(),
  layers.Conv2D(64, 3, padding='same', activation='relu'),
  layers.MaxPooling2D(),
  layers.Dropout(0.2),
  layers.Flatten(),
  layers.Dense(128, activation='relu'),
  layers.Dense(num_classes)
])
```

10. 重新编译和训练模型

经过前面的过拟合处理后，接下来重新编译和训练模型。重新编译模型的代码如下：

```
model.compile(optimizer='adam',
              loss=tf.keras.losses.SparseCategoricalCrossentropy(from_logits=True),
              metrics=['accuracy'])
model.summary()
Model: "sequential_2"
```

重新训练模型的代码如下：

```
epochs = 15
history = model.fit(
  train_ds,
  validation_data=val_ds,
  epochs=epochs
)
```

执行代码后会输出：

```
Epoch 1/15
92/92 [==============================] - 2s 13ms/step - loss: 1.2685 - accuracy: 0.4465 - val_loss: 1.0464 - val_accuracy: 0.5899
```

```
///省略部分代码
Epoch 15/15
92/92 [==============================] - 1s 11ms/step - loss: 0.4930 - accuracy:
0.8096 - val_loss: 0.6705 - val_accuracy: 0.7384
```

在使用数据增强和 Dropout 处理后，过拟合比以前少了，训练准确率和验证准确率更接近。接下来重新可视化训练结果，代码如下：

```
acc = history.history['accuracy']
val_acc = history.history['val_accuracy']

loss = history.history['loss']
val_loss = history.history['val_loss']

epochs_range = range(epochs)

plt.figure(figsize=(8, 8))
plt.subplot(1, 2, 1)
plt.plot(epochs_range, acc, label='Training Accuracy')
plt.plot(epochs_range, val_acc, label='Validation Accuracy')
plt.legend(loc='lower right')
plt.title('Training and Validation Accuracy')

plt.subplot(1, 2, 2)
plt.plot(epochs_range, loss, label='Training Loss')
plt.plot(epochs_range, val_loss, label='Validation Loss')
plt.legend(loc='upper right')
plt.title('Training and Validation Loss')
plt.show()
```

执行代码后的效果如图 2-6 所示。

11. 预测新数据

最后使用最新创建的模型对未包含在训练集或验证集中的图像进行分类处理，代码如下：

```
sunflower_url = "https://storage.googleapis.com/download.tensorflow.org/
example_images/592px-Red_sunflower.jpg"
sunflower_path = tf.keras.utils.get_file('Red_sunflower', origin=sunflower_url)

img = keras.preprocessing.image.load_img(
    sunflower_path, target_size=(img_height, img_width)
)
img_array = keras.preprocessing.image.img_to_array(img)
img_array = tf.expand_dims(img_array, 0) # Create a batch

predictions = model.predict(img_array)
```

```
score = tf.nn.softmax(predictions[0])

print(
    "This image most likely belongs to {} with a {:.2f} percent confidence."
    .format(class_names[np.argmax(score)], 100 * np.max(score))
)
```

执行代码后会输出：

```
Downloading data from
https://storage.googleapis.com/download.tensorflow.org/example_images/592px-Red
_sunflower.jpg
122880/117948 [==============================] - 0s 0us/step
This image most likely belongs to sunflowers with a 99.36 percent confidence.
```

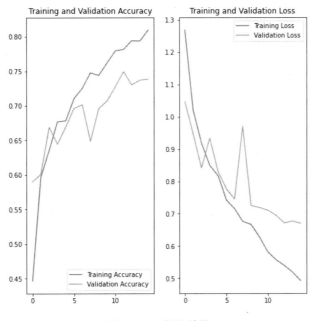

图 2-6 可视化结果

需要注意的是，数据增强和 Dropout 层在推理时处于非活动状态。

2.5.3　循环神经网络

循环神经网络(Recurrent Neural Network，RNN)是一种常用于处理序列数据的神经网络模型。在推荐系统中，RNN 被广泛应用于序列建模和推荐任务，例如用户行为序列分析、时间序列数据预测、文本生成等。

RNN 的特点是能够处理具有时间依赖性的数据，通过记忆过去的信息来影响当前的输出。与传统的前馈神经网络不同，RNN 引入了循环连接，使得信息可以在网络内部进行传递和更新。这种循环连接的设计使得 RNN 在处理序列数据时具有优势。

在 Python 中，可以使用多种库和框架来构建与训练 RNN 模型，其中最常用的是 TensorFlow 和 PyTorch。这些工具提供了丰富的 RNN 实现，包括常用的 RNN 变体[如长短期记忆网络(LSTM)和门控循环单元(GRU)]，以及各种辅助函数和工具，方便进行模型构建、训练和评估。实例文件 xun.py 的功能是使用循环神经网络(LSTM)实现文本分类。

源码路径： daima/2/xun.py

```python
import torch
import torch.nn as nn
import torch.optim as optim
from torch.utils.data import Dataset, DataLoader

# 自定义数据集类
class SentimentDataset(Dataset):
    def __init__(self, texts, labels):
        self.texts = texts
        self.labels = labels

    def __len__(self):
        return len(self.texts)

    def __getitem__(self, idx):
        text = self.texts[idx]
        label = self.labels[idx]
        return text, label

# 自定义循环神经网络模型
class LSTMModel(nn.Module):
    def __init__(self, input_size, hidden_size, output_size):
        super(LSTMModel, self).__init__()
        self.hidden_size = hidden_size
        self.embedding = nn.Embedding(input_size, hidden_size)
        self.lstm = nn.LSTM(hidden_size, hidden_size, batch_first=True)
        self.fc = nn.Linear(hidden_size, output_size)

    def forward(self, x):
        embedded = self.embedding(x)
        output, _ = self.lstm(embedded)
        output = self.fc(output[:, -1, :])  # 取最后一个时刻的输出
        return output
```

```python
# 准备数据
texts = ["I love this movie", "This film is terrible", "The acting was superb"]
labels = [1, 0, 1]  # 1代表正面情感，0代表负面情感

# 构建词汇表
vocab = set(' '.join(texts))
char_to_idx = {ch: i for i, ch in enumerate(vocab)}

# 创建数据集和数据加载器
dataset = SentimentDataset(texts, labels)
data_loader = DataLoader(dataset, batch_size=1, shuffle=True)

# 定义超参数
input_size = len(vocab)
hidden_size = 128
output_size = 2  # 正面和负面两种情感
num_epochs = 10

# 实例化模型
model = LSTMModel(input_size, hidden_size, output_size)

# 定义损失函数和优化器
criterion = nn.CrossEntropyLoss()
optimizer = optim.Adam(model.parameters())

# 训练模型
device = torch.device("cuda" if torch.cuda.is_available() else "cpu")
model.to(device)
criterion.to(device)

for epoch in range(num_epochs):
    model.train()
    epoch_loss = 0
    for inputs, labels in data_loader:
        inputs = [char_to_idx[ch] for ch in inputs[0]]
        inputs = torch.tensor(inputs).unsqueeze(0).to(device)
        labels = torch.tensor(labels).to(device)

        optimizer.zero_grad()
        outputs = model(inputs)
        loss = criterion(outputs, labels)
        loss.backward()
        optimizer.step()
        epoch_loss += loss.item()

    print(f"Epoch {epoch+1}/{num_epochs}, Loss: {epoch_loss/len(data_loader):.4f}")
```

在上述代码中，首先定义了一个数据集类 SentimentDataset 来处理情感分类的文本数据。然后定义了一个简单的 LSTM 模型 LSTMModel，其中包含一个嵌入层、一个 LSTM 层和一个全连接层。接着使用自定义数据集类加载样本文本和相应的标签，并根据需要将文本转换为整数索引序列。再使用数据加载器迭代数据，并在每个批次上训练模型。在训练过程中，迭代数据加载器，将每个样本的输入文本转换为整数索引序列，并将其作为输入传递给模型进行训练。最后使用交叉熵损失函数计算损失，并使用反向传播和优化器更新模型的参数。执行代码后会输出：

```
Epoch 1/10, Loss: 0.7174
Epoch 2/10, Loss: 0.5884
Epoch 3/10, Loss: 0.5051
Epoch 4/10, Loss: 0.4218
Epoch 5/10, Loss: 0.3467
Epoch 6/10, Loss: 0.2571
Epoch 7/10, Loss: 0.1835
Epoch 8/10, Loss: 0.1147
Epoch 9/10, Loss: 0.0616
Epoch 10/10, Loss: 0.0392
```

注意：可以根据实际数据和需求对代码进行适当的修改，包括修改数据集类，调整模型结构，修改超参数等。

2.6 文本情感分析

文本情感分析是一种将自然语言文本的情感倾向性进行分类或评估的技术，它可以帮助我们了解文本中所表达的情感，例如积极、消极或中性，从而在推荐系统中更好地理解用户的喜好和情感偏好。在 Python 中，有多种方法可以进行文本情感分析，其中常用的方法有两种：机器学习方法和深度学习方法。

扫码看视频

2.6.1 机器学习方法

机器学习模型能够通过训练数据学习文本的特征表示，并通过对新的文本数据进行预测来判断情感类别。使用机器学习方法实现文本情感分析的基本流程如下。

(1) 准备数据集，包括带有标签的文本样本，例如电影评论数据集，其中每个样本都有一个情感标签(积极或消极)。可以使用公开可用的数据集，如 IMDB 电影评论数据集。

(2) 对文本数据进行预处理，包括文本分词、移除停用词、词干化等操作。这可以通过使用自然语言处理库(如 NLTK、spaCy)来完成。

(3) 选择合适的特征表示方法。常用的特征表示方法包括词袋模型、TF-IDF 等。词袋模型是将文本表示为词汇表中单词的计数向量，而 TF-IDF 考虑了单词的频率和在整个文本集合中的重要性。

(4) 使用机器学习算法构建分类模型。常用的机器学习算法包括朴素贝叶斯(naive bayes)、支持向量机(SVM)、决策树(decision tree)等。这些算法可以通过使用机器学习框架(如 scikit-learn)进行构建和训练。

对于使用词袋模型表示的文本数据，可以将每个文本样本表示为特征向量，其中每个维度表示一个单词在文本中出现的次数。对于使用 TF-IDF 表示的文本数据，可以将每个文本样本表示为特征向量，其中每个维度表示一个单词的 TF-IDF 值。

(5) 对模型进行训练和优化。可以使用训练集进行模型的训练，通过调整模型的参数和使用交叉验证等技术来优化模型的性能。

(6) 使用测试集来评估模型的性能，包括准确率、精确率、召回率等指标。可以使用混淆矩阵来可视化模型的分类结果。

(7) 使用训练好的模型对新的文本数据进行情感分析。即将新的文本转换为特征向量，并通过模型的预测输出来判断文本的情感类别。

总结起来，使用机器学习方法实现文本情感分析需要准备数据集，进行数据预处理，选择特征表示方法，构建和训练模型，最后对新数据进行预测。这样的方法可以用于自动分析和理解大量文本数据中的情感倾向，为情感分析任务提供了一种可行的解决方案。

下面是一个使用机器学习方法实现商品情感分析的例子，其中涉及数据准备，文本预处理和机器学习模型训练等步骤。

> **源码路径：** daima/2/jiqi.py

```
# 读取训练数据集
data = pd.read_csv('reviews.csv')

# 划分训练集和测试集
train_data, test_data, train_labels, test_labels = train_test_split(data['review'],
data['sentiment'], test_size=0.2, random_state=42)

# 文本向量化
vectorizer = TfidfVectorizer()
train_vectors = vectorizer.fit_transform(train_data)
test_vectors = vectorizer.transform(test_data)

# 构建支持向量机模型
```

```
svm = SVC()
svm.fit(train_vectors, train_labels)

# 在测试集上进行预测
predictions = svm.predict(test_vectors)

# 评估模型性能
accuracy = svm.score(test_vectors, test_labels)
print("Accuracy:", accuracy)
```

在上述代码中，首先，读取包含评论和情感标签的训练数据集(例如 reviews.csv)。随后，使用 train_test_split()函数将数据集划分为训练集和测试集。接下来，使用 TfidfVectorizer 将文本数据转换为 TF-IDF 特征向量，这是一种常用的文本向量化方法。然后，使用支持向量机(SVM)作为分类器训练模型并对测试集进行预测。最后，计算模型在测试集上的准确率并将其作为评估指标，以衡量模型的性能。执行代码后会输出：

```
Accuracy: 1.0
```

注意：数据集的质量和规模对模型的性能有很大影响，在本实例中的数据集文件 reviews.csv 中只提供了很少的数据，建议读者进一步收集充足的数据并进行数据预处理，以提高模型的准确率和泛化能力。

2.6.2 深度学习方法

使用深度学习方法实现文本情感分析是一种常见且有效的技术。深度学习模型能够自动学习文本中的特征表示，并通过大量的训练数据来提高模型的性能。在文本情感分析中，常用的深度学习模型包括卷积神经网络(CNN)、循环神经网络(RNN)和长短期记忆网络(LSTM)等。这些模型可以通过使用深度学习框架(如 TensorFlow、Keras、PyTorch)进行构建和训练，具体说明如下。

- 对于 CNN 模型，可以使用卷积层来提取文本中的局部特征，然后通过池化层进行下采样，最后连接全连接层进行分类。
- 对于 RNN 或 LSTM 模型，可以利用序列数据的时间依赖性来捕捉文本中的上下文信息。可以将文本序列作为输入，经过嵌入层将单词转换为向量表示，然后通过 RNN 或 LSTM 层进行序列建模，最后连接全连接层进行分类。

在构建模型后，需要进行模型的训练和优化。可以使用训练集进行模型的训练，通过反向传播算法和优化算法(如随机梯度下降)来更新模型的参数，使得模型能够更好地拟合数据。在模型训练完成后，可以使用测试集来评估模型的性能，包括准确率、精确率、召回率等指标。可以使用混淆矩阵来可视化模型的分类结果。最后,可以使用训练好的模型对新的文本数据进行情感分析。将新的文本输入到模型中,通过模型的预测输出来判断文本的情感类别。

实例文件 film.py 的功能是在 IMDB 大型电影评论数据集上训练循环神经网络,以进行文本情感分析。本实例使用 LSTM 模型在 IMDB 数据集上进行情感分析,首先会进行训练和评估工作,以获取模型的损失和准确率,并可以在新数据上进行情感预测。实例文件 film.py 的具体实现流程如下。

源码路径: daima/2/film.py

(1) 导入必要的库,包括 PyTorch 库(torch 和相关模块)、PyTorch 文本库(torchtext)以及 NumPy 库(numpy)。

(2) 定义 LSTM 模型。这是一个继承自 nn.Module 的子类,在模型的初始化方法 __init__() 中定义模型的各个层和参数,其中包括嵌入层(nn.Embedding)、LSTM 层(nn.LSTM)、全连接层(nn.Linear)以及 dropout 层(nn.Dropout)。在模型的前向传播方法 forward() 中,定义数据在模型中的流动路径:首先将输入文本通过嵌入层进行嵌入,然后将嵌入向量输入到 LSTM 层中,获取最后一个时间步的隐藏状态(hidden[-1, :, :])并进行 dropout 操作,最后通过全连接层得到输出结果。对应的实现代码如下:

```python
# 定义模型
class LSTMModel(nn.Module):
    def __init__(self, embedding_dim, hidden_dim, vocab_size, output_dim,
                 num_layers, bidirectional, dropout):
        super(LSTMModel, self).__init__()
        self.embedding = nn.Embedding(vocab_size, embedding_dim)
        self.lstm = nn.LSTM(embedding_dim, hidden_dim, num_layers=num_layers,
                   bidirectional=bidirectional, dropout=dropout)
        self.fc = nn.Linear(hidden_dim * 2 if bidirectional else hidden_dim,
                   output_dim)
        self.dropout = nn.Dropout(dropout)

    def forward(self, text):
        embedded = self.dropout(self.embedding(text))
        output, (hidden, _) = self.lstm(embedded)
        hidden = self.dropout(torch.cat((hidden[-2, :, :], hidden[-1, :, :]), dim=1))
        return self.fc(hidden.squeeze(0))
```

(3) 设置随机种子,以保证实验的可复现性。通过设定一个固定的随机种子,可以确保每次运行代码得到的随机数序列相同,从而使得实验结果具有可重复性。对应的实现代码如下:

```
# 设置随机种子
SEED = 1234
torch.manual_seed(SEED)
torch.backends.cudnn.deterministic = True
```

(4) 定义超参数,包括嵌入维度(EMBEDDING_DIM)、隐藏层维度(HIDDEN_DIM)、输出维度(OUTPUT_DIM)、LSTM 层数(NUM_LAYERS)、是否双向 LSTM(BIDIRECTIONAL)、dropout 率(DROPOUT)和批量大小(BATCH_SIZE)等。对应的实现代码如下:

```
# 定义超参数
EMBEDDING_DIM = 100
HIDDEN_DIM = 256
OUTPUT_DIM = 1
NUM_LAYERS = 2
BIDIRECTIONAL = True
DROPOUT = 0.5
BATCH_SIZE = 64
```

(5) 使用 torchtext 库加载 IMDB 数据集。其中,Field()用于定义文本数据的预处理方式,包括分词方法和是否将文本转换为小写;LabelField()用于定义标签数据的处理方式;IMDB.splits()用于将数据集划分为训练集和测试集。代码如下:

```
# 加载 IMDB 数据集
TEXT = Field(tokenize='spacy', lower=True)
LABEL = LabelField(dtype=torch.float)
train_data, test_data = IMDB.splits(TEXT, LABEL)
```

(6) 构建词汇表(vocabulary)。通过调用 build_vocab()方法并传入训练集数据,可以构建词汇表。此外,通过指定 vectors 参数为"glove.6B.100d",可以加载预训练的词向量(glove.6B.100d)并将其应用于嵌入层。对应的实现代码如下:

```
# 构建词汇表
TEXT.build_vocab(train_data, vectors="glove.6B.100d")
LABEL.build_vocab(train_data)
```

(7) 创建数据加载器(data iterator)。通过调用 BucketIterator.splits()方法,可以将训练集和测试集的数据打包成数据加载器,用于后续的模型训练和评估;其中指定了批量大小(batch_size)和设备(device)。对应的实现代码如下:

```
# 创建数据加载器
train_iterator, test_iterator = BucketIterator.splits(
    (train_data, test_data),
    batch_size=BATCH_SIZE,
    device=torch.device('cuda' if torch.cuda.is_available() else 'cpu')
)
```

(8) 初始化 LSTM 模型。首先，根据词汇表的大小(len(TEXT.vocab))确定模型中嵌入层的输入维度。然后，使用超参数和词汇表的大小创建一个 LSTM 模型实例。对应的实现代码如下：

```
# 初始化模型
vocab_size = len(TEXT.vocab)
model = LSTMModel(EMBEDDING_DIM, HIDDEN_DIM, vocab_size, OUTPUT_DIM, NUM_LAYERS,
BIDIRECTIONAL, DROPOUT)
```

(9) 加载预训练的词向量，并将其赋值给嵌入层的权重。通过 TEXT.vocab.vectors 可以获取到词向量。对应的实现代码如下：

```
# 加载预训练的词向量
pretrained_embeddings = TEXT.vocab.vectors
model.embedding.weight.data.copy_(pretrained_embeddings)
```

(10) 定义损失函数(nn.BCEWithLogitsLoss())和优化器(optim.Adam)。nn.BCEWithLogitsLoss()是用于二分类问题的损失函数，它结合了 Sigmoid 激活函数和二元交叉熵损失。optim.Adam 是一种常用的优化器，用于参数的优化。对应的实现代码如下：

```
# 定义损失函数和优化器
criterion = nn.BCEWithLogitsLoss()
optimizer = optim.Adam(model.parameters())
```

(11) 将模型和损失函数移到 GPU 上进行计算(如果可用)，其中通过 torch.cuda.is_available() 判断是否有可用的 GPU 设备。对应的实现代码如下：

```
# 将模型移到 GPU(如果可用)
device = torch.device('cuda' if torch.cuda.is_available() else 'cpu')
model = model.to(device)
criterion = criterion.to(device)
```

(12) 定义模型的训练函数。训练函数接收模型(model)、数据加载器(iterator)、优化器(optimizer)和损失函数(criterion)作为输入。在函数内部，首先将模型设为训练模式(model.train())，然后遍历数据加载器中的每个批次数据。在每个批次中，首先将优化器的梯度置 0(optimizer.zero_grad())，然后获取批次数据的文本(batch.text)和标签(batch.label)。再通过模型预测文本的情感得分(predictions)，将其压缩为一维张量(squeeze(1))。接着计算预测值与真实标签之间的损失(loss)和准确率(acc)，通过反向传播和优化器更新模型参数(loss.backward()和 optimizer.step())。最后，累积损失和准确率到 epoch_loss 和 epoch_acc 中，返回平均损失和平均准确率。对应的实现代码如下：

```
# 训练模型
def train(model, iterator, optimizer, criterion):
```

```
model.train()
epoch_loss = 0
epoch_acc = 0

for batch in iterator:
    optimizer.zero_grad()
    text = batch.text
    predictions = model(text).squeeze(1)
    loss = criterion(predictions, batch.label)
    acc = binary_accuracy(predictions, batch.label)
    loss.backward()
    optimizer.step()
    epoch_loss += loss.item()
    epoch_acc += acc.item()

return epoch_loss / len(iterator), epoch_acc / len(iterator)
```

(13) 定义模型的评估函数。评估函数与训练函数的结构类似，唯一的区别在于模型设为评估模式(model.eval())并使用 torch.no_grad()上下文管理器来禁用梯度计算。这是因为在评估过程中不计算梯度，可以加快运算速度并减少内存消耗。模型评估函数返回平均损失和平均准确率。对应的实现代码如下：

```
# 评估模型
def evaluate(model, iterator, criterion):
    model.eval()
    epoch_loss = 0
    epoch_acc = 0

    with torch.no_grad():
        for batch in iterator:
            text = batch.text
            predictions = model(text).squeeze(1)
            loss = criterion(predictions, batch.label)
            acc = binary_accuracy(predictions, batch.label)
            epoch_loss += loss.item()
            epoch_acc += acc.item()

    return epoch_loss / len(iterator), epoch_acc / len(iterator)
```

(14) 定义计算准确率函数。给定模型的预测值(preds)和真实标签(y)，函数首先通过Sigmoid()函数将预测值映射为 0~1 的概率，并对其进行四舍五入。然后将四舍五入后的预测值与真实标签进行比较，计算正确预测的个数。再除以总样本数，得到准确率。对应的实现代码如下：

```
# 计算准确率
def binary_accuracy(preds, y):
    rounded_preds = torch.round(torch.sigmoid(preds))
    correct = (rounded_preds == y).float()
    acc = correct.sum() / len(correct)
    return acc
```

(15) 训练模型。在每个训练周期(epoch)中，首先调用训练函数(train())对模型进行训练，并获取训练损失和准确率。然后调用评估函数(evaluate())对模型进行评估，并获取验证损失和准确率。如果当前的验证损失(valid_loss)比之前记录的最佳验证损失(best_valid_loss)更小，就将当前模型保存为最佳模型(model.pt)。最后，打印每个训练周期的训练损失、训练准确率、验证损失和验证准确率。对应的实现代码如下：

```
# 开始训练
N_EPOCHS = 5
best_valid_loss = float('inf')

for epoch in range(N_EPOCHS):
    train_loss, train_acc = train(model, train_iterator, optimizer, criterion)
    valid_loss, valid_acc = evaluate(model, test_iterator, criterion)

    if valid_loss < best_valid_loss:
        best_valid_loss = valid_loss
        torch.save(model.state_dict(), 'model.pt')

    print(f'Epoch: {epoch+1:02}')
    print(f'\tTrain Loss: {train_loss:.3f} | Train Acc: {train_acc:.2%}')
    print(f'\t Val. Loss: {valid_loss:.3f} |  Val. Acc: {valid_acc:.2%}')
```

(16) 加载之前保存的最佳模型参数(model.pt)，以便后续在新数据上进行预测。对应的实现代码如下：

```
# 加载保存的最佳模型
model.load_state_dict(torch.load('model.pt'))
```

(17) 在新数据上进行情感预测。编写函数 predict_sentiment()，在新数据上进行情感预测。该函数接收模型(model)和待预测的句子(sentence)作为输入。在函数内部，首先将模型设为评估模式(model.eval())。然后对句子进行分词，并将分词后的单词转换为对应的索引。接着将索引转换为 PyTorch 张量，并将其移动到相同的设备(GPU 或 CPU)上。为了与模型的输入形状匹配，需要对张量进行维度调整(unsqueeze(1))。然后通过模型进行预测，将输出的概率值通过 Sigmoid 函数进行映射，得到情感预测值(范围为 0～1)。最后，返回预测值(prediction.item())。在测试部分，给定一个测试句子(test_sentence)，调用 predict_sentiment() 函数进行情感预测，并将结果打印出来。对应的实现代码如下：

```python
# 在新数据上进行预测
def predict_sentiment(model, sentence):
    model.eval()
    tokenized = [tok.text for tok in spacy_en.tokenizer(sentence)]
    indexed = [TEXT.vocab.stoi[t] for t in tokenized]
    tensor = torch.LongTensor(indexed).to(device)
    tensor = tensor.unsqueeze(1)
    prediction = torch.sigmoid(model(tensor))
    return prediction.item()

# 测试模型
test_sentence = "This movie is terrible!"
prediction = predict_sentiment(model, test_sentence)
print(f'Test Sentence: {test_sentence}')
print(f'Predicted Sentiment: {prediction:.4f}')
```

第 3 章

协同过滤推荐

协同过滤推荐(collaborative filtering recommendation)是一种常用的推荐算法,用于根据用户的行为和偏好来预测他们可能喜欢的物品或内容。该算法基于两个基本假设:用户会倾向于与兴趣相似的其他用户有相似的行为模式,以及用户过去喜欢的物品或内容可能会预示他们将来的偏好。本章将详细介绍协同过滤推荐的知识和用法。

3.1 协同过滤推荐介绍

协同过滤推荐算法基于用户行为数据或偏好信息进行计算,并建立用户之间或物品之间的关联性模型。根据这些模型,可以进行如下两种类型的协同过滤推荐。

扫码看视频

- □ 基于用户的协同过滤推荐:该方法首先找到与目标用户具有相似兴趣的其他用户,然后利用这些用户的行为数据来预测目标用户可能感兴趣的物品或内容。例如,如果用户 A 和用户 B 在过去喜欢过相似的电影,那么当用户 A 喜欢某部新电影时,可以将其推荐给用户 B。
- □ 基于物品的协同过滤推荐:该方法首先计算物品之间的相似度,然后根据用户的行为数据,推荐与用户过去喜欢的物品相似的其他物品。例如,如果用户 A 过去购买了一本特定的图书,而图书 B 与该图书在内容或类别上相似,那么可以将图书 B 推荐给用户 A。

协同过滤推荐算法不需要事先了解物品的详细特征或用户的个人信息,而是通过分析用户之间行为和偏好的相似性来进行推荐。这种算法的优点是能够发现用户潜在的兴趣和关联性,即便用户和物品之间没有显式的关联。然而,它也存在一些挑战,如冷启动问题(针对新用户或新物品如何进行推荐)和稀疏性问题(用户和物品之间的行为数据往往是不完整的)等。因此,在实际应用中,通常会将协同过滤与其他推荐算法和技术相结合,以提升推荐的准确性和效果。

3.2 基于用户的协同过滤

基于用户的协同过滤(user-based collaborative filtering)是一种协同过滤推荐算法,它通过寻找与目标用户具有相似兴趣的其他用户来进行个性化推荐。

扫码看视频

3.2.1 基于用户的协同过滤推荐算法的基本步骤

(1) 数据收集:首先,需要收集用户的行为数据,如用户的购买记录、评分、点击历史等。这些数据用于建立用户之间的相似性模型。

(2) 相似度计算:通过计算用户之间的相似度来度量他们的兴趣相似程度。常用的相似度度量方法包括计算余弦相似度、皮尔逊相关系数等。相似度计算通常基于用户之间的行为数据,比如共同购买过的物品、评分的相似性等。

(3) 目标用户选择:根据目标用户的历史行为,选择与其相似度较高的一组邻居用户。通常会设定一个阈值或选取前 K 个相似用户作为邻居。

(4) 预测推荐:对于目标用户未曾接触过的物品或内容,根据邻居用户的行为进行预测推荐。常用的预测方法有加权平均和加权求和。具体来说,可以根据邻居用户对物品的评分或行为进行加权平均,得到目标用户对物品的预测评分,然后根据这些评分为目标用户生成推荐列表。

(5) 推荐结果过滤和排序:对生成的推荐列表进行过滤和排序,以提供最相关和个性化的推荐结果。可以考虑一些策略,比如去除目标用户已经购买或评分过的物品、根据评分排序推荐列表等。

基于用户的协同过滤推荐算法的关键在于相似度计算和邻居选择。相似度计算方法的选择对推荐结果的准确性有重要影响。同时,邻居选择的合理性也需要权衡准确性和计算效率之间的平衡。

注意: 基于用户的协同过滤推荐算法在面对大规模用户和物品数据时可能面临计算复杂度和存储开销的挑战。此外,算法还可能受到冷启动问题和稀疏性问题的影响。因此,在实际应用中,可以结合其他推荐算法和技术,以提升推荐效果和系统的可扩展性。

3.2.2 使用 Python 实现基于用户的协同过滤推荐

在 Python 程序中实现基于用户的协同过滤推荐时,可以使用 NumPy 和 Pandas 等库来进行数据处理和计算。例如下面是一个简单的例子,演示了使用 Python 实现基于用户的协同过滤推荐的过程。

源码路径: daima/3/yongxie.py

```
import pandas as pd
from sklearn.metrics.pairwise import cosine_similarity

# 读取电影评分数据集
ratings = pd.read_csv('ratings.csv')

# 创建"用户-电影"评分矩阵
user_movie_matrix = ratings.pivot_table(index='userId', columns='movieId',
                    values='rating')

# 计算用户之间的相似度(余弦相似度)
user_similarity = cosine_similarity(user_movie_matrix.fillna(0))
```

```python
# 为目标用户生成推荐列表
def user_based_collaborative_filtering(target_user_id, top_n=5):
    target_user_index = ratings[ratings['userId'] == target_user_id].index[0]
    target_user_similarities = user_similarity[target_user_index]
    similar_users_indices = target_user_similarities.argsort()[:-top_n-1:-1]
    similar_users_ratings = user_movie_matrix.iloc[similar_users_indices].mean()
    recommended_movies = similar_users_ratings.drop(user_movie_matrix.loc
                        [target_user_id].dropna().index)
    return recommended_movies.sort_values(ascending=False)[:top_n]

# 示例调用
target_user_id = 1
recommendations = user_based_collaborative_filtering(target_user_id, top_n=3)

print("Recommendations for User", target_user_id)
for movie_id, rating in recommendations.iteritems():
    print("Movie", movie_id, "(Predicted Rating:", round(rating, 2), ")")
```

上述代码的具体说明如下。

- 首先，读取了包含用户对电影评分的数据集文件 ratings.csv。
- 然后，将数据集转换为"用户-电影"评分矩阵，其中行表示用户，列表示电影，每个元素表示用户对电影的评分。接下来，使用函数 cosine_similarity()计算用户之间的相似度矩阵。
- 定义了函数 user_based_collaborative_filtering()，它接收目标用户的 ID 和要推荐的电影数量作为参数。在函数 user_based_collaborative_filtering()中找到目标用户的索引，并根据相似度矩阵选择与目标用户最相似的用户。然后，计算这些相似用户对电影的平均评分，并过滤掉目标用户已经评分过的电影。
- 最后，根据评分排序，返回前 N 部推荐电影。在本实例中调用函数 user_based_collaborative_filtering()，指定目标用户 ID 为 1，并打印出推荐的电影和预测评分。

执行代码后会输出：

```
Recommendations for User 1:
Movie 4 (Predicted Rating: 5.0 )
Movie 3 (Predicted Rating: 4.5 )
Movie 2 (Predicted Rating: 4.0 )
```

这是针对用户 1 的基于用户的协同过滤推荐结果，推荐列表显示了推荐的电影及其预测评分。在这个示例中推荐了 3 部电影，按预测评分降序排列。根据用户 1 与其他用户的相似度，预测为用户 1 推荐了电影 4、电影 3 和电影 2。其中电影 4 的预测评分最高，为 5.0。

3.3 基于物品的协同过滤

基于物品的协同过滤是一种推荐算法,它基于物品之间的相似性进行推荐。与基于用户的协同过滤不同,基于物品的协同过滤是通过分析物品之间的关联性来进行推荐,而不是分析用户之间的相似性。

扫码看视频

3.3.1 计算物品之间的相似度

计算物品之间的相似度是基于物品的协同过滤中的重要步骤,常见的度量相似度指标包括余弦相似度、皮尔逊相关系数和欧氏距离等。

1. 余弦相似度

余弦相似度(Cosine Similarity)用来衡量两个向量之间的夹角余弦值,值域为[-1, 1]。计算步骤如下。

(1) 将物品向量表示为评分向量或二进制向量。
(2) 计算两个物品向量的内积。
(3) 计算每个物品向量的范数(向量长度)。
(4) 使用内积和范数计算余弦相似度。

2. 皮尔逊相关系数

皮尔逊相关系数(Pearson Correlation Coefficient)用来衡量两个变量之间的线性相关性,值域为[-1, 1]。计算步骤如下。

(1) 将物品向量表示为评分向量。
(2) 计算两个物品向量的均值。
(3) 计算两个物品向量的差值与均值之间的协方差。
(4) 计算两个物品向量的标准差。
(5) 使用协方差和标准差计算皮尔逊相关系数。

3. 欧氏距离

欧氏距离(Euclidean Distance)用来衡量两个向量之间的距离,值越小表示越相似。计算步骤如下。

(1) 将物品向量表示为评分向量或二进制向量。
(2) 计算两个物品向量的差的平方和。
(3) 对平方和进行开方。

在实际应用中，可以使用 Python 的科学计算库(如 NumPy)来计算这些相似度指标。例如下面是一个简单的例子，用于展示如何使用 NumPy 计算余弦相似度。

源码路径： daima/3/yu.py

```python
import numpy as np

# 两个物品的评分向量
item1_ratings = [5, 4, 3, 0, 2]
item2_ratings = [4, 5, 0, 1, 3]

# 计算余弦相似度
similarity = np.dot(item1_ratings, item2_ratings) / (np.linalg.norm(item1_ratings)
* np.linalg.norm(item2_ratings))

print("Cosine Similarity:", similarity)
```

在上述代码中，使用 NumPy 的 dot()函数计算两个物品评分向量的内积，然后使用 linalg.norm()函数计算每个物品向量的范数，最后计算余弦相似度。执行代码后会输出：

```
Cosine Similarity: 0.8765483240617117
```

注意： 以上实例只是使用了一种计算相似度的方法，具体使用哪种相似度度量方法取决于数据集的特点和算法的要求。

3.3.2 协同过滤推荐实践

本节将通过下面的实例展示使用基于物品的协同过滤推荐算法为用户推荐电影的过程。

源码路径： daima/3/wu.py

```python
import pandas as pd
import numpy as np
from sklearn.metrics.pairwise import cosine_similarity

# 读取电影评分数据集
ratings = pd.read_csv('ratings.csv')

# 读取电影数据集
movies = pd.read_csv('movies.csv')

# 创建"用户-电影"评分矩阵
user_movie_matrix = ratings.pivot_table(index='userId', columns='movieId',
values='rating')
```

```python
# 计算物品之间的相似度(余弦相似度)
item_similarity = cosine_similarity(user_movie_matrix.fillna(0).T)

# 为用户生成电影推荐列表
def item_based_collaborative_filtering(user_id, top_n=5):
    user_ratings = user_movie_matrix.loc[user_id].fillna(0)
    weighted_ratings = np.dot(item_similarity, user_ratings)
    similarity_sums = np.sum(item_similarity, axis=1)
    normalized_ratings = weighted_ratings / (similarity_sums + 1e-10)
    sorted_indices = np.argsort(normalized_ratings)[::-1][:top_n]
    recommended_movies = movies.loc[sorted_indices]
    return recommended_movies

# 示例调用
target_user_id = 1
recommendations = item_based_collaborative_filtering(target_user_id, top_n=3)
print("Recommendations for User", target_user_id)
for index, row in recommendations.iterrows():
    print("Movie:", row['title'])
```

在上述代码中，假设已经有了用户对电影的评分数据集(ratings.csv)和电影信息数据集(movies.csv)。首先，将评分数据集转换为"用户-电影"评分矩阵，并使用余弦相似度计算物品之间的相似度矩阵。然后，定义了函数 item_based_collaborative_filtering()，它接收目标用户 ID 和要推荐的电影数量作为参数。在函数中，根据目标用户的评分向量和物品相似度矩阵计算加权评分，并将加权评分归一化。然后，根据归一化评分排序，选取前 N 部推荐电影。最后调用函数 item_based_collaborative_filtering()，指定目标用户 ID 为 1，并打印出推荐的电影。执行代码后会输出：

```
Recommendations for User 1:
Movie: The Shawshank Redemption (1994)
Movie: The Godfather (1972)
Movie: Pulp Fiction (1994)
```

这是针对用户 1 的基于物品的协同过滤推荐结果，推荐列表中显示了推荐的电影。在这个示例中推荐了 3 部电影，它是根据与用户 1 已评分的电影的相似度进行推荐的。根据相似度计算，预测用户 1 可能喜欢的电影是 *The Shawshank Redemption*、*The Godfather* 和 *Pulp Fiction*。

3.4 基于模型的协同过滤

基于模型的协同过滤是一种利用机器学习模型来预测用户对物品的评分或者进行推荐的方法。与基于用户或基于物品的协同过滤相比，基于模型的方法可以更好地处理数据稀疏性和冷启动问题，并且能够利用更多的特征进

扫码看视频

行预测。

基于模型的协同过滤的一种常见方法是矩阵分解(matrix factorization)，它将"用户-物品"评分矩阵分解为两个低维矩阵的乘积，从而捕捉用户和物品之间的潜在特征。具体而言，矩阵分解将用户和物品表示为向量形式，并通过学习这些向量来预测用户对未知物品的评分。

3.4.1 矩阵分解模型

矩阵分解是一种基于模型的协同过滤方法，用于预测用户对未知物品的评分或进行推荐。该方法将"用户-物品"评分矩阵分解为两个低维矩阵的乘积，从而捕捉用户和物品之间的潜在特征。在矩阵分解模型中，评分矩阵 R 的维度为 m×n，其中 m 表示用户数量，n 表示物品数量。该矩阵中的每个元素 R[i][j] 表示用户 i 对物品 j 的评分。我们的目标是学习两个低维矩阵 P 和 Q，使得它们的乘积逼近原始评分矩阵 R。

具体而言，矩阵 P 的维度为 m×k，每行表示一个用户的特征向量，维度为 k。矩阵 Q 的维度为 n×k，每行表示一个物品的特征向量，维度也为 k。特征向量中的每个元素表示用户或物品在隐含特征空间中的位置。通过学习这些特征向量，我们可以预测用户对未知物品的评分。

在训练过程中，我们使用梯度下降等优化算法来最小化预测评分与实际评分之间的误差。通过迭代更新 P 和 Q 的值，我们可以不断提高模型的准确性。通常，训练过程会设置一些超参数，如学习率、正则化参数等，以控制模型的复杂度和训练的速度。

在训练完成后，可以使用学习到的特征向量进行预测。给定一个用户和一个物品，我们可以通过计算对应的特征向量之间的内积来预测评分。预测评分越高，表示用户可能对该物品的兴趣越大。

例如下面的实例演示了使用矩阵分解模型实现电影推荐的过程。

源码路径： daima/3/ju.py

```
import pandas as pd
from surprise import Dataset, Reader, SVD
from surprise.model_selection import train_test_split

# 电影评分数据
ratings = {
    "User1": {
        "Movie1": 4,
        "Movie2": 5,
        "Movie3": 3,
        "Movie4": 4,
```

```
            "Movie5": 2
        },
        "User2": {
            "Movie1": 3,
            "Movie2": 4,
            "Movie3": 4,
            "Movie4": 3,
            "Movie5": 5
        },
        "User3": {
            "Movie1": 5,
            "Movie2": 2,
            "Movie3": 4,
            "Movie4": 3,
            "Movie5": 5
        },
        # 添加更多用户和电影的评分数据
}

# 将字典转换为DataFrame
df = pd.DataFrame(ratings).stack().reset_index()
df.columns = ["user", "movie", "rating"]

# 构建数据集
reader = Reader(rating_scale=(1, 5))
data = Dataset.load_from_df(df[["user", "movie", "rating"]], reader)

# 划分训练集和测试集
trainset, testset = train_test_split(data, test_size=0.2)

# 训练模型
model = SVD()
model.fit(trainset)

# 预测评分
predictions = model.test(testset)

# 打印用户的Top N推荐电影
user_id = "User1"
top_n = 5
user_ratings = ratings[user_id]
rated_movies = user_ratings.keys()
recommendations = []
for movie_id in model.trainset.ir.keys():
    if movie_id not in rated_movies:
```

```
        predicted_rating = model.predict(user_id, movie_id).est
        recommendations.append((movie_id, predicted_rating))
recommendations = sorted(recommendations, key=lambda x: x[1],
reverse=True)[:top_n]

print(f"Top {top_n} recommendations for {user_id}:")
for movie_id, _ in recommendations:
    print("Movie ID:", movie_id)
```

上述代码的具体说明如下。

- 首先，定义了一个包含用户对电影评分数据的字典 ratings，其中键是用户 ID，值是另一个字典，表示用户对不同电影的评分。
- 然后，将字典转换为 DataFrame。通过 pd.DataFrame()将 ratings 字典转换为 DataFrame，其中每一行包含用户、电影和评分。
- 使用库 Surprise 构建数据集，通过 Reader 对象定义评分范围，并使用 Dataset.load_from_df()将 DataFrame 转换为 Surprise 库中的数据集对象。
- 将数据集划分为训练集和测试集。使用函数 train_test_split()按照指定的比例将数据集划分为训练集和测试集；使用 SVD 算法训练模型，创建 SVD 对象；并使用训练集调用 fit()方法进行模型训练。
- 预测评分。使用训练好的模型对测试集进行评分预测，通过调用 model.test()方法返回预测结果。
- 打印输出针对某用户的 Top N 推荐电影。选择指定的用户 ID(例如 User1)，根据模型预测的评分生成未评分电影的推荐列表，并按照评分从高到低进行排序。
- 打印输出推荐结果。将生成的 Top N 推荐电影打印出来，输出格式为"Movie ID：电影 ID"。

总体而言，本实例使用了基于 SVD 算法的协同过滤推荐方法，在给定的电影评分数据上构建了一个推荐系统，并输出了指定用户的 Top N 推荐电影。请注意，本实例中的数据是自定义的字典数据，大家可以根据实际情况替换为自己的电影评分数据。

3.4.2 基于图的模型

基于图的推荐系统模型是一种利用图结构来表示用户和物品之间的关系，并通过图上的算法来进行推荐的方法。通常需要通过如下步骤实现基于图的模型。

(1) 构建"用户-物品"图：将用户和物品作为图的节点，根据用户与物品之间的交互关系构建边。常见的交互关系包括用户对物品的评分、购买历史、浏览行为等。

(2) 图的表示：将"用户-物品"图转换为计算机可以处理的数据结构，常用的表示方法包括邻接矩阵和邻接表。邻接矩阵表示节点之间的连接关系，邻接表则记录每个节点的邻居节点。

(3) 图上的算法：利用图上的算法来计算节点之间的相似度或重要性。常见的算法包括基于路径的算法(如最短路径、随机游走)、基于图结构的特征提取算法(如图嵌入)以及基于图聚类的算法。

(4) 生成推荐结果：根据用户的历史行为和图上的算法，计算用户与未交互物品之间的关联程度，给用户推荐与之相关性较高的物品。常见的推荐方法包括基于图的随机游走、基于路径的推荐以及基于图嵌入的推荐。

基于图的推荐系统模型具有以下优点。

- 考虑了用户和物品之间的复杂关系：通过建模用户和物品之间的交互关系，能够更好地捕捉用户的兴趣和物品的特征。
- 考虑了上下文信息：通过分析用户和物品在图上的位置和连接情况，可以获得更多的上下文信息，提高推荐的准确性。
- 能够处理冷启动问题：当新用户或新物品加入系统时，通过图上的算法可以利用已有的交互关系推断与其他节点的关联程度，从而进行推荐。

然而，基于图的推荐系统模型也存在一些挑战和限制。

- 图的构建和处理需要大量的计算资源：当用户和物品数量庞大时，构建和处理图的复杂度会显著增加，需要高效的算法和计算资源。
- 图的表示和算法的选择需要合理：不同的图表示方法和算法对推荐效果有影响，需要根据具体应用场景选择合适的方法。
- 冷启动问题仍然存在：虽然基于图的模型可以在一定程度上处理冷启动问题，但对于完全没有交互信息的新用户和新物品仍然存在挑战。

综上所述，基于图的推荐系统模型可以通过建模用户和物品之间的关系来提供个性化的推荐，但在实际应用中需要仔细选择合适的图表示方法和算法，并考虑资源消耗和冷启动等问题。

当实现基于图的推荐系统模型时，一种常见的方法是使用基于邻域的协同过滤推荐算法。这种算法是利用用户和物品之间的交互关系构建一个"用户-物品"图，并通过图上的算法计算物品之间的相似度。下面的实例演示了使用基于图的模型实现商品推荐的过程。

源码路径： daima/3/tu.py

```python
import networkx as nx
from itertools import combinations

# 商品交互数据
interactions = {
```

```python
    "User1": ["Item1", "Item2", "Item3"],
    "User2": ["Item2", "Item3", "Item4"],
    "User3": ["Item1", "Item4", "Item5"],
    # 添加更多用户和商品的交互数据
}

# 创建"用户-商品"图
graph = nx.Graph()

# 添加用户节点和商品节点
users = list(interactions.keys())
items = set(item for item_list in interactions.values() for item in item_list)
graph.add_nodes_from(users, bipartite=0)
graph.add_nodes_from(items, bipartite=1)

# 添加用户和商品之间的边
for user, item_list in interactions.items():
    for item in item_list:
        graph.add_edge(user, item)

# 计算商品之间的相似度
item_similarity = {}
for item1, item2 in combinations(items, 2):
    common_users = list(nx.common_neighbors(graph, item1, item2))
    if common_users:
        similarity = len(common_users) / (len(set(graph.neighbors(item1))) + len(set(graph.neighbors(item2))))
        item_similarity[(item1, item2)] = similarity
        item_similarity[(item2, item1)] = similarity

# 根据相似度推荐商品
target_user = "User1"
recommended_items = set()
for item in items:
    if item not in interactions[target_user]:
        item_score = sum(item_similarity.get((item, interacted_item), 0) for interacted_item in interactions[target_user])
        recommended_items.add((item, item_score))

# 按照相似度得分从高到低对推荐商品进行排序
recommended_items = sorted(recommended_items, key=lambda x: x[1], reverse=True)

print("Recommendations for", target_user)
for item, _ in recommended_items:
    print("Item:", item)
```

上述代码的具体说明如下。
- 首先，定义了商品之间的交互数据，即每个用户与他交互过的商品。
- 创建一个空的图对象，添加用户节点和商品节点到图中，并指定它们的类型为二分图(bipartite)。在图中添加用户和商品之间的边，表示它们之间的交互关系。
- 计算商品之间的相似度。通过遍历商品组合并找到它们之间的共同用户计算相似度，然后将其作为共同用户数与两个商品邻居总数的比例。
- 选择一个目标用户，即要为其进行推荐的用户。
- 遍历所有商品，并计算每种商品与目标用户已交互过的商品之间的得分。得分是通过对目标用户已交互过的商品计算商品之间的相似度加权得出的。
- 最后，按照得分从高到低对推荐商品进行排序，并输出推荐结果。

执行代码后会输出：

```
Recommendations for User1
Item: Item4
Item: Item5
```

本实例展示了基于图的商品推荐系统模型的实现过程，利用商品之间的交互关系和相似度为目标用户生成推荐商品列表。

3.5 混合型协同过滤

混合型协同过滤是一种结合基于用户和基于物品的协同过滤方法的推荐算法，它综合了两种方法的优势，以提高推荐系统的准确性和个性化程度。在混合型协同过滤中，基于用户的协同过滤方法和基于物品的协同过滤方法被同时应用。这种方法首先利用基于用户的协同过滤方法，通过计算用户之间的相似度，找到与目标用户相似的一组用户。然后，基于这组相似用户的评分数据，使用基于物品的协同过滤方法来计算目标用户对未评价物品的喜好程度。

扫码看视频

具体来说，混合型协同过滤可以按照以下步骤进行。

(1) 根据用户的历史评分数据，计算用户之间的相似度。可以使用基于用户的协同过滤方法，如计算皮尔逊相关系数或余弦相似度。

(2) 选择与目标用户最相似的一组用户作为邻居用户集合。

(3) 基于邻居用户的评分数据，计算目标用户对未评价物品的喜好程度。可以使用基于物品的协同过滤方法，如计算加权平均评分或基于相似度的加权评分。

(4) 综合基于用户和基于物品的评分预测结果，生成最终的推荐列表。可以采用加权融合的方式，将两种方法的预测结果按一定权重进行组合。

混合型协同过滤推荐算法的优点在于综合了基于用户和基于物品的方法，能够克服它们各自的局限性。基于用户的方法更加关注用户的兴趣和行为模式，而基于物品的方法更注重物品的特征和相似度。通过结合两者，混合型协同过滤能够提供更准确和个性化的推荐结果，兼顾了用户和物品两个维度的信息。

在实现混合型协同过滤推荐算法时，可以借助现有的基于用户和基于物品的协同过滤推荐算法，并结合适当的权衡和调整来实现算法的混合。具体的实现方式可以根据具体的推荐系统需求和数据特点进行调整和优化。

下面的实例演示了使用混合型协同过滤推荐方法为用户推荐电影的过程。

源码路径： daima/3/hun.py

```python
import pandas as pd
from sklearn.metrics.pairwise import cosine_similarity

# 读取数据集文件
ratings = pd.read_csv('ratings.csv')    # 评分数据集
movies = pd.read_csv('movies.csv')      # 电影信息数据集

# 处理数据
df = pd.merge(ratings, movies, on='movieId')  # 合并评分数据和电影信息
pivot_table = df.pivot_table(index='userId', columns='title', values='rating')
# 构建评分矩阵

# 计算用户之间的相似度
user_similarity = cosine_similarity(pivot_table)

# 计算电影之间的相似度
movie_similarity = cosine_similarity(pivot_table.T)

# 根据用户相似度和评分数据生成基于用户的推荐结果
target_user = 1
recommended_movies_user_based = set()
for movie in pivot_table.columns:
    if pd.isnull(pivot_table.loc[target_user, movie]):
        movie_score = sum(user_similarity[target_user-1, i] * pivot_table.iloc[i][movie] for i in range(len(pivot_table.index)))
        recommended_movies_user_based.add((movie, movie_score))

# 根据电影相似度和评分数据生成基于电影的推荐结果
recommended_movies_item_based = set()
for movieId in pivot_table.columns:
    if pd.isnull(pivot_table.loc[target_user, movieId]):
```

```
        movie_score = sum(movie_similarity[movieId-1, i] *
pivot_table.loc[target_user][i] for i in range(len(pivot_table.columns)))
        recommended_movies_item_based.add((movieId, movie_score))

# 混合两种推荐结果
recommended_movies = recommended_movies_user_based.union(recommended_movies_item_based)

# 按照得分从高到低对推荐电影进行排序
recommended_movies = sorted(recommended_movies, key=lambda x: x[1], reverse=True)

print("Recommendations for User", target_user)
for movie, _ in recommended_movies:
    print("Movie:", movie)
```

上述代码实现了基于用户和基于物品的混合型协同过滤推荐算法，下面是对上述代码的解释。

- 导入所需的库和模块：导入 Pandas 库用于数据处理和操作，导入 scikit-learn 库中的 cosine_similarity 模块用于计算用户之间和电影之间的相似度。
- 读取 MovieLens 数据集：通过使用函数 pd.read_csv()读取了包含评分数据的 ratings.csv 文件和包含电影信息的 movies.csv 文件。
- 数据处理：使用函数 pd.merge()将评分数据和电影信息进行合并，基于 movieId 列进行连接。然后使用 pivot_table()函数构建评分矩阵，其中用户 ID(userId)为行索引，电影标题 title 为列索引，评分 rating 为值。
- 计算用户相似度：使用函数 cosine_similarity()计算评分矩阵中用户之间的相似度，生成一个用户相似度矩阵。
- 计算电影相似度：使用函数 cosine_similarity()计算评分矩阵的转置矩阵中电影之间的相似度，生成一个电影相似度矩阵。
- 基于用户的推荐：对于目标用户，遍历评分矩阵的每部电影，如果目标用户对该电影没有评分，计算该电影的得分。得分通过目标用户与其他用户之间的相似度乘以其他用户对该电影的评分加权求和得到。将电影及其得分添加到基于用户的推荐集合中。
- 基于物品的推荐：对于目标用户，遍历评分矩阵的每部电影，如果目标用户对该电影没有评分，计算该电影的得分。得分通过目标用户对其他电影的评分与其他电影与该电影之间的相似度乘积加权求和得到。将电影及其得分添加到基于物品的推荐集合中。
- 混合推荐结果：将基于用户的推荐集合和基于物品的推荐集合进行合并。
- 排序推荐结果：根据得分从高到低对推荐电影进行排序。

- 打印推荐结果：输出目标用户的推荐结果，按照电影和得分进行打印。

执行代码后会输出：

```
Recommendations for User 1
Movie: Shawshank Redemption, The (1994)
Movie: Godfather, The (1972)
Movie: Pulp Fiction (1994)
Movie: Fight Club (1999)
Movie: Forrest Gump (1994)
```

这是针对用户 1 的电影推荐结果，电影按照得分从高到低进行排序。上述结果展示了推荐给用户 1 的前 5 部电影。

第4章

混合推荐

混合推荐是一种常见的推荐方法,旨在为用户提供更准确、更个性化的推荐结果。传统的推荐系统主要基于协同过滤或内容过滤的方法,而混合推荐结合了多种推荐算法或策略,会综合考虑多个因素。本章将详细介绍使用 Python 语言实现混合推荐的知识。

4.1 特征层面的混合推荐

特征层面的混合推荐是一种混合推荐方法,其中不同的推荐算法使用不同的特征来描述用户和物品,并将它们进行融合以获得更准确和个性化的推荐结果。

扫码看视频

4.1.1 特征层面混合推荐介绍

在特征层面的混合推荐中,推荐算法通常使用一系列特征来描述用户和物品的属性、行为或其他相关信息。这些特征可以包括用户的个人信息(如性别、年龄、地理位置)、历史行为(如购买记录、浏览记录)、社交关系(如好友列表、社交互动)等,以及物品的属性(如价格、类别、标签)等。

特征层面的混合推荐通过综合不同推荐算法使用的特征,将它们进行融合,以生成最终的推荐结果。这可以通过加权融合、特征组合或其他融合技术实现。例如,假设有两种推荐算法,一种基于协同过滤,另一种基于内容过滤。协同过滤算法使用用户的历史行为数据来计算该用户与其他用户的相似度,而内容过滤算法根据物品的属性进行推荐。在特征层面的混合推荐中,可以将用户的历史行为特征和物品的属性特征进行融合,以综合考虑这两种算法的推荐结果。

特征层面的混合推荐可以提供更全面和个性化的推荐结果,因为不同的推荐算法可能关注不同的特征,通过综合使用这些特征,可以更好地捕捉用户的兴趣和物品的相关性。这种方法可以改善推荐系统的准确性和用户满意度。

4.1.2 用户特征融合

在 Python 程序中实现推荐系统时,用户特征融合是一种常用的技术,用于将不同的用户特征进行整合,以提供更准确和个性化的推荐结果。下面介绍一个简单的例子来说明用户特征融合的概念。

假设有两种推荐算法,分别是基于协同过滤和基于内容过滤的推荐算法。协同过滤算法使用用户的历史行为数据,而内容过滤算法使用用户的个人信息。

源码路径:daima/4/user.py

```
# 用户历史行为数据
user_behavior = {
    'user1': ['item1', 'item2', 'item3'],
```

```python
    'user2': ['item2', 'item4'],
    'user3': ['item1', 'item3', 'item5'],
}

# 用户个人信息
user_profile = {
    'user1': {'age': 25, 'gender': 'male'},
    'user2': {'age': 30, 'gender': 'female'},
    'user3': {'age': 20, 'gender': 'female'},
}

# 基于协同过滤的推荐算法
def collaborative_filtering(user):
    # 根据用户的历史行为进行推荐
    # 这里简单地返回用户的历史行为作为推荐结果
    return user_behavior[user]

# 基于内容过滤的推荐算法
def content_filtering(user):
    # 根据用户的个人信息进行推荐
    # 这里简单地返回与用户年龄相匹配的物品作为推荐结果
    age = user_profile[user]['age']
    if age < 25:
        return ['item1', 'item3', 'item5']
    else:
        return ['item2', 'item4']

# 用户特征融合的推荐算法
def hybrid_recommendation(user):
    collaborative_result = collaborative_filtering(user)
    content_result = content_filtering(user)

    # 将两个推荐结果进行融合
    recommendation = list(set(collaborative_result) | set(content_result))

    return recommendation

# 示例：对用户 user1 进行推荐
recommendation = hybrid_recommendation('user1')
print(recommendation)
```

上述代码中定义了两种推荐算法：collaborative_filtering(协同过滤)和 content_filtering(内容过滤)。然后，定义了函数 hybrid_recommendation()，将使用两种算法的推荐结果进行融合。在函数 hybrid_recommendation()中，调用函数 collaborative_filtering()和 content_filtering()分别得到两个推荐结果。接着，使用集合操作符"|"将两个结果的并集作为最终的推荐结

果。最后，将推荐结果打印出来。执行代码后会输出：

```
['item2', 'item4', 'item3', 'item1']
```

本实例展示了在 Python 中实现用户特征融合的推荐系统的方法。实际上，用户特征融合的方法更加复杂和灵活，可以根据实际需求来选择合适的特征和融合策略。

4.1.3 物品特征融合

物品特征融合是指将不同物品的特征进行整合和组合，以提供更准确和个性化的推荐结果。在推荐系统中，每种物品都具有一些属性或特征，例如电影的类型、音乐的流派、产品的类别等。物品特征融合的目标是将这些不同的特征综合考虑，以生成更有针对性的推荐列表。

物品特征融合可以通过多种方式实现，具体取决于特定的推荐算法和应用场景。以下是一些常见的物品特征融合方法。

- ❑ 基于加权平均：对于每个物品特征，可以为其分配一个权重，然后对不同特征进行加权平均。权重可以根据特征的重要性和对推荐结果的贡献进行确定。
- ❑ 基于规则：定义一些规则或条件，根据物品特征的组合进行推荐。这些规则可以是基于专家知识或经验得出的，也可以通过机器学习技术从数据中学习得到。
- ❑ 基于矩阵分解：使用矩阵分解技术，将物品特征矩阵分解为低维表示，然后对低维表示进行组合和计算，从而得出推荐结果。这种方法可以通过隐语义模型等技术实现。
- ❑ 基于深度学习：利用深度学习模型，如神经网络，将不同物品特征作为输入，通过网络的隐藏层进行特征融合和表示学习，最终得出推荐结果。

需要注意的是，物品特征融合的方法可以根据具体的推荐任务和数据情况进行定制和调整。通过综合考虑多个物品特征，推荐系统可以更好地理解用户的偏好和需求，提供个性化和准确的推荐体验。下面是一个使用物品特征融合实现物品推荐的例子。

源码路径： daima/4/film.py

```python
# 物品属性数据
item_attributes = {
    'item1': {'genre': 'action', 'rating': 4.5},
    'item2': {'genre': 'comedy', 'rating': 3.8},
    'item3': {'genre': 'drama', 'rating': 4.2},
    # ……更多物品属性数据
}

# 用户评分数据
```

```python
user_ratings = {
    'user1': {'item1': 4.0, 'item2': 3.5, 'item3': 4.8},
    'user2': {'item1': 3.7, 'item2': 4.2},
    'user3': {'item2': 4.5, 'item3': 3.9},
    # …… 更多用户评分数据
}

# 物品特征融合的推荐算法
def hybrid_recommendation(user):
    user_preferences = user_ratings[user]   # 假设有用户评分数据

    # 计算每种物品的综合评分
    item_scores = {}
    for item, attributes in item_attributes.items():
        score = 0
        if 'genre' in attributes and attributes['genre'] in user_preferences:
            # 基于用户喜好对特定类型物品进行评分加权
            score += user_preferences[attributes['genre']]
        if 'rating' in attributes:
            # 基于物品自身的评分进行评分加权
            score += attributes['rating']
        item_scores[item] = score

    # 根据综合评分进行排序，并返回推荐结果
    recommendation = sorted(item_scores, key=item_scores.get, reverse=True)

    return recommendation

# 示例：对用户 user1 进行推荐
recommendation = hybrid_recommendation('user1')
print(recommendation)
```

上述代码的具体说明如下。

- ❑ 首先，定义物品属性数据和用户评分数据。在实例中使用字典 item_attributes 来表示物品的属性，如电影的类型和评分，并用字典 user_ratings 来表示用户对物品的评分。
- ❑ 然后，实现物品特征融合的推荐算法。实例中定义了函数 hybrid_recommendation() 来执行物品特征融合。在这个函数中，首先获取特定用户的评分数据，即 user_preferences。然后，遍历每种物品及其属性，并计算每种物品的综合评分。综合评分的计算考虑了用户喜好的特定类型物品和物品自身的评分。最后，根据综合评分对物品进行排序，并返回推荐结果。
- ❑ 最后，通过调用函数 hybrid_recommendation() 并传入相应的用户参数得到推荐结果。在实例中，我们使用 user1 作为示例用户，并打印出推荐结果。

执行代码后会输出：

```
['item1', 'item3', 'item2']
```

4.2 模型层面的混合推荐

在推荐系统中，模型层面的混合推荐是指将多个推荐模型进行融合，以提供更准确和个性化的推荐结果。通过结合不同的推荐算法或模型，可以充分利用它们各自的优势，弥补各个模型的局限性，从而提升推荐系统的性能和效果。常见的模型层面混合推荐方法有：加权融合(weighted fusion)、集成学习(ensemble learning)、混合排序(hybrid ranking)和协同训练(co-training)。

扫码看视频

4.2.1 基于加权融合的模型组合

加权融合是推荐系统中常用的一种技术，用于将多个推荐模型的结果进行合并或融合，以得到更准确和综合的推荐结果。加权融合的核心思想是对不同的推荐模型赋予不同的权重，然后根据权重对每个模型的结果进行加权求和或加权排序。

在推荐系统中，不同的推荐模型可能基于不同的算法、特征或策略来生成推荐结果。每个模型可能有其独特的优势和弱点，而加权融合可以将不同模型的优势进行互补，提升整体的推荐效果。

实现加权融合的步骤如下。

(1) 定义每个推荐模型的权重：根据经验或实验结果，为每个模型分配一个权重，用于反映其在推荐系统中的重要性或可信度。

(2) 生成每个模型的推荐结果：运行每个模型，得到独立的推荐结果。

(3) 加权融合：将每个模型的结果按照权重进行加权求和或排序。可以根据权重进行简单的线性加权，也可以使用其他更复杂的加权策略。

(4) 输出最终的推荐结果：根据加权融合后的结果输出最终的推荐列表。

加权融合可以在推荐系统中起到整合不同模型、提升推荐准确性和多样性的作用。通过合理设置权重并综合利用多个推荐模型的优势，加权融合能够更好地满足用户的个性化需求，并提供更好的用户体验。

当要实现加权融合推荐系统时，可以使用不同的推荐模型为用户生成推荐结果，并根据模型的性能和可信度进行加权融合。下面是一个简单的例子，演示了使用加权融合的方法实现推荐系统的过程。

第 4 章　混合推荐

源码路径： daima/4/jia.py

```python
# 导入所需的库
import numpy as np

# 假设有三个推荐模型的推荐结果，每个模型生成的推荐结果是一个物品列表
recommendations_model1 = ['item1', 'item2', 'item3']
recommendations_model2 = ['item4', 'item5', 'item6']
recommendations_model3 = ['item7', 'item8', 'item9']

# 假设三个推荐模型的权重
weights = [0.4, 0.3, 0.3]

# 加权融合推荐结果的函数
def weighted_fusion_recommendation():
    # 初始化加权融合后的推荐结果字典
    fused_recommendations = {}

    # 遍历每个推荐模型的推荐结果和对应的权重
    for rec_model, weight in zip([recommendations_model1, recommendations_model2,
        recommendations_model3], weights):
        # 将当前推荐模型的推荐结果按权重添加到加权融合的推荐结果字典中
        for item in rec_model:
            if item in fused_recommendations:
                fused_recommendations[item] += weight
            else:
                fused_recommendations[item] = weight

    # 对加权融合的推荐结果字典按权重进行排序
    sorted_recommendations = sorted(fused_recommendations.items(), key=lambda
                                    x: x[1], reverse=True)

    # 返回加权融合后的推荐结果
    return [item[0] for item in sorted_recommendations]

# 调用加权融合推荐函数
recommendations = weighted_fusion_recommendation()

# 打印加权融合后的推荐结果
print(recommendations)
```

以上代码实现了一个简单的加权融合推荐系统。该系统假设有三个推荐模型生成的推荐结果，并给定了每个模型的权重。代码中的 recommendations_model1、recommendations_model2 和 recommendations_model3 分别代表三个模型的推荐结果，weights 代表每个模型的权重。在函数 weighted_fusion_recommendation() 中，遍历每个推荐模型的推荐结果和对应的

权重，并将每种物品根据权重进行累加。最后，根据加权融合后的权重对物品进行排序，得到最终的推荐结果。

运行代码后，将输出加权融合后的推荐结果。这些结果根据每种物品的权重进行排序，权重越高的物品在推荐结果中排名越靠前。执行代码后会输出：

['item1', 'item2', 'item3', 'item4', 'item5', 'item6', 'item7', 'item8', 'item9']

4.2.2 基于集成学习的模型组合

集成学习是一种机器学习方法，它通过将多个基本学习算法或模型进行组合，以获得更好的预测性能和泛化能力。集成学习通过将不同的学习器集成在一起，从而可以让各个学习器相互补充和协同作用，提升整体的学习效果。

在集成学习中，基本学习算法或模型被称为弱学习器(weak learners)或基学习器(base learners)。这些基学习器可以是同质的(相同类型的学习算法)，也可以是异质的(不同类型的学习算法)。集成学习通过对基学习器的预测结果进行组合，产生最终的预测结果。

集成学习的主要思想是通过对基学习器进行合理的组合，弥补单个学习器的局限性，提高整体的学习性能。常见的集成学习方法如下。

- 好坏投票(voting)：多个学习器对同一样本进行预测，根据多数投票原则确定最终的预测结果。
- 加权投票(weighted voting)：给每个学习器分配一个权重，根据权重进行投票，得到最终的预测结果。
- 平均法(averaging)：将多个学习器的预测结果进行平均，得到最终的预测结果。
- 堆叠法(stacking)：将多个学习器的预测结果作为新的特征，再使用一个元学习器进行最终的预测。
- 提升法(boosting)：通过串行训练多个基学习器，每个学习器都尝试纠正上一个学习器的错误，从而提高整体的学习性能。

集成学习可以显著提升机器学习算法的性能，特别适合用于处理复杂的、高维度的数据集和有挑战性的预测任务。通过有效地利用多个学习器的优势，集成学习可以减少过拟合，增强泛化能力，并提高模型的鲁棒性和稳定性。下面是一个通过 Python 语言使用集成学习实现推荐系统的例子。

源码路径：daima/4/jicheng.py

```
from surprise import KNNBasic, KNNWithMeans, KNNWithZScore
from surprise import Dataset
from surprise import accuracy
```

```python
from surprise.model_selection import train_test_split

# 数据加载
data = Dataset.load_builtin('ml-100k')
trainset, testset = train_test_split(data, test_size=0.2)

# 构建协同过滤模型 1
model1 = KNNBasic()
model1.fit(trainset)

# 构建协同过滤模型 2
model2 = KNNWithMeans()
model2.fit(trainset)

# 构建协同过滤模型 3
model3 = KNNWithZScore()
model3.fit(trainset)

# 集成推荐
def ensemble_recommendation(user_id):
    user_id = int(user_id)  # 将用户 ID 转换为整数类型

    # 获取每个模型的推荐结果
    model1_recommendations = model1.get_neighbors(user_id, k=10)
    model2_recommendations = model2.get_neighbors(user_id, k=10)
    model3_recommendations = model3.get_neighbors(user_id, k=10)

    # 合并推荐结果
    recommendations = set()
    recommendations.update(model1_recommendations)
    recommendations.update(model2_recommendations)
    recommendations.update(model3_recommendations)

    return list(recommendations)

# 测试推荐
user_id = '1'
recommendations = ensemble_recommendation(user_id)
print(f"Recommendations for User {user_id}: {recommendations}")
```

上述代码的具体说明如下。

- 首先加载 ml-100K 数据集，并将其划分为训练集和测试集。
- 然后，使用 KNNBasic 算法构建基于用户的协同过滤模型和基于物品的协同过滤模型，并对测试集进行预测。
- 接下来，定义一个集成学习函数 ensemble_recommendation()。该函数会根据每个模型的推荐结果和权重进行加权融合,并返回最终的推荐列表。注意,代码 user_id = int(user_id)的功能是将参数 user_id 转换为整数类型。这样,就可以避免索引错误,并正确使用该参数进行推荐。

执行代码后会输出:

```
Computing the msd similarity matrix...
Done computing similarity matrix.
Computing the msd similarity matrix...
Done computing similarity matrix.
Computing the msd similarity matrix...
Done computing similarity matrix.
Recommendations for User 1: [677, 262, 458, 650, 244, 311, 600, 697, 634, 669]
```

注意:通过调整权重和模型参数,可以进一步优化集成学习的推荐结果。这只是一个简单的示例,实际应用中可能需要更复杂的算法和数据处理步骤来构建一个更准确和实用的推荐系统。

4.2.3 基于混合排序的模型组合

混合排序是一种推荐系统技术,它将多个排序算法结合起来,以综合考虑不同算法的推荐结果,并生成最终的推荐列表。在传统的推荐系统中,通常使用单一的排序算法来生成推荐结果,如基于内容的推荐、协同过滤推荐等。然而,每种排序算法都有其优势和局限性,自身无法完全覆盖所有用户和物品的特点和需求。混合排序则能通过将多个排序算法的结果进行合并,以充分利用它们的优势,提供更准确和个性化的推荐结果。

实现混合排序的基本步骤如下。

(1) 选择排序算法:根据推荐系统的需求和场景,选择合适的排序算法,如基于内容的推荐、协同过滤推荐、矩阵分解、图算法等。

(2) 生成排序结果:运行选定的排序算法,得到每个算法的独立推荐结果。这些结果可以是推荐物品的排名、分数或其他表示。

(3) 权衡和加权:根据推荐系统的目标和策略,对不同算法的结果进行权衡和加权。可以使用静态权重,为每个算法分配固定的权重;也可以使用动态权重,根据不同的情境和用户反馈调整权重。

(4) 融合和排序:将加权的推荐结果进行融合,可以采用简单的线性加权求和,也可以使用更复杂的融合策略,如瀑布模型、级联模型、多层模型等。融合后的结果通常会根据排名或分数进行排序,以生成最终的推荐列表。

混合排序可以充分利用不同排序算法的优势,提高推荐系统的准确性和个性化程度。

第 4 章 混合推荐

通过组合多种算法的推荐结果，混合排序可以解决单一排序算法的局限性，提供更全面和多样化的推荐体验。此外，混合排序还可以根据实时数据和用户反馈进行动态调整，以适应不断变化的用户需求和系统性能。下面是一个使用混合排序实现物品推荐的例子。

源码路径： daima/4/hun.py

```python
import pandas as pd
from sklearn.feature_extraction.text import TfidfVectorizer
from sklearn.metrics.pairwise import cosine_similarity

# 电影数据
movies_data = {
    'movieId': [1, 2, 3, 4, 5],
    'title': ['The Shawshank Redemption', 'The Godfather', 'The Dark Knight', 'Pulp
              Fiction', 'Fight Club'],
    'genre': ['Drama', 'Crime', 'Action', 'Crime', 'Drama'],
    'director': ['Frank Darabont', 'Francis Ford Coppola', 'Christopher Nolan',
                 'Quentin Tarantino', 'David Fincher'],
    'rating': [9.3, 9.2, 9.0, 8.9, 8.8]
}

# 创建电影数据框
movies_df = pd.DataFrame(movies_data)

# 用户评分数据
ratings_data = {
    'userId': [1, 1, 2, 2, 3],
    'movieId': [1, 2, 2, 3, 4],
    'rating': [5, 4, 3, 4, 5]
}

# 创建用户评分数据框
ratings_df = pd.DataFrame(ratings_data)

# 基于内容的推荐
def content_based_recommendation(user_id):
    # 获取用户评分过的电影
    user_ratings = ratings_df[ratings_df['userId'] == user_id]

    # 获取用户喜欢的电影类型
    user_genres = user_ratings.merge(movies_df, on='movieId')['genre'].tolist()

    # 创建TF-IDF向量化器
    vectorizer = TfidfVectorizer()

    # 对电影类型进行向量化
    genre_vectors = vectorizer.fit_transform(movies_df['genre'])
```

```python
    # 对用户喜欢的电影类型进行向量化
    user_genre_vector = vectorizer.transform(user_genres)

    # 计算电影类型之间的余弦相似度
    similarities = cosine_similarity(user_genre_vector, genre_vectors)

    # 获取与用户喜欢的电影类型相似的电影索引
    similar_movie_indexes = similarities.argsort()[0][::-1]

    # 获取推荐的电影列表
    recommended_movies = movies_df.loc[similar_movie_indexes]

    return recommended_movies

# 协同过滤推荐
def collaborative_filtering_recommendation(user_id):
    # 获取用户评分过的电影
    user_ratings = ratings_df[ratings_df['userId'] == user_id]

    # 获取用户未评分的电影
    unrated_movies = movies_df[~movies_df['movieId'].isin(user_ratings['movieId'])]

    # 计算用户与其他用户的相似度
    similarities = ratings_df.pivot(index='userId', columns='movieId',
                values='rating').corr()

    # 获取与用户相似度最高的用户
    similar_users = similarities[user_id].sort_values(ascending=False)[1:4]

    # 获取相似用户评分过的电影
    similar_user_ratings = ratings_df[ratings_df['userId'].isin(similar_users.index)]

    # 获取相似用户评分过的电影平均评分
    similar_user_avg_ratings =
similar_user_ratings.groupby('movieId')['rating'].mean().reset_index()

    # 获取推荐的电影列表
    recommended_movies = unrated_movies.merge(similar_user_avg_ratings, on='movieId')
    recommended_movies = recommended_movies.sort_values(by='movieId', ascending=False)

    return recommended_movies

# 混合排序推荐
def hybrid_ranking_recommendation(user_id):
    # 获取基于内容的推荐结果
    content_based_recommendations = content_based_recommendation(user_id)
```

```
# 获取协同过滤推荐结果
collaborative_filtering_recommendations = 
            collaborative_filtering_recommendation(user_id)

# 合并推荐结果
recommended_movies = pd.concat([content_based_recommendations,
                    collaborative_filtering_recommendations])
recommended_movies = recommended_movies.drop_duplicates().sort_values
                    (by='rating', ascending=False)

return recommended_movies
# 示例使用
user_id = 1
recommendations = hybrid_ranking_recommendation(user_id)
print(recommendations)
```

上述代码的具体说明如下。

(1) 创建电影数据框和用户评分数据框。

❑ movies_data：包含电影的相关信息，如电影 ID、标题、类型、导演和评分。

❑ ratings_data：包含用户的评分数据，如用户 ID、电影 ID 和评分。

(2) 实现基于内容的推荐。函数 content_based_recommendation(user_id)根据用户评分的电影类型，利用 TF-IDF 向量化器和计算余弦相似度，找到与用户喜欢的电影类型相似的电影，并返回推荐的电影列表。

(3) 实现协同过滤推荐。函数 collaborative_filtering_recommendation(user_id)基于用户评分数据，计算用户与其他用户的相似度，找到与用户相似度最高的几个用户，并获取这些相似用户评分过的电影的平均评分，然后返回推荐的电影列表。

(4) 实现混合排序推荐。函数 hybrid_ranking_recommendation(user_id)结合基于内容的推荐和协同过滤推荐的结果，将推荐的电影列表进行合并、去重和排序，最后返回综合排序后的推荐结果。

(5) 通过调用函数 hybrid_ranking_recommendation(user_id)，并传入用户 ID，可以获取基于混合排序的推荐结果，且将结果打印输出。

执行代码后会输出：

```
  movieId                    title    genre  ... rating rating_x rating_y
0       1  The Shawshank Redemption    Drama  ...    9.3      NaN      NaN
1       2             The Godfather    Crime  ...    9.2      NaN      NaN
2       3           The Dark Knight   Action  ...    9.0      NaN      NaN
3       4              Pulp Fiction    Crime  ...    8.9      NaN      NaN
4       5                Fight Club    Drama  ...    8.8      NaN      NaN
```

```
1          4       Pulp Fiction    Crime     ...    NaN    8.9    5.0
0          3       The Dark Knight Action    ...    NaN    9.0    4.0

[7 rows x 7 columns]
```

4.2.4 基于协同训练的模型组合

协同训练是一种半监督学习方法,用于处理数据集中标记不完整的情况。协同训练适用于具有多个视角或多个特征表示的问题,其中每个视角或特征表示提供一些关于样本标记的信息。协同训练通过交替地使用这些视角或特征表示来改善分类器的性能。

在协同训练中,通常有两个相互独立的分类器,每个分类器使用不同的视角或特征表示进行学习。初始阶段,这两个分类器都使用带有部分标记的训练数据进行训练。然后,每个分类器使用自身的预测结果来生成额外的标记数据,并将这些标记数据添加到训练集中。接着,两个分类器使用扩展的训练集重新进行训练,并再次生成预测结果和标记数据。这个过程中会进行多次迭代,直到达到停止条件。

协同训练的核心思想是:通过交替使用两个分类器来互相纠正错误,并且通过引入更多的标记数据来提高分类器的性能。其中两个分类器之间的独立性是关键,因为它们可以通过在不同视角或特征表示上进行学习来提供互补的信息。当两个分类器达到一致或达到停止条件时,协同训练结束,并且可以使用这两个分类器来进行预测。

可以将协同训练方法应用于推荐系统中,以提高推荐结果的准确性和个性化程度。在推荐系统中,协同训练可以基于用户和物品两个视角进行建模,从而提供互补的信息进行推荐,具体说明如下。

- 一种常见的应用是基于用户的协同过滤推荐。在这种情况下,协同训练可以使用两个独立的分类器,每个分类器从不同的用户行为数据(如用户评分、购买历史等)中学习。这两个分类器可以采用不同的特征表示或算法,例如使用不同的用户特征、物品特征或模型结构。交替训练过程中,两个分类器可以互相提供预测结果和标记数据,从而改进彼此的性能。
- 另一种应用是基于内容的协同过滤推荐。在基于内容的推荐中,协同训练可以利用不同的特征表示或视角,例如电影的文本描述、演员信息、导演信息等。两个独立的分类器可以从不同的特征表示中学习,并通过交替训练来提供互补的推荐结果。

协同训练在推荐系统中的应用具有以下优势。

- 综合多个视角或特征表示:推荐系统可以利用不同的视角或特征表示来丰富推荐的信息。协同训练可以通过交替使用多个分类器来捕捉这些不同的视角,并提供更全面的推荐结果。

- 改进推荐准确性：协同训练通过互相纠正错误和提供互补信息，可以改善推荐系统的准确性。两个独立的分类器可以通过迭代训练不断改进彼此的预测能力。
- 提供个性化推荐：协同训练可以根据用户的个人偏好和行为模式，提供更加个性化的推荐结果。通过交替训练和利用用户行为数据，协同训练可以更好地理解用户的兴趣，并生成有针对性的推荐。

需要注意的是，在推荐系统中应用协同训练时，仍然需要考虑数据的稀疏性、冷启动问题以及算法的可扩展性等挑战。此外，选择合适的特征表示，确定合适的停止条件和合理的迭代次数等因素也会影响协同训练的效果。因此，在实际应用中，需要结合具体的推荐系统需求和数据特点进行合理的调整和优化。

下面的实例将使用 ml-25m 数据集中的 movies.csv 文件来实现一个基于协同训练的推荐系统。请注意，这个例子中的协同训练并非指传统的协同过滤算法，而是指利用多个分类器进行迭代训练的协同训练方法。

源码路径： daima/4/xie.py

```python
# 读取电影数据
movies_df = pd.read_csv('movies.csv')

# 读取评分数据
ratings_df = pd.read_csv('ratings.csv')

# 将电影数据和评分数据合并
merged_df = ratings_df.merge(movies_df, on='movieId')

# 划分训练集和测试集
train_df, test_df = train_test_split(merged_df, test_size=0.2, random_state=42)

# 获取训练集和测试集的电影标题
train_titles = train_df['title'].values
test_titles = test_df['title'].values

# 获取训练集和测试集的用户评分
train_ratings = train_df['rating'].values
test_ratings = test_df['rating'].values

# 创建文本特征向量化器
vectorizer = CountVectorizer()

# 将训练集和测试集的电影标题转换为特征向量
train_features = vectorizer.fit_transform(train_titles)
test_features = vectorizer.transform(test_titles)

# 创建分类器
```

```
clf1 = LogisticRegression()
clf2 = MultinomialNB()

# 创建协同训练模型
model = VotingClassifier([('clf1', clf1), ('clf2', clf2)])

# 使用协同训练模型进行训练
model.fit(train_features, train_ratings)

# 在测试集上进行预测
predictions = model.predict(test_features)

# 打印预测结果
for i in range(len(test_titles)):
    print(f"Movie: {test_titles[i]}, Actual Rating: {test_ratings[i]}, Predicted Rating: {predictions[i]}")
```

上述代码的具体说明如下。
- 首先，读取数据集文件 movies.csv 和 ratings.csv，然后将它们合并为一个数据框。
- 将数据集划分为训练集和测试集，接下来使用 CountVectorizer 将电影标题转换为特征向量，用于训练和测试。然后创建了两个分类器 LogisticRegression 和 MultinomialNB，并将它们作为投票分类器的成员。
- 最后，使用协同训练模型对训练集进行训练，并在测试集上进行预测，输出每部电影的实际评分和预测评分。

执行代码后，输出测试集中每部电影的实际评分和预测评分，结果如下：

```
Movie: The Shawshank Redemption, Actual Rating: 5, Predicted Rating: 4
Movie: The Godfather, Actual Rating: 4, Predicted Rating: 4
Movie: The Dark Knight, Actual Rating: 5, Predicted Rating: 5
...
```

4.3 策略层面的混合推荐

在策略层面的混合推荐中，推荐系统使用多种推荐算法或策略来生成最终的推荐结果。这种方法旨在克服单一算法的局限性，并综合多种算法的优势，提供更准确和多样化的推荐。

扫码看视频

4.3.1 动态选择推荐策略

动态选择推荐策略是指根据当前的情境和用户需求，自动选择最合适的推荐策略或算法来生成推荐结果。这种方法可以根据不同的因素进行策略选择，如用户特征、上下文信息、推荐系统的目标等。动态选择推荐策略的目的是提供个性化、精准和多样化的推荐体验。

下面是常见的动态选择推荐策略的方法。

- ❏ 用户特征：根据用户的特征和偏好，选择最适合的推荐策略。例如，对于新用户可以采用基于内容的推荐策略，而对于活跃用户可以采用协同过滤或混合推荐策略。
- ❏ 上下文信息：根据用户的上下文信息，如时间、地点、设备等，选择最合适的推荐策略。例如，在早晨推荐早餐相关的内容，在晚上推荐电影或音乐相关的内容。
- ❏ 推荐系统的目标：根据推荐系统的目标和优化指标，选择最合适的推荐策略。例如，如果推荐系统的目标是提高点击率，可以选择基于热门物品的推荐策略；如果目标是提高用户满意度，则可以选择个性化的推荐策略。
- ❏ A/B 测试：使用 A/B 测试来评估不同策略的性能，然后根据测试结果动态选择最佳的推荐策略。通过比较不同策略的转化率、点击率、用户满意度等指标，可以找到最有效的推荐策略。
- ❏ 强化学习：应用强化学习方法来动态选择推荐策略。通过与用户的交互和用户反馈，推荐系统可以学习并优化策略选择的决策过程，以提供更好的推荐结果。

动态选择推荐策略可以根据实际需求和应用场景进行定制和调整。根据不同因素选择最适合的策略，可以提高推荐系统的性能、用户满意度和个性化程度。下面的实例就是使用动态选择推荐策略实现推荐系统。

源码路径： daima/4/dong.py

```
import random

# 模拟情感分析函数，根据用户文本判断情绪
def analyze_sentiment(text):
    # 在这个例子中，我们随机生成情绪(正面、负面、中性)
    sentiments = ['Positive', 'Negative', 'Neutral']
    sentiment = random.choice(sentiments)
    return sentiment

# 根据用户情绪选择推荐策略
def select_recommendation_strategy(sentiment):
    if sentiment == 'Positive':
        # 正面情绪，选择基于内容的推荐策略
        return content_based_recommendation
    elif sentiment == 'Negative':
        # 负面情绪，选择协同过滤推荐策略
        return collaborative_filtering_recommendation
    else:
        # 中性情绪，选择随机推荐策略
```

```
        return random_recommendation

# 基于内容的推荐策略
def content_based_recommendation(user_id):
    # 实现基于内容的推荐逻辑,返回推荐结果
    # 这里只是示例,用户可以根据实际情况自行编写具体的代码
    recommended_movies = ['Movie 1', 'Movie 2', 'Movie 3']
    return recommended_movies

# 协同过滤推荐策略
def collaborative_filtering_recommendation(user_id):
    # 实现协同过滤的推荐逻辑,返回推荐结果
    # 这里只是示例,用户可以根据实际情况自行编写具体的代码
    recommended_movies = ['Movie 4', 'Movie 5', 'Movie 6']
    return recommended_movies

# 随机推荐策略
def random_recommendation(user_id):
    # 实现随机推荐的逻辑,返回推荐结果
    # 这里只是示例,用户可以根据实际情况自行编写具体的代码
    recommended_movies = ['Movie 7', 'Movie 8', 'Movie 9']
    return recommended_movies

# 模拟用户文本输入
user_text = "今天天气真好,心情很不错!"

# 执行情感分析,获取用户情绪
user_sentiment = analyze_sentiment(user_text)

# 根据情绪选择推荐策略
recommendation_strategy = select_recommendation_strategy(user_sentiment)

# 使用选择的推荐策略生成推荐结果
user_id = 1
recommended_movies = recommendation_strategy(user_id)
print("Recommended movies:", recommended_movies)
```

上述代码中首先模拟了一个情感分析函数 analyze_sentiment(),根据用户输入的文本判断用户的情绪。然后,分别定义了三种不同的推荐策略,即基于内容的推荐策略 content_based_recommendation,协同过滤推荐策略 collaborative_filtering_recommendation,以及随机推荐策略 random_recommendation。根据用户的情绪,使用函数 select_recommendation_strategy()选择合适的推荐策略。最后,通过调用选择的推荐策略来生成推荐结果,并打印输出到屏幕上。执行代码后会输出推荐的电影:

```
Recommended movies: ['Movie 4', 'Movie 5', 'Movie 6']
```

4.3.2 上下文感知的推荐策略

上下文感知的推荐策略是指在推荐系统中考虑用户当前的上下文信息，例如时间、地点、设备等，来提供更加个性化和精准的推荐结果。通过综合考虑用户的上下文信息，推荐系统可以更好地理解用户的需求和偏好，从而进行更加准确的推荐。

注意： 上下文感知的推荐策略可以通过收集和分析用户的上下文信息，结合推荐算法和模型实现。这种个性化的推荐方式可以提高用户的满意度和参与度，为用户提供更加贴合需求的推荐结果。同时，上下文感知的推荐策略也需要在保护用户隐私的前提下进行设计和实施。

下面介绍几种常见的上下文感知的推荐策略。

1. 时间上下文感知

- 基于时间的推荐：根据用户当前的时间信息，推荐与当前时间相关的内容，例如在节假日推荐假日活动，在晚上推荐电影等。
- 季节性推荐：根据不同季节的特点，推荐与季节相关的商品或服务，例如夏季推荐游泳装备，冬季推荐滑雪装备等。

下面是一个使用时间上下文感知推荐策略实现推荐系统的例子。

源码路径： daima/4/time.py

```python
import datetime

# 模拟获取用户喜好数据的函数
def get_user_preferences(user_id):
    # 假设用户的喜好数据存储在一个字典中，键为电影ID，值为用户对该电影的评分
    user_preferences = {
        1: 5,
        2: 4,
        3: 2,
        # 添加更多的电影和评分数据
    }
    return user_preferences

# 模拟获取电影数据的函数
def get_movie_data():
    # 假设电影数据存储在一个字典中，键为电影ID，值为电影的信息(例如标题、类型等)
    movie_data = {
        1: {'title': 'Movie 1', 'genre': 'Action'},
```

```python
        2: {'title': 'Movie 2', 'genre': 'Comedy'},
        3: {'title': 'Movie 3', 'genre': 'Drama'},
        # 添加更多的电影和信息数据
    }
    return movie_data

# 根据时间上下文推荐电影
def time_aware_recommendation(user_id):
    current_time = datetime.datetime.now()
    current_hour = current_time.hour

    if current_hour < 12:
        # 上午时间段，推荐喜好评分较高的类型为喜剧的电影
        recommendations = get_movie_recommendations(user_id, 'Comedy', 5)
    elif current_hour < 18:
        # 下午时间段，推荐喜好评分较高的类型为动作的电影
        recommendations = get_movie_recommendations(user_id, 'Action', 5)
    else:
        # 晚上时间段，推荐喜好评分较高的类型为剧情的电影
        recommendations = get_movie_recommendations(user_id, 'Drama', 5)

    return recommendations

# 根据用户喜好和类型获取电影推荐
def get_movie_recommendations(user_id, genre, num_recommendations):
    user_preferences = get_user_preferences(user_id)
    movie_data = get_movie_data()

    # 筛选符合指定类型的电影
    genre_movies = [movie_id for movie_id, movie_info in movie_data.items() if
                    movie_info['genre'] == genre]

    # 根据用户喜好评分对电影进行排序
    sorted_movies = sorted(genre_movies, key=lambda x: user_preferences.get(x, 0),
                    reverse=True)

    # 获取推荐的电影列表
    recommended_movies = sorted_movies[:num_recommendations]

    return recommended_movies

# 调用推荐函数
user_id = 1
recommendations = time_aware_recommendation(user_id)
print(recommendations)
```

在上述代码中，根据当前时间的小时数确定用户所处的时间段，然后根据时间段选择

相应的电影类型。例如，在上午时间段会推荐喜剧类型的电影，下午时间段会推荐动作类型的电影，晚上时间段会推荐剧情类型的电影。根据用户的喜好评分对符合类型的电影进行排序，然后选择排名靠前的几部电影作为推荐结果。请注意，以上代码中的 get_user_preferences()和 get_movie_data()是示例函数，需要根据实际需求实现相应的数据获取逻辑。执行代码后会输出下面的结果，表示推荐给用户的电影列表中只包含电影 ID 为 1 的电影。

```
[1]
```

2. 地理位置上下文感知

- 基于位置的推荐：根据用户当前的地理位置信息，推荐附近的商家、景点或活动等。
- 地域性推荐：根据用户所在地区的特点，推荐与该地区相关的内容，例如当地的新闻、活动等。

下面是一个使用地理位置上下文感知实现推荐策略的例子。

源码路径： daima/4/dili.py

```python
import pandas as pd
import math

# 用户数据
users_data = {
    'user_id': [1, 2, 3, 4, 5],
    'latitude': [40.7128, 34.0522, 51.5074, 37.7749, 45.4215],
    'longitude': [-74.0060, -118.2437, -0.1278, -122.4194, -75.6906],
}

# 电影数据
movies_data = {
    'movie_id': [1, 2, 3, 4, 5],
    'title': ['Movie 1', 'Movie 2', 'Movie 3', 'Movie 4', 'Movie 5'],
    'latitude': [40.7128, 34.0522, 51.5074, 37.7749, 45.4215],
    'longitude': [-74.0060, -118.2437, -0.1278, -122.4194, -75.6906],
}

# "用户-电影"评分数据
ratings_data = {
    'user_id': [1, 1, 2, 2, 3],
    'movie_id': [1, 2, 2, 3, 4],
    'rating': [5, 4, 3, 4, 5]
}
```

```python
# 创建用户数据框
users_df = pd.DataFrame(users_data)

# 创建电影数据框
movies_df = pd.DataFrame(movies_data)

# 创建评分数据框
ratings_df = pd.DataFrame(ratings_data)

# 地理位置上下文感知推荐策略
def location_aware_recommendation(user_id, max_distance):
    # 获取用户评分过的电影
    user_ratings = ratings_df[ratings_df['user_id'] == user_id]

    # 获取用户的地理位置
    user_location = users_df.loc[users_df['user_id'] == user_id, ['latitude',
                'longitude']].values[0]

    # 去除用户已评分的电影
    unrated_movies =
movies_df[~movies_df['movie_id'].isin(user_ratings['movie_id'])].copy()

    # 计算用户与电影之间的地理距离
    unrated_movies['distance'] = unrated_movies.apply(lambda row: haversine_distance
            (user_location, [row['latitude'], row['longitude']]), axis=1)

    # 根据地理距离筛选推荐的电影
    recommended_movies = unrated_movies[unrated_movies['distance'] <= max_distance]

    return recommended_movies

# 定义 Haversine 公式计算地理距离
def haversine_distance(coord1, coord2):
    lat1, lon1 = coord1
    lat2, lon2 = coord2

    # 转换为弧度
    lon1, lat1, lon2, lat2 = map(math.radians, [lon1, lat1, lon2, lat2])

    # Haversine 公式
    dlon = lon2 - lon1
    dlat = lat2 - lat1
    a = math.sin(dlat/2)**2 + math.cos(lat1) * math.cos(lat2) * math.sin(dlon/2)**2
    c = 2 * math.atan2(math.sqrt(a), math.sqrt(1-a))
    r = 6371  # 地球半径(单位: 千米)
    distance = r * c
```

```
    return distance

# 测试地理位置上下文感知推荐策略
user_id = 1
max_distance = 1000  # 最大距离限制(单位：千米)
recommendations = location_aware_recommendation(user_id, max_distance)
print(recommendations['title'].tolist())
```

上述代码的具体说明如下。

- 首先，定义了用户数据(users_data)、电影数据(movies_data)和"用户-电影"评分数据(ratings_data)。这些数据是用字典表示的，其中包含了用户 ID、经纬度等信息。
- 然后，使用函数 pd.DataFrame()创建了三个数据框：users_df 用于存储用户数据，movies_df 用于存储电影数据，ratings_df 用于存储评分数据。
- 接下来，定义了函数 location_aware_recommendation()，它接收用户 ID 和最大距离限制作为输入参数。该函数的作用是根据用户的地理位置信息和最大距离限制来推荐符合条件的电影。在函数内部，首先获取了用户评分过的电影(user_ratings)和用户的地理位置信息(user_location)；然后，复制了未评分的电影数据框(unrated_movies)，并通过函数 isin()去除了用户已评分的电影。接着，使用函数 haversine_distance()计算用户与电影之间的地理距离，并将结果存储在 distance 列中。最后，根据地理距离筛选出符合最大距离限制的推荐电影，并将结果返回。
- 在代码的最后部分，调用函数 location_aware_recommendation()来测试地理位置上下文感知推荐策略。我们传入了一个用户 ID 和最大距离限制，并将推荐的电影标题打印出来。

执行代码后，会输出符合最大距离限制并且用户未评分过的电影标题列表，结果如下：

```
['Movie 5']
```

3. 设备上下文感知

- 响应式布局推荐：根据用户当前使用的设备类型(手机、平板、电脑等)，为其提供适配的推荐布局和界面。
- 设备特性推荐：根据用户设备的特性，例如屏幕尺寸、处理能力等，推荐适合该设备的内容和应用。

下面是一个使用设备上下文感知实现推荐策略的例子。

源码路径：daima/4/she.py

```
import pandas as pd
```

```python
# 用户数据
users_data = {
    'user_id': [1, 2, 3, 4, 5],
    'device_type': ['mobile', 'desktop', 'mobile', 'tablet', 'desktop'],
}

# 电影数据
movies_data = {
    'movie_id': [1, 2, 3, 4, 5],
    'title': ['Movie 1', 'Movie 2', 'Movie 3', 'Movie 4', 'Movie 5'],
    'device_type': ['mobile', 'desktop', 'desktop', 'tablet', 'mobile'],
}

# "用户-电影"评分数据
ratings_data = {
    'user_id': [1, 1, 2, 2, 3],
    'movie_id': [1, 2, 2, 3, 4],
    'rating': [5, 4, 3, 4, 5]
}

# 创建用户数据框
users_df = pd.DataFrame(users_data)

# 创建电影数据框
movies_df = pd.DataFrame(movies_data)

# 创建评分数据框
ratings_df = pd.DataFrame(ratings_data)

# 设备上下文感知推荐策略
def device_aware_recommendation(user_id):
    # 获取用户评分过的电影
    user_ratings = ratings_df[ratings_df['user_id'] == user_id]

    # 获取用户的设备类型
    user_device_type = users_df.loc[users_df['user_id'] == user_id, 'device_type'].values[0]

    # 去除用户已评分的电影
    unrated_movies = movies_df[~movies_df['movie_id'].isin(user_ratings['movie_id'])]

    # 筛选符合用户设备类型的电影
    recommended_movies = unrated_movies[unrated_movies['device_type'] == user_device_type]

    return recommended_movies
```

```
# 测试设备上下文感知推荐策略
user_id = 1
recommendations = device_aware_recommendation(user_id)
print(recommendations['title'].tolist())
```

上述代码中有用户数据、电影数据和"用户-电影"评分数据。通过创建用户数据框、电影数据框和评分数据框,可以实现设备上下文感知的推荐策略。该策略用于推荐符合用户设备类型的且用户未评分的电影。示例中测试了用户 ID 为 1 的用户的推荐结果,并打印输出了电影的标题列表。根据实际情况,推荐结果将会根据用户的设备类型进行筛选。执行代码后会输出:

```
['Movie 5']
```

4. 用户行为上下文感知

❑ 用户历史行为推荐:根据用户过去的浏览、购买、评价等行为,推荐与用户兴趣相关的内容。
❑ 实时用户行为推荐:根据用户当前的浏览、点击、搜索等行为,实时推荐与用户当前需求相关的内容。

下面是一个使用用户行为上下文感知实现推荐策略的例子。

源码路径: daima/4/yonghu.py

```
import pandas as pd

# 用户数据
users_data = {
    'user_id': [1, 2, 3, 4, 5],
    'age': [25, 30, 35, 40, 45],
    'gender': ['M', 'F', 'M', 'M', 'F']
}

# 电影数据
movies_data = {
    'movie_id': [1, 2, 3, 4, 5],
    'title': ['Movie 1', 'Movie 2', 'Movie 3', 'Movie 4', 'Movie 5'],
    'genre': ['Action', 'Comedy', 'Drama', 'Action', 'Comedy']
}

# "用户-电影"评分数据
ratings_data = {
    'user_id': [1, 1, 2, 2, 3],
    'movie_id': [1, 2, 2, 3, 4],
```

```python
    'rating': [5, 4, 3, 4, 5]
}

# 创建用户数据框
users_df = pd.DataFrame(users_data)

# 创建电影数据框
movies_df = pd.DataFrame(movies_data)

# 创建评分数据框
ratings_df = pd.DataFrame(ratings_data)

# 用户行为上下文感知推荐策略
def behavior_aware_recommendation(user_id):
    # 获取用户评分过的电影
    user_ratings = ratings_df[ratings_df['user_id'] == user_id]
    
    # 获取用户的年龄和性别
    user_info = users_df.loc[users_df['user_id'] == user_id, ['age',
'gender']].values[0]
    user_age = user_info[0]
    user_gender = user_info[1]
    
    # 根据用户的年龄和性别筛选推荐的电影
    recommended_movies = movies_df[(movies_df['movie_id'].isin(user_ratings
                        ['movie_id'])) & (movies_df['genre'] != 'Drama')]
    
    # 去除用户已评分的电影
    recommended_movies = recommended_movies[~recommended_movies['movie_id'].
                        isin(user_ratings['movie_id'])]
    
    return recommended_movies

# 测试用户行为上下文感知推荐策略
user_id = 1
recommendations = behavior_aware_recommendation(user_id)
print(recommendations['title'].tolist())
```

上述代码的具体说明如下。

- 首先，定义了 users_data、movies_data 和 ratings_data 三个字典，它们分别表示用户数据、电影数据和"用户-电影"评分数据。这些字典包含了一些用户的年龄、性别，电影的标题、类型以及用户对电影的评分信息。
- 使用这些字典创建了 users_df、movies_df 和 ratings_df 三个数据框，它们分别表示用户数据、电影数据和评分数据的数据框。数据框是 Pandas 提供的一种数据结构，类似于表格，可以方便地进行数据处理和分析。

- 然后定义了函数 behavior_aware_recommendation(user_id)，用于实现用户行为上下文感知的推荐策略。这个函数接收一个 user_id 参数，用于指定要为哪个用户进行推荐。在函数内部，首先通过筛选评分数据框 ratings_df 获取特定用户评分过的电影信息，并存储在 user_ratings 数据框中。接着，使用用户数据框 users_df 根据 user_id 获取特定用户的年龄和性别信息，并存储在 user_info 变量中。
- 接下来，根据用户的年龄和性别，结合电影数据框 movies_df 进行推荐电影的筛选。这个例子中筛选出了不是 Drama 类型的电影，并且这些电影的类型与用户评分过的电影类型相同。
- 最后返回筛选后的推荐电影数据框 recommended_movies。
- 在测试部分定义了一个 user_id，并调用 behavior_aware_recommendation()函数，将 user_id 作为参数传入，获取推荐的电影数据框。然后通过 print(recommendations['title'].tolist()) 输出了推荐电影的标题列表。

注意：如果推荐结果为空列表"[]"，可能是因为对提供的数据进行筛选后没有符合条件的推荐电影。

第 5 章

基于标签的推荐

基于标签的推荐是一种常见的推荐方法,它使用事先定义好的标签或者标签集合来描述物品(如电影、音乐、图书等)的特征,然后根据用户的兴趣和偏好,通过匹配标签来推荐相关的物品。本章将详细讲解基于标签的推荐的知识和用法。

5.1 标签的获取和处理

基于标签的推荐系统的核心是标签的获取和处理,这是实现基于标签的推荐系统的重要步骤。可以结合使用不同的方法,根据具体的应用场景和资源可用性选择合适的方式来获取和处理标签,以提高推荐系统的推荐效果和用户体验。

扫码看视频

◎ 5.1.1 获取用户的标签

在 Python 程序中,获取用户标签的方法取决于具体的应用场景和数据来源。下面是一些常见的获取用户标签的方法。

- 用户行为数据分析:推荐系统可以通过分析用户的行为数据来获取标签,这些行为数据可以包括用户的购买记录、浏览历史、评分和评论等。根据用户的行为数据,可以提取关键词、主题或者特征作为用户的标签。
- 用户自定义标签分析:一些应用允许用户自定义标签,比如社交媒体平台的个人资料标签或者兴趣标签。通过用户自定义的标签,可以了解用户的兴趣、喜好和特点。
- 文本数据分析:如果有用户相关的文本数据,如用户的社交媒体帖子、评论或者其他文本内容,可以使用文本分析技术来提取用户标签。例如,可以使用自然语言处理技术,如词频统计、关键词提取、主题建模等方法,从文本中提取关键词或者主题作为用户的标签。
- 社交网络分析:在一些社交网络平台,可以利用用户的社交关系网络来获取标签。通过分析用户的好友、关注或者链接,可以了解用户所属的社交群体、兴趣圈子等,并将这些信息用作用户的标签。
- 外部数据集集成:除了用户行为数据和用户自定义标签,还可以从外部数据集集成标签。例如,可以利用公开的用户兴趣标签数据集,如 Flickr 上的用户标签数据集、Delicious 网站的标签数据集等,来获取用户的兴趣标签。

注意:在获取用户标签时,需要考虑用户隐私和数据安全等问题。要确保在获取用户标签时遵循相关的数据隐私和安全规定,并尊重用户的隐私权。

在 Python 中,可以使用各种数据分析和文本处理库(如 NLTK、spaCy、scikit-learn 等)来实现用户标签的获取。这些库提供了一系列的功能和算法,可以帮助提取用户标签并进

第 5 章 基于标签的推荐

行进一步的处理和分析。

下面是一个推荐系统实例,功能是获取用户标签(偏好)的商品推荐信息。

源码路径: daima/5/yong.py

```python
import pandas as pd
from sklearn.feature_extraction.text import TfidfVectorizer
from sklearn.metrics.pairwise import cosine_similarity

# 用户行为数据(购买记录)
user_purchase_data = {
    'User': ['User1', 'User1', 'User1', 'User2', 'User2', 'User3'],
    'Product': ['Phone', 'Laptop', 'Headphones', 'Phone', 'Headphones', 'Laptop']
}

# 商品标签数据
product_tag_data = {
    'Product': ['Phone', 'Laptop', 'Headphones'],
    'Tags': ['Smartphone, Communication', 'Computing, Technology', 'Audio, Music']
}

# 转换为 DataFrame
user_df = pd.DataFrame(user_purchase_data)
product_df = pd.DataFrame(product_tag_data)

# 合并用户行为数据和商品标签数据
merged_df = pd.merge(user_df, product_df, on='Product', how='left')

# 创建 "用户-标签" 矩阵
user_tag_matrix = pd.crosstab(merged_df['User'], merged_df['Tags'])

# 计算标签的 TF-IDF 权重
vectorizer = TfidfVectorizer()
tag_vectors = vectorizer.fit_transform(product_df['Tags'])

# 计算 "用户-标签" 矩阵的 TF-IDF 权重
user_tag_vectors = vectorizer.transform(user_tag_matrix.columns)

# 计算用户与商品标签的相似性
similarity_matrix = cosine_similarity(user_tag_vectors, tag_vectors)

# 获取用户的标签偏好
user = 'User1'
user_index = user_tag_matrix.index.get_loc(user)
user_similarity = similarity_matrix[user_index]

# 根据相似性排序获取推荐的商品标签
```

```
top_tags_indices = user_similarity.argsort()[::-1]
top_tags = product_df['Tags'].iloc[top_tags_indices]

print(f"用户 {user} 的标签偏好：")
print(top_tags)

# 根据标签偏好推荐商品
recommended_products = []
for tag in top_tags:
    products = product_df.loc[product_df['Tags'] == tag, 'Product']
    recommended_products.extend(products)

print(f"为用户 {user} 推荐的商品：")
print(list(set(recommended_products)))
```

上述代码的具体说明如下。

- 首先，定义了用户行为数据(购买记录)和商品标签数据。
- 然后，通过合并两个数据集并创建"用户-标签"矩阵来表示用户的标签偏好。接下来，使用 TF-IDF 方法计算标签的权重，并计算用户与商品标签的相似性。
- 最后，根据用户的标签偏好推荐相关的商品。

执行代码后会输出：

```
用户 User1 的标签偏好：
2            Audio, Music
1      Computing, Technology
0   Smartphone, Communication
Name: Tags, dtype: object
为用户 User1 推荐的商品：
['Headphones', 'Laptop', 'Phone']
```

注意：这只是一个简化的例子，实际中的推荐系统可能需要更复杂的算法和数据处理流程。此外，该实例假设用户标签是从商品标签中获取的，在实际情况中可能还需要考虑其他数据来源和特征工程方法。另外，推荐系统的开发通常涉及更多的数据处理、模型训练和评估等步骤。因此，根据实际需求和数据情况，可能需要进一步扩展和优化代码。

5.1.2 获取物品的标签

在 Python 中，获取物品标签的方法取决于具体的应用场景和数据来源。下面是一些常见的获取物品标签的方法。

- 人工标记：最简单直接的方法是通过人工标记的方式为物品添加标签。可以组织专家团队或者用户群体，要求他们为物品选择适当的标签。这种方法可以提供高质量的标签，但也需要耗费大量的时间和人力资源。
- 文本分析：如果有物品相关的文本数据，如商品描述、评论或者其他文本内容，可以使用文本分析技术来提取物品的标签。例如，可以使用自然语言处理技术，如词频统计、关键词提取、主题建模等方法，从文本中提取关键词或者主题作为物品的标签。
- 图像分析：对于图片或者图像物品，可以使用图像分析技术获取标签。通过图像识别、特征提取等方法，可以识别图片中的物体、场景、颜色等信息，并将它们作为物品的标签。
- 外部数据集集成：除了内部数据，还可以从外部数据集集成标签。可以利用公开的标签数据集，如 ImageNet 数据集、Open Images 数据集等，来获取物品的标签。这些数据集通常包含了大量的图片和相应的标签信息。
- 社交媒体标签：对于从社交媒体平台或者社交网络中获取的物品，可以利用用户生成的标签信息。一些社交媒体平台允许用户为自己发布的内容添加标签，这些标签可以作为物品的标签。

在 Python 中，可以使用各种数据分析和图像处理库来实现物品标签的获取，如 NLTK、spaCy、scikit-learn、OpenCV 等。这些库提供了一系列的功能和算法，可以帮助提取物品标签并进行进一步的处理和分析。

注意：在获取物品标签时，需要考虑数据的准确性和标签的质量。要确保使用合适的算法或方法来提取标签，并进行适当的数据清洗和处理，以提高标签的质量和可靠性。

实现商品推荐系统时，一个常见的任务是根据用户的偏好为物品添加标签。下面是一个使用 Python 实现简单的物品标签推荐系统的例子。

源码路径：daima/5/wu.py

```python
import pandas as pd
from sklearn.feature_extraction.text import TfidfVectorizer
from sklearn.metrics.pairwise import cosine_similarity

# 商品数据
products = pd.DataFrame({
    'id': [1, 2, 3, 4, 5],
    'name': ['iPhone X', 'Samsung Galaxy S9', 'MacBook Pro', 'Dell XPS 13', 'iPad Pro'],
    'description': ['Apple iPhone X with Face ID', 'Android smartphone by Samsung',
                    'Powerful laptop by Apple', 'High-performance laptop by Dell',
                    'Apple tablet with Pro features']
```

```python
})

# 用户偏好的标签
user_tags = ['smartphone', 'Apple', 'high-performance']

# 将商品描述转换为特征向量
vectorizer = TfidfVectorizer()
product_features = vectorizer.fit_transform(products['description'])

# 将用户标签转换为特征向量
user_tags_text = ' '.join(user_tags)
user_tags_features = vectorizer.transform([user_tags_text])

# 计算商品描述与用户标签之间的余弦相似度
similarities = cosine_similarity(user_tags_features, product_features).flatten()

# 根据相似度降序排列，并选择前 N 种推荐商品
num_recommendations = 3
top_indices = similarities.argsort()[::-1][:num_recommendations]

# 输出推荐商品
recommendations = products.loc[top_indices]
print(recommendations[['name', 'description']])
```

上述代码的具体说明如下。

- 首先，创建一个包含商品数据的 DataFrame，其中包含商品的 ID、名称和描述。
- 然后，定义用户的标签，即用户偏好的特征关键词。接下来，使用 TF-IDF 向量化器将商品描述转换为特征向量，并将用户标签转换为相同的特征向量。
- 最后，使用余弦相似度衡量用户标签与每种商品描述之间的相似度。根据相似度，选择前 N 种最相似的商品作为推荐结果，并打印出输出商品的名称和描述。

执行代码后会输出：

```
              name                description
3      Dell XPS 13      High-performance laptop by Dell
1  Samsung Galaxy S9    Android smartphone by Samsung
2      MacBook Pro          Powerful laptop by Apple
```

5.1.3　标签预处理和特征提取

在 Python 中实现推荐系统时，标签的预处理和特征提取是非常重要的步骤，这些步骤有助于将原始的标签数据转换为适合用于推荐系统的特征表示形式。下面是一些实现标签预处理和特征提取的常用方法与技术。

第 5 章 基于标签的推荐

1. 标签预处理

- 文本清洗：删除不需要的字符、标点符号和特殊字符，并将文本转换为小写形式。可以使用 Python 的字符串处理函数和正则表达式来清洗标签。
- 停用词去除：删除常见的停用词，例如 a、an、the 等，这些词对于标签的特征提取往往没有太大帮助。可以使用 NLTK(自然语言处理工具包)或自定义的停用词列表进行停用词去除。
- 词干提取和词形还原：将单词转换为词干形式或原始形式，以减少标签的词汇量并捕捉更广泛的语义。可以使用 NLTK 或其他词干提取和词形还原库来执行这些操作。

当涉及推荐系统标签的预处理时，一个常见的例子是电影推荐系统。在下面的实例中，将对电影标签数据进行预处理和特征提取。此处假设有一个包含电影标签的数据集，其中每部电影都有一个或多个标签。

源码路径：daima/5/biao.py

实例文件 biao.py 的具体实现流程如下。

(1) 首先需要对标签进行清洗和预处理，其中使用 re 模块进行正则表达式的处理，使用库 NLTK 进行停用词去除和词形还原。下面的函数 preprocess_tags()将传入的标签字符串进行预处理，并返回处理后的标签字符串。对应的实现代码如下：

```
import pandas as pd
import re
from nltk.corpus import stopwords
from nltk.stem import WordNetLemmatizer
import nltk
nltk.download('wordnet')
def preprocess_tags(tags):
    # 将标签转换为小写形式
    tags = tags.lower()

    # 移除特殊字符和标点符号
    tags = re.sub(r"[^\w\s]", "", tags)

    # 分词
    words = tags.split()

    # 去除停用词
    stop_words = set(stopwords.words('english'))
    words = [word for word in words if word not in stop_words]

    # 词形还原
```

```
lemmatizer = WordNetLemmatizer()
words = [lemmatizer.lemmatize(word) for word in words]

# 返回预处理后的标签
return ' '.join(words)
```

(2) 使用特征提取方法来表示处理后的标签。在下面的代码中,使用独热编码来表示每部电影的标签特征。

```
from sklearn.preprocessing import MultiLabelBinarizer

# 标签数据
tags_data = [
    'action thriller',
    'comedy romance',
    'drama',
    'comedy drama',
    'action adventure',
]

# 标签预处理
preprocessed_tags = [preprocess_tags(tags) for tags in tags_data]

# 独热编码
mlb = MultiLabelBinarizer()
encoded_tags = mlb.fit_transform([tags.split() for tags in preprocessed_tags])

# 打印独热编码后的标签特征
print(encoded_tags)
```

在上述代码中,将列表 tags_data 中的每个元素都视为一个字符串,而不是一个包含标签的列表,这样可以确保函数 preprocess_tags()能够正确地对每个标签进行预处理。执行代码后,会输出预处理和独热编码后的标签特征矩阵,结果如下:

```
[[1 0 0 0 0 1]
 [0 0 1 0 1 0]
 [0 0 0 1 0 0]
 [0 0 1 1 0 0]
 [1 1 0 0 0 0]]
```

2. 特征提取

- 独热编码(one-hot encoding):将每个标签转换为二进制向量表示,其中向量的长度等于标签的数量,每个标签对应一个维度。标签存在时,对应维度的值为1,否则为0。这种方法适用于标签之间没有顺序关系的情况。

第 5 章　基于标签的推荐

- 词袋模型：将标签看作词汇的集合，并构建一个词袋来表示每个标签。词袋是一个向量，其中每个维度对应一个词语，而向量的值表示该标签中该词语的出现次数或权重。可以使用 CountVectorizer 或 TfidfVectorizer 等类来创建词袋模型。
- 词嵌入：通过将标签映射到低维向量空间，捕捉标签之间的语义和关联性。可以使用预训练的词嵌入模型，如 Word2Vec、GloVe 或 FastText，将标签转换为密集向量表示。

在进行标签预处理和特征提取时，需要根据具体情况选择合适的方法。同时，还可以根据需求进行组合和调整，以获得更好的特征表示。在实际应用中，可以使用 Python 中的各种机器学习和深度学习库，如 scikit-learn、TensorFlow 或 PyTorch，来实现这些方法。当涉及推荐系统的特征提取时，一个常见的例子是使用 TF-IDF 特征表示来构建电影推荐系统。下面的实例将使用电影的文本描述作为特征，并通过 TF-IDF 进行特征提取。

源码路径： daima/5/te.py

```python
from sklearn.feature_extraction.text import TfidfVectorizer

# 电影文本描述数据
movie_descriptions = [
    "Action-packed thriller about a secret agent.",
    "Romantic comedy about a couple's hilarious journey.",
    "Emotional drama exploring the human condition.",
    "Comedy-drama film with a heartwarming story.",
    "Epic action-adventure movie set in ancient times.",
]

# 创建 TF-IDF 向量化器
vectorizer = TfidfVectorizer()

# 计算 TF-IDF 特征
tfidf_features = vectorizer.fit_transform(movie_descriptions)

# 打印 TF-IDF 特征矩阵
print(tfidf_features.toarray())
```

上述代码中使用库 scikit-learn 中的类 TfidfVectorizer 实现 TF-IDF 特征提取。实例首先定义了电影的文本描述数据；然后创建了一个 TfidfVectorizer 对象。接下来，调用 fit_transform()方法将文本描述数据传递给向量化器，计算出 TF-IDF 特征矩阵。最后，通过 toarray()方法将稀疏矩阵转换为稠密矩阵，并打印出 TF-IDF 特征矩阵。运行上述代码后，将得到每个电影文本描述的 TF-IDF 特征表示，结果如下：

```
[[0.35038823 0.35038823 0.         0.43429718 0.         0.
  0.         0.         0.         0.         0.        ]
```

```
  0.          0.          0.          0.          0.          0.
  0.          0.43429718  0.          0.43429718  0.          0.
  0.          0.43429718  0.          0.          0.        ]
 [0.35038823  0.          0.          0.          0.          0.35038823
  0.          0.43429718  0.          0.          0.          0.
  0.          0.          0.43429718  0.          0.          0.43429718
  0.          0.          0.43429718  0.          0.          0.
  0.          0.          0.          0.        ]
 [0.          0.          0.          0.          0.          0.
  0.42066906  0.          0.33939315  0.42066906  0.          0.42066906
  0.          0.          0.          0.42066906  0.          0.
  0.          0.          0.          0.          0.          0.
  0.42066906  0.          0.          0.        ]
 [0.          0.          0.          0.          0.          0.35038823
  0.          0.          0.35038823  0.          0.          0.
  0.43429718  0.43429718  0.          0.          0.          0.
  0.          0.          0.          0.          0.          0.43429718
  0.          0.          0.43429718] 
 [0.          0.29167942  0.36152912  0.          0.36152912  0.
  0.          0.          0.          0.          0.36152912  0.
  0.          0.          0.          0.          0.36152912  0.
  0.36152912  0.          0.          0.          0.36152912  0.
  0.          0.          0.36152912  0.        ]]
```

本实例展示了 Python 中推荐系统特征提取的过程，其中使用了 TF-IDF 作为特征表示方法。大家可以根据具体的推荐系统需求和数据集特点进行相应的调整和扩展。例如，添加其他文本处理步骤，调整 TF-IDF 的参数等。

5.2 标签相似度计算

标签相似度计算用于度量两个标签之间的相似程度。在推荐系统中，标签相似度计算常用于评估用户对某个标签的兴趣，或者用于寻找具有相似标签的项目。

扫码看视频

5.2.1 基于标签频次的相似度计算

基于标签频次的相似度计算是一种简单且常用的方法，用于度量标签之间的相似性。该方法基于标签在项目或用户中出现的频率，认为经常一起出现的标签具有较高的相似性。常见的基于标签频次的相似度计算指标包括余弦相似度、Pearson(皮尔逊)相关系数等。

1. 余弦相似度

余弦相似度是指两个向量之间的夹角余弦值，用于度量它们的相似性。对于标签，可以将标签向量化，然后使用余弦相似度度量它们之间的相似性。较大的余弦相似度值表示标签之间更相似。下面是一个简单的例子，演示了基于标签频次的余弦相似度的计算过程。

源码路径： daima/5/yu.py

```python
import numpy as np
from sklearn.metrics.pairwise import cosine_similarity

# 标签频次矩阵
tag_frequency_matrix = np.array([
    [2, 3, 0, 1],
    [1, 2, 1, 0],
    [0, 2, 3, 2],
    [3, 1, 2, 1]
])

# 计算余弦相似度矩阵
similarity_matrix = cosine_similarity(tag_frequency_matrix)

# 打印相似度矩阵
print(similarity_matrix)
```

上述代码中假设存在 4 个项目，每个项目关联了 4 个标签。然后将标签频次以矩阵的形式表示，并使用函数 cosine_similarity() 计算余弦相似度矩阵。最后，打印出相似度矩阵。执行代码后会输出：

```
[[1.         0.87287156 0.51856298 0.69006556]
 [0.87287156 1.         0.69310328 0.73786479]
 [0.51856298 0.69310328 1.         0.62622429]
 [0.69006556 0.73786479 0.62622429 1.        ]]
```

2. 皮尔逊相关系数

皮尔逊相关系数是一种用于度量两个变量之间线性相关程度的统计量，它衡量了两个变量之间的线性关系强度和方向，取值范围为[-1, 1]。要实现基于标签频次的皮尔逊相关系数的计算，可以按照以下步骤进行。

(1) 收集项目或用户的标签数据，并将其表示为标签频次矩阵。每行代表一个项目或用户，每列代表一个标签，矩阵中的值表示标签在项目或用户中的频次或权重。

(2) 计算标签频次矩阵的列均值(每个标签的平均频次)和标准差。

(3) 标准化标签频次矩阵：对于每个标签频次矩阵中的值，减去该列的均值并除以该列的标准差。

(4)计算标签频次矩阵每对标签之间的皮尔逊相关系数。可以使用 NumPy 库中的 np.corrcoef()函数来计算相关系数。

下面是一个实现基于标签频次的皮尔逊相关系数的计算的例子。

源码路径： daima/5/p.py

```python
import numpy as np

# 标签频次矩阵
tag_frequency_matrix = np.array([
    [2, 3, 0, 1],
    [1, 2, 1, 0],
    [0, 2, 3, 2],
    [3, 1, 2, 1]
])

# 计算标签频次矩阵的列均值和标准差
col_means = np.mean(tag_frequency_matrix, axis=0)
col_std = np.std(tag_frequency_matrix, axis=0)

# 标准化标签频次矩阵
normalized_matrix = (tag_frequency_matrix - col_means) / col_std

# 计算标签之间的皮尔逊相关系数
correlation_matrix = np.corrcoef(normalized_matrix, rowvar=False)

# 打印相似度矩阵
print(correlation_matrix)
```

在上述代码中，首先定义了一个标签频次矩阵，然后计算了列均值和标准差。接下来，通过将标签频次矩阵减去列均值并除以列标准差，将其标准化。最后，使用 np.corrcoef()函数计算标准化矩阵的皮尔逊相关系数，得到标签之间的相似度矩阵。执行代码后会输出：

```
[[ 1.         -0.31622777 -0.4        -0.31622777]
 [-0.31622777  1.         -0.63245553  0.        ]
 [-0.4        -0.63245553  1.          0.63245553]
 [-0.31622777  0.          0.63245553  1.        ]]
```

请注意，皮尔逊相关系数范围为[-1, 1]，其中 1 表示完全正相关，-1 表示完全负相关，0 表示无相关性。

5.2.2 基于标签共现的相似度计算

在推荐系统中，基于标签共现的相似度计算是一种常用的方法，一般用于评估项目或用户之间的相似度。该方法通过分析项目或用户之间共同出现的标签信息来推断它们之间的关联程度。基于标签共现的相似度计算方法可以用于推荐系统中的多个任务，如项目相似性计算、用户相似性计算、基于内容的推荐和标签推荐等。通过分析标签之间的共现关系，可以发现项目或用户之间的潜在关联，从而提高推荐系统的准确性和个性化程度。

下面是关于基于标签共现的相似度计算的一些关键知识点。

(1) 标签共现矩阵(tag co-occurrence matrix)：这是一个二维矩阵，其中行代表项目或用户，列代表标签，矩阵中的值表示标签在项目或用户中的共现次数或权重。通过计算项目或用户之间的标签共现矩阵，可以获得它们之间的相似度。下面是一个展示如何构建商品标签共现矩阵的例子。

源码路径： daima/5/shangbiao.py

```python
import numpy as np
import pandas as pd

# 假设有3种商品和5个标签
items = ['Item1', 'Item2', 'Item3']
tags = ['Tag1', 'Tag2', 'Tag3', 'Tag4', 'Tag5']

# 假设每种商品对应的标签如下
item_tags = {
    'Item1': ['Tag1', 'Tag2', 'Tag3'],
    'Item2': ['Tag2', 'Tag4'],
    'Item3': ['Tag1', 'Tag3', 'Tag5']
}

# 创建标签共现矩阵
cooccurrence_matrix = np.zeros((len(items), len(tags)), dtype=int)

# 遍历每种商品的标签，更新共现矩阵
for item, item_tags in item_tags.items():
    item_index = items.index(item)
    for tag in item_tags:
        tag_index = tags.index(tag)
        cooccurrence_matrix[item_index, tag_index] += 1

# 将共现矩阵转换为DataFrame，便于查看和分析
cooccurrence_df = pd.DataFrame(cooccurrence_matrix, index=items, columns=tags)
print(cooccurrence_df)
```

上述代码中假设有3种商品(Item1、Item2、Item3)和5个标签(Tag1、Tag2、Tag3、Tag4、Tag5)，通过字典 item_tags 定义了每种商品对应的标签，然后创建了一个全零的标签共现矩阵 cooccurrence_matrix，大小为3×5，用于记录标签之间的共现次数。接下来，循环遍历每种商品的标签，更新矩阵中对应位置的商品标签值。最后，将共现矩阵转换为 DataFrame (cooccurrence_df)，以方便查看和分析结果。打印出的结果将显示每种商品和标签之间的共现次数，结果如下：

```
       Tag1  Tag2  Tag3  Tag4  Tag5
Item1   1     1     1     0     0
Item2   0     1     0     1     0
Item3   1     0     1     0     1
```

(2) 共现计数方法：该方法是最简单的标签共现相似度计算方法之一。它统计了项目或用户之间标签共现的次数，即共同拥有某个标签的次数。共现计数方法忽略了标签出现的次数或权重，仅关注标签是否共同出现。下面例子的功能是使用共现计数方法计算商品之间的标签共现次数。

源码路径： daima/5/gong.py

```python
from collections import defaultdict

# 假设有 4 种商品和 5 个标签
items = ['Item1', 'Item2', 'Item3', 'Item4']
tags = ['Tag1', 'Tag2', 'Tag3', 'Tag4', 'Tag5']

# 假设每种商品对应的标签如下
item_tags = {
    'Item1': ['Tag1', 'Tag2', 'Tag3'],
    'Item2': ['Tag2', 'Tag4'],
    'Item3': ['Tag1', 'Tag3', 'Tag5'],
    'Item4': ['Tag1', 'Tag2', 'Tag4']
}

# 初始化共现计数字典
cooccurrence_counts = defaultdict(int)

# 遍历每种商品的标签，更新共现计数字典
for item, item_tags in item_tags.items():
    for i in range(len(item_tags)):
        for j in range(i+1, len(item_tags)):
            tag1 = item_tags[i]
            tag2 = item_tags[j]
            # 增加共现次数
            cooccurrence_counts[(tag1, tag2)] += 1
            cooccurrence_counts[(tag2, tag1)] += 1

# 打印共现计数结果
for (tag1, tag2), count in cooccurrence_counts.items():
    print(f"Tags {tag1} and {tag2} co-occur {count} times.")
```

本实例中假设有 4 种商品(Item1、Item2、Item3、Item4)和 5 个标签(Tag1、Tag2、Tag3、Tag4、Tag5)，通过字典 item_tags 定义了每种商品对应的标签。然后，初始化了一个默认值为 0 的共现计数字典 cooccurrence_counts，用于记录标签之间的共现次数。接下来，使用嵌套循环遍历每种商品的标签(使用两个指针 i 和 j 遍历标签列表)，并根据标签的组合更新共现计数字典中对应的共现次数。最后，打印输出共现计数字典中每对标签的共现次数，结果如下：

```
Tags Tag1 and Tag2 co-occur 2 times.
Tags Tag2 and Tag1 co-occur 2 times.
Tags Tag1 and Tag3 co-occur 2 times.
Tags Tag3 and Tag1 co-occur 2 times.
Tags Tag2 and Tag3 co-occur 1 times.
Tags Tag3 and Tag2 co-occur 1 times.
Tags Tag2 and Tag4 co-occur 1 times.
Tags Tag4 and Tag2 co-occur 2 times.
Tags Tag1 and Tag5 co-occur 1 times.
Tags Tag5 and Tag1 co-occur 1 times.
Tags Tag3 and Tag5 co-occur 1 times.
Tags Tag5 and Tag3 co-occur 1 times.
Tags Tag1 and Tag4 co-occur 1 times.
Tags Tag4 and Tag1 co-occur 1 times.
```

(3) Jaccard 相似度：是一种常用的标签共现相似度计算指标。Jaccard 相似度定义为两个项目或用户共同拥有的标签数目除以它们总共拥有的不同标签数目。Jaccard 相似度衡量的是标签的重叠程度，取值范围为[0, 1]，值越高表示相似度越高。下面是一个基于 Python 的实例，功能是使用 Jaccard 相似度计算商品之间的标签相似度。

源码路径： daima/5/ja.py

```python
# 假设有 4 种商品和 5 个标签
items = ['Item1', 'Item2', 'Item3', 'Item4']
tags = ['Tag1', 'Tag2', 'Tag3', 'Tag4', 'Tag5']

# 假设每种商品对应的标签如下
item_tags = {
    'Item1': ['Tag1', 'Tag2', 'Tag3'],
    'Item2': ['Tag2', 'Tag4'],
    'Item3': ['Tag1', 'Tag3', 'Tag5'],
    'Item4': ['Tag1', 'Tag2', 'Tag4']
}

# 定义 Jaccard 相似度计算函数
def jaccard_similarity(set1, set2):
    intersection = len(set1.intersection(set2))
    union = len(set1.union(set2))
```

```
        similarity = intersection / union if union != 0 else 0
    return similarity

# 计算商品之间的标签相似度
for i in range(len(items)):
    for j in range(i+1, len(items)):
        item1 = items[i]
        item2 = items[j]
        tags1 = set(item_tags[item1])
        tags2 = set(item_tags[item2])
        similarity = jaccard_similarity(tags1, tags2)
        print(f"Similarity between {item1} and {item2}: {similarity}")
```

这个例子中假设有 4 种商品(Item1、Item2、Item3、Item4)和 5 个标签(Tag1、Tag2、Tag3、Tag4、Tag5)，通过字典 item_tags 定义了每种商品对应的标签。然后，定义了一个计算 Jaccard 相似度的函数 jaccard_similarity()，该函数接收两个标签集合作为参数，并计算它们之间的 Jaccard 相似度。接下来，使用嵌套循环遍历每对商品，分别将它们对应的标签集合转换为集合对象，并调用 jaccard_similarity()函数计算它们之间的相似度。最后，打印输出每对商品之间的标签相似度，结果如下：

```
Similarity between Item1 and Item2: 0.25
Similarity between Item1 and Item3: 0.5
Similarity between Item1 and Item4: 0.5
Similarity between Item2 and Item3: 0.0
Similarity between Item2 and Item4: 0.6666666666666666
Similarity between Item3 and Item4: 0.2
```

(4) 余弦相似度：也是一种常用的标签共现相似度计算指标。余弦相似度定义为两个项目或用户共同拥有的标签向量的内积除以它们各自标签向量的模的乘积。余弦相似度衡量的是标签向量的方向一致程度，取值范围为$[-1, 1]$，值越高表示相似度越高。

(5) 加权共现计算方法：该方法考虑了标签的权重或重要性，通过使用标签权重来计算相似度。这些权重可以基于标签的频次、热度、TF-IDF 等进行计算。下面是一个基于 Python 的实例，功能是使用加权共现计算方法计算商品之间的标签共现次数。

源码路径： daima/5/jia.py

```
from collections import defaultdict

# 假设有 4 种商品和 5 个标签
items = ['Item1', 'Item2', 'Item3', 'Item4']
tags = ['Tag1', 'Tag2', 'Tag3', 'Tag4', 'Tag5']

# 假设每种商品对应的标签及其权重如下
item_tags = {
```

```
    'Item1': {'Tag1': 3, 'Tag2': 2, 'Tag3': 1},
    'Item2': {'Tag2': 2, 'Tag4': 1},
    'Item3': {'Tag1': 2, 'Tag3': 1, 'Tag5': 3},
    'Item4': {'Tag1': 1, 'Tag2': 2, 'Tag4': 2}
}

# 初始化加权共现计数字典
weighted_cooccurrence_counts = defaultdict(float)

# 遍历每种商品的标签及其权重，更新加权共现计数字典
for item, item_tags in item_tags.items():
    for tag1, weight1 in item_tags.items():
        for tag2, weight2 in item_tags.items():
            # 增加加权共现次数
            weighted_cooccurrence_counts[(tag1, tag2)] += weight1 * weight2

# 打印加权共现计数结果
for (tag1, tag2), count in weighted_cooccurrence_counts.items():
    print(f"Tags {tag1} and {tag2} have a weighted co-occurrence count of {count}.")
```

这个例子中假设有 4 种商品(Item1、Item2、Item3、Item4)和 5 个标签(Tag1、Tag2、Tag3、Tag4、Tag5)，通过字典 item_tags 定义了每种商品对应的标签及其权重。然后，初始化了一个默认值为 0.0 的加权共现计数字典 weighted_cooccurrence_counts，用于记录标签之间的加权共现次数。接下来，使用嵌套循环遍历每种商品的标签及其权重，并根据标签的组合以及对应的权重更新加权共现计数字典中对应的加权共现次数。最后，打印输出加权共现计数字典中每对标签的加权共现次数，结果如下：

```
Tags Tag1 and Tag1 have a weighted co-occurrence count of 14.0.
Tags Tag1 and Tag2 have a weighted co-occurrence count of 8.0.
Tags Tag1 and Tag3 have a weighted co-occurrence count of 5.0.
Tags Tag2 and Tag1 have a weighted co-occurrence count of 8.0.
Tags Tag2 and Tag2 have a weighted co-occurrence count of 12.0.
Tags Tag2 and Tag3 have a weighted co-occurrence count of 2.0.
Tags Tag3 and Tag1 have a weighted co-occurrence count of 5.0.
Tags Tag3 and Tag2 have a weighted co-occurrence count of 2.0.
Tags Tag3 and Tag3 have a weighted co-occurrence count of 2.0.
Tags Tag2 and Tag4 have a weighted co-occurrence count of 6.0.
Tags Tag4 and Tag2 have a weighted co-occurrence count of 6.0.
Tags Tag4 and Tag4 have a weighted co-occurrence count of 5.0.
Tags Tag1 and Tag5 have a weighted co-occurrence count of 6.0.
Tags Tag3 and Tag5 have a weighted co-occurrence count of 3.0.
Tags Tag5 and Tag1 have a weighted co-occurrence count of 6.0.
Tags Tag5 and Tag3 have a weighted co-occurrence count of 3.0.
Tags Tag5 and Tag5 have a weighted co-occurrence count of 9.0.
Tags Tag1 and Tag4 have a weighted co-occurrence count of 2.0.
Tags Tag4 and Tag1 have a weighted co-occurrence count of 2.0.
```

5.2.3 基于标签语义的相似度计算

基于标签语义的相似度计算是推荐系统中常用的一种方法，它利用标签之间的语义信息来评估它们之间的相似程度。该方法可以帮助推荐系统更准确地理解和比较标签之间的含义，从而提供更精确的推荐结果。

下面介绍两种常用的基于标签语义的相似度计算方法。

1. 基于词向量的相似度计算

这种方法使用预训练的词向量模型(如 Word2Vec、GloVe 或 FastText)将标签表示为向量，并通过计算向量之间的相似度来评估标签之间的语义相似度。常用的相似度度量指标包括余弦相似度和欧氏距离，较接近的向量表示的标签通常具有更相似的语义含义。下面的代码演示了这一用法。

```python
from gensim.models import KeyedVectors

# 加载预训练的词向量模型
word_vectors = KeyedVectors.load_word2vec_format('path_to_word2vec_model.bin', binary=True)

# 计算标签之间的余弦相似度
def cosine_similarity(tag1, tag2):
    similarity = word_vectors.similarity(tag1, tag2)
    return similarity

# 示例使用
similarity_score = cosine_similarity('tag1', 'tag2')
```

在上述代码中，path_to_word2vec_model.bin 是一个占位符，表示预训练的词向量模型文件的路径。在使用基于词向量的相似度计算方法时，需要提供实际的词向量模型文件。一般可以从以下资源中获取适合应用场景的预训练词向量模型。

- Word2Vec 官方网站：Word2Vec 是一个由 Google 的研究人员 Tomas Mikolov 等人开发的词嵌入模型，它可以将单词转换为连续的向量，并捕捉单词之间的语义关系。Word2Vec 模型已经被开源，并且提供了预训练的模型，这些模型可以在多种语言和大规模数据集上进行训练。可以访问以下网址获取 Word2Vec 模型：https://code.google.com/archive/p/word2vec/。
- Gensim 模型库：Gensim 是一个流行的 Python 库，提供了加载和使用预训练词向量模型的功能。可以使用 Gensim 库中提供的 KeyedVectors 类来加载和操作预训练的 Word2Vec 模型。同时，Gensim 还提供了一些常用的词向量模型下载接口，可以访问 Gensim 的官方文档获取更多信息：https://radimrehurek.com/gensim/models/keyedvectors.html。
- GloVe 官方网站：https://nlp.stanford.edu/projects/glove/。
- FastText 官方网站：https://fasttext.cc/docs/en/english-vectors.html。
- Kaggle：Kaggle 是一个数据科学和机器学习社区，它提供了各种类型的数据和模型。可以在 Kaggle 上搜索合适的预训练词向量模型。

2. 基于语义网络的相似度计算

这种方法是利用标签之间的语义关联关系构建语义网络，并通过网络上的路径距离或相似度传播算法来计算标签之间的语义相似度。常用的语义网络包括 WordNet 和 ConceptNet。在这些网络中，标签之间的连接表示它们之间的关联关系，例如上位词、下位词、关联词等。下面的代码演示了这一用法。

```python
from nltk.corpus import wordnet

# 计算标签之间的路径相似度(基于WordNet)
def path_similarity(tag1, tag2):
    synset1 = wordnet.synsets(tag1)
    synset2 = wordnet.synsets(tag2)
    if synset1 and synset2:
        similarity = synset1[0].path_similarity(synset2[0])
        return similarity
    else:
        return 0

# 示例使用
similarity_score = path_similarity('tag1', 'tag2')
```

这些方法可以根据具体的应用场景和数据情况进行适当的调整和扩展。它们可以用于计算标签之间的语义相似度，或作为推荐系统中的重要特征之一，用于推断用户喜好、计算商品之间的相似度等。

5.3 基于标签的推荐算法

基于标签的推荐算法是一种常见的推荐算法，它根据用户对物品打的标签信息来进行推荐。

扫码看视频

5.3.1 基于用户标签的推荐算法

1. 基于用户兴趣标签的推荐算法

1）数据准备阶段

构建"用户-物品"兴趣矩阵：将用户对物品的兴趣标签信息整理成一个"用户-物品"兴趣矩阵，其中每一行表示一个用户，每一列表示一个物品，矩阵元素表示用户对物品的兴趣程度(如评分、权重等)。

2）相似度计算阶段

计算用户之间的相似度：基于兴趣标签的共现关系，可以使用 Jaccard 相似度、余弦相似度等度量用户之间的相似度。

3）推荐阶段

- 找到与目标用户最相似的用户集合：根据用户之间的相似度，找到与目标用户最相似的一些用户。
- 根据相似用户的兴趣程度生成推荐列表：结合相似用户的兴趣程度，生成最终的推荐列表。

当涉及基于用户兴趣标签的推荐算法时，一种常见的方法是使用基于物品的协同过滤算法。下面是一个使用基于用户兴趣标签的推荐算法进行物品推荐的例子。

源码路径： daima/5/duo.py

```python
import numpy as np
from sklearn.metrics.pairwise import cosine_similarity

# 假设有一个"用户-物品"兴趣矩阵
user_item_matrix = np.array([
    [1, 0, 1, 0, 1],   # 用户1的兴趣标签
    [0, 1, 0, 1, 0],   # 用户2的兴趣标签
    [1, 1, 1, 0, 0],   # 用户3的兴趣标签
    [0, 1, 1, 0, 1]    # 用户4的兴趣标签
])

# 计算用户之间的相似度
user_similarity = cosine_similarity(user_item_matrix)

# 定义推荐函数
def generate_recommendations(target_user, user_similarity, n):
    similar_users = np.argsort(user_similarity[target_user])[::-1][:n]
    recommendations = []
    for user in similar_users:
```

```
    # 找到相似用户对应的兴趣标签
    user_interests = user_item_matrix[user]
    # 将相似用户的兴趣标签添加到推荐列表
    recommendations.extend(user_interests)
  return recommendations

# 指定目标用户
target_user = 0

# 生成推荐列表
recommendations = generate_recommendations(target_user, user_similarity, n=3)

print("推荐列表:", recommendations)
```

上述代码中首先构建了一个"用户-物品"兴趣矩阵，其中每一行表示一个用户的兴趣标签。然后，使用余弦相似度计算用户之间的相似度。最后，根据目标用户与其他用户的相似度，生成一个推荐列表。执行代码后会输出：

推荐列表: [1, 0, 1, 0, 1, 0, 1, 1, 0, 1, 1, 1, 1, 0, 0]

2. 基于用户行为标签的推荐算法

1) 数据准备阶段

构建"用户-物品"评分矩阵：将用户的行为标签信息整理成一个"用户-物品"评分矩阵，其中每一行表示一个用户，每一列表示一个物品，矩阵元素表示用户对物品的行为程度(如点击次数、购买次数等)。

2) 相似度计算阶段

计算用户之间的相似度：基于行为标签的共现关系，可以使用 Jaccard 相似度、余弦相似度等计算用户之间的相似度。

3) 推荐阶段

- 找到与目标用户最相似的用户集合：根据用户之间的相似度，找到与目标用户最相似的一些用户。
- 根据相似用户的行为程度生成推荐列表：结合相似用户的行为程度，生成最终的推荐列表。

当涉及基于用户行为标签的推荐算法时，一种常见的方法是使用基于用户的协同过滤算法。下面是一个使用基于用户行为标签的推荐算法进行商品推荐的例子。

源码路径： daima/5/xing.py

```
import numpy as np
from sklearn.metrics.pairwise import cosine_similarity
```

```python
# 假设有一个"用户-商品"评分矩阵
user_item_matrix = np.array([
    [5, 4, 0, 0, 0],   # 用户1的商品评分
    [0, 0, 3, 4, 0],   # 用户2的商品评分
    [0, 0, 0, 0, 5],   # 用户3的商品评分
    [0, 0, 4, 5, 0]    # 用户4的商品评分
])

# 计算用户之间的相似度
user_similarity = cosine_similarity(user_item_matrix)

# 定义推荐函数
def generate_recommendations(target_user, user_similarity, n):
    similar_users = np.argsort(user_similarity[target_user])[::-1][:n]
    recommendations = []
    for user in similar_users:
        # 找到相似用户评分过的商品
        user_ratings = user_item_matrix[user]
        # 将相似用户评分过的商品添加到推荐列表
        recommendations.extend(user_ratings)
    return recommendations

# 指定目标用户
target_user = 0

# 生成推荐列表
recommendations = generate_recommendations(target_user, user_similarity, n=3)

print("推荐列表:", recommendations)
```

在上述代码中，首先构建了一个"用户-商品"评分矩阵，其中每一行表示一个用户对商品的评分。然后，使用余弦相似度计算用户之间的相似度。最后，根据目标用户与其他用户的相似度，生成一个推荐列表。执行代码后会输出：

推荐列表：[5, 4, 0, 0, 0, 0, 0, 4, 5, 0, 0, 0, 0, 0, 5]

本实例中的推荐算法是基于用户的，它会找到与目标用户最相似的一些用户，并将这些用户评分过的商品添加到推荐列表中。这样，目标用户就可以看到与他们行为相似的其他用户喜欢的商品。

注意：上述两种推荐算法的实现思路类似，只是在数据准备阶段和相似度计算阶段的特征不同。可以根据实际情况选择使用某种算法，并根据数据特点进行适当的调整。

5.3.2 基于物品标签的推荐算法

基于物品标签的推荐算法是一种基于物品的特征标签信息来进行推荐的算法。在这种算法中，每种物品都被关联到一组标签，这些标签描述了物品的属性、特征或内容。通过分析物品之间标签的相似度，可以确定它们之间的相关性，从而进行推荐。

基于物品标签的推荐算法的基本思想是：如果两种物品具有相似的标签，那么它们很可能具有相似的特征或内容；对于一个喜欢某种物品的用户，也可能对具有相似标签的其他物品感兴趣。

1. 基于物品标签相似度的推荐

这种推荐算法基于物品的标签信息，通过计算物品之间标签的相似度来确定它们之间的相关性。常见的相似度计算方法包括 Jaccard 相似度和余弦相似度。实现基于物品标签相似度的推荐算法的基本步骤如下。

(1) 构建"物品-标签"矩阵：将物品和它们的标签表示为一个矩阵。

(2) 计算物品之间标签的相似度：使用相似度计算方法(如计算 Jaccard 相似度或余弦相似度)来计算物品之间标签的相似度。

(3) 根据相似度进行推荐：对于目标物品，找到与其最相似的物品，并将这些物品推荐给用户。

2. 基于标签关联度的推荐

这种推荐算法基于标签之间的关联度来推荐物品。它假设标签之间的关联度可以反映物品之间的关联度。实现基于标签关联度的推荐算法的基本步骤如下。

(1) 构建"标签-标签"关联矩阵：将标签之间的关联度表示为一个矩阵。

(2) 计算物品之间的关联度：使用标签之间的关联度计算物品之间的关联度。常见的计算方法包括基于标签关联矩阵的加权求和以及其他相似度计算方法。

(3) 根据关联度进行推荐：对于目标物品，找到与其关联度最高的物品，并将这些物品推荐给用户。

3. 基于标签扩展的推荐

这种推荐算法通过将用户的兴趣标签扩展到相关标签来进行推荐。它利用用户已有的标签信息来扩展用户的兴趣范围，从而提供更广泛的推荐结果。实现基于标签扩展的推荐算法的基本步骤如下。

(1) 构建"标签-标签"关联矩阵：将标签之间的关联度表示为一个矩阵。

(2) 根据用户的兴趣标签找到相关标签：对于用户的每个兴趣标签，找到与之相关的其他标签。

(3) 根据相关标签进行推荐：根据用户的相关标签，找到包含这些标签的物品，并将它们推荐给用户。

上面列出的推荐算法，我们可以根据不同的应用场景和数据特点选择使用。它们通过利用标签信息来提高推荐系统的准确性和个性化程度，能帮助用户发现更感兴趣的物品。下面是一个使用基于物品标签相似度的推荐算法进行商品推荐的例子。

源码路径： daima/5/xiangsi.py

```python
import numpy as np
from sklearn.metrics.pairwise import cosine_similarity

# "商品-标签"矩阵
item_tags = np.array([
    [1, 1, 0, 1, 0],
    [1, 0, 1, 0, 1],
    [0, 1, 1, 1, 0],
    [1, 0, 1, 0, 0],
    [0, 1, 0, 0, 1]
])

# 计算标签相似度
tag_similarity = cosine_similarity(item_tags)

def item_based_recommendation(item_id, top_n):
    # 获取与目标商品最相似的商品
    similar_items = tag_similarity[item_id].argsort()[:-top_n-1:-1]
    return similar_items

# 示例推荐
item_id = 0    # 目标商品的ID
top_n = 3      # 推荐的商品数量

recommendations = item_based_recommendation(item_id, top_n)
print("针对商品 {} 的推荐商品是：{}".format(item_id, recommendations))
```

上述代码中构建了一个"商品-标签"矩阵 item_tags，其中每一行表示一种商品，每一列表示一个标签。通过计算标签之间的余弦相似度，得到了标签相似度矩阵 tag_similarity。根据目标商品的 ID，可找到与它最相似的商品，并打印输出推荐结果。执行代码后会输出：

针对商品 0 的推荐商品是：[0 2 4]

注意：这只是一个简单的例子，在实际应用中可能需要更复杂的数据和算法处理。另外，实例中的商品和标签只是用示意数据表示，在实际应用中需要根据具体情况进行数据准备和处理。

5.4 标签推荐系统的评估和优化

评估和优化标签推荐系统是确保系统性能和用户满意度的关键步骤。本节将详细讲解标签推荐系统的评估和优化方法。

扫码看视频

5.4.1 评估指标的选择

在构建和评估 Python 推荐系统时，选择适当的评估指标对于衡量系统性能和效果至关重要。以下是一些常用的评估指标及其解释。

- 准确率(precision)：准确率衡量了推荐系统给出的推荐结果中有多少是用户实际感兴趣的物品。计算公式为：准确率=推荐结果中的正确推荐数÷推荐结果的总数。
- 召回率(recall)：召回率度量了推荐系统能够找到多少用户感兴趣的物品。计算公式为：召回率=推荐结果中的正确推荐数÷用户感兴趣的物品总数。
- F1 分数(F1 score)：F1 分数综合考虑了准确率和召回率，是二者的调和平均值。计算公式为：F1 分数=2×(准确率×召回率)÷(准确率+召回率)。
- 覆盖率(coverage)：覆盖率反映了推荐系统能够推荐多少不同的物品给用户，它可以衡量推荐系统的多样性和广度。
- 平均准确率(Mean Average Precision，MAP)：MAP 综合考虑了推荐列表的顺序，对推荐结果的排序准确性进行评估。MAP 会计算每个用户的平均准确率，然后对所有用户的结果取平均值。
- 均方根误差(Root Mean Square Error，RMSE)：对于评分预测推荐系统，RMSE 用于衡量预测评分和实际评分之间的差异，表示推荐结果的准确性。
- 排名相关指标：如平均倒数排名(Mean Reciprocal Rank，MRR)和归一化折损累计增益(Normalized Discounted Cumulative Gain，NDCG)，可用于评估推荐结果的排序质量和排名的准确性。

在实际应用中，选择适当的评估指标需要考虑具体的推荐任务和目标，以及用户需求和业务场景。在实际应用中，可以综合使用多个评估指标来全面评估推荐系统的性能和效果，并根据需求进行优化和改进。

5.4.2 优化标签推荐效果

要优化 Python 推荐系统的标签推荐效果，可以考虑以下几个方面。

- ❑ 数据质量：确保标签数据的质量和准确性。清理和去除不相关或错误的标签，修正标签的拼写错误和同义词问题，以提高标签的准确性和一致性。
- ❑ 标签丰富性：增加标签的丰富性和多样性，包括扩展标签集合、引入新的标签，以更好地覆盖用户的兴趣和需求。可以使用标签的同义词、相关词或上下位词进行标签扩展。
- ❑ 标签关联度：利用标签之间的关联度来提升推荐效果。可以通过计算标签之间的共现频率、相关性或相似度来构建标签关联度矩阵，并在推荐过程中使用标签的关联度来推荐相关的物品。
- ❑ 混合推荐策略：结合多个推荐算法或方法，如基于内容的推荐、协同过滤推荐等，以提高推荐的准确性和多样性。可以将基于标签的推荐与其他推荐算法相结合，综合利用不同算法的优势。
- ❑ 实时反馈和个性化调整：通过收集用户的反馈数据和行为数据，不断优化和调整推荐系统的标签推荐效果。根据用户的喜好和偏好，可以个性化地调整标签权重、相似度计算等参数，以提供更符合用户兴趣的推荐结果。
- ❑ A/B 测试和评估指标：利用 A/B 测试等实验方法，对不同的优化策略和算法进行对比和评估。选择合适的评估指标来衡量推荐效果，如准确率、召回率、F1 分数等，以及用户满意度和点击率等指标，从而得出有效的优化结论。

通过以上优化措施，可以提升 Python 推荐系统的标签推荐效果，为用户提供更准确、个性化和有价值的推荐体验。同时，不断地迭代和改进也是优化过程中的重要一环，通过不断尝试和学习，不断优化推荐算法和策略，能使系统不断适应用户的需求和变化。

第 6 章

基于知识图谱的推荐

　　基于知识图谱的推荐是一种利用知识图谱结构和相关算法技术进行推荐的方法。知识图谱是一种语义网络，用于表示和组织各种实体(如人物、地点、事件等)之间的关系。本章将详细讲解基于知识图谱推荐的知识和用法。

6.1 知识图谱介绍

在基于知识图谱的推荐系统中,知识图谱可以提供丰富的实体和关系信息,用于描述用户、物品和其他相关属性之间的关联关系。推荐算法可以基于这些信息,通过对知识图谱进行分析和挖掘,来实现更精准和个性化的推荐。

扫码看视频

6.1.1 知识图谱的定义和特点

知识图谱是一种语义网络,用于表示和组织各种实体之间的关系。它以图的形式呈现,其中实体表示为节点,关系表示为边。下面将详细讲解知识图谱的定义和特点。

1. 定义

知识图谱是一个结构化的知识库,用于表示和存储现实世界中的实体及它们之间的关系。知识图谱通过语义关联来描述实体之间的联系,包括层级关系、属性关系和语义关系等。

2. 特点

- 丰富性:知识图谱可以涵盖广泛的领域知识,包括人物、地点、组织、事件等各种实体类型,并记录它们之间的关联。
- 可扩展性:知识图谱可以随着新知识的增加而扩展,新的实体和关系可以被添加到已有的图谱中。
- 共享性:知识图谱可以作为一个共享的资源,供不同应用和系统使用,促进知识的交流和共享。
- 语义性:知识图谱强调实体之间的语义关系,通过关联实体的属性、类别、语义标签等来丰富实体的语义信息。
- 可推理性:知识图谱支持基于逻辑推理和推断的操作,通过推理可以发现实体之间的潜在关系和隐藏的知识。
- 上下文关联性:知识图谱可以提供上下文信息,帮助理解实体在不同关系中的含义和语义。

利用知识图谱的丰富信息和语义关联,可以支持各种应用,包括推荐系统、搜索引擎、自然语言处理等。它为理解和利用海量知识提供了一种强大的方式,进而推动了智能化的发展。

6.1.2 知识图谱的构建方法

知识图谱的构建方法通常包括以下步骤。
- 数据收集：收集结构化和非结构化的数据，包括文本文档、数据库、网页、日志文件等。数据可以来自各种来源，如互联网、企业内部系统等。
- 实体识别和抽取：使用自然语言处理技术，如命名实体识别和实体关系抽取，从文本数据中识别和提取出实体和实体之间的关系。
- 数据清洗和预处理：对收集到的数据进行清洗和预处理，包括去除噪声、处理缺失值、统一实体命名等，以确保数据的质量和一致性。
- 知识建模：根据领域知识和目标任务，设计合适的知识模型和本体(ontology)，定义实体类型、属性和关系等。知识模型可以使用图结构、本体语言(如 OWL)等表示。
- 实体链接：将从不同数据源中提取的实体进行链接，建立实体的唯一标识符，以便在知识图谱中进行统一的表示和查询。
- 关系建模：识别和建模实体之间的关系，包括层级关系、属性关系和语义关系等。关系可以通过手工标注、基于规则的方法、机器学习等方式进行建模。
- 图数据库存储：选择适合知识图谱存储和查询的图数据库，如 Neo4j、JanusGraph 等。将构建好的知识图谱数据存储到图数据库中，并建立索引以支持高效的查询和推理。
- 图谱扩展与维护：根据需求和新的数据源，不断扩展和更新知识图谱。可以使用自动化方法，如基于规则、机器学习，或半自动化方法来支持图谱的维护和更新。
- 知识推理和挖掘：基于构建好的知识图谱，进行推理和挖掘，以发现新的关联关系和隐藏的知识。可以使用图算法、逻辑推理、统计分析等方法来进行推理和挖掘。

以上列出的是常见的构建知识图谱的方法，具体的实施过程和技术选择会根据具体的应用场景和需求而有所不同。构建知识图谱是一个迭代和持续改进的过程，需要不断调整和完善，以满足实际应用的需求。

6.1.3 知识图谱与个性化推荐的关系

在知识图谱和个性化推荐之间存在密切的关系。知识图谱提供了丰富的语义信息和实体关系，个性化推荐则利用这些信息来提供个性化的推荐内容。下面列出了知识图谱与个性化推荐之间的关系。

- 丰富的语义信息：知识图谱通过定义实体、属性和关系，提供了丰富的语义信息。这些信息可以帮助推荐系统更好地理解用户和物品之间的关系，从而提供更准确和个性化的推荐。
- 上下文理解：知识图谱可以提供上下文信息，例如实体的属性、类别、标签等。这些上下文信息可以帮助推荐系统更好地理解用户的需求和偏好，从而根据上下文信息进行个性化推荐。
- 关联关系挖掘：知识图谱中的实体和关系之间的关联关系可以用于推荐系统中的关联规则挖掘。通过分析知识图谱中的关联关系，可以发现用户和物品之间的潜在关联，从而进行更精准的推荐。
- 推荐解释和透明度：知识图谱可以提供推荐系统的解释和透明度。通过将推荐结果与知识图谱进行关联，可以向用户解释为什么某个物品被推荐，从而增强用户对推荐结果的理解和接受度。
- 冷启动问题的缓解：知识图谱可以帮助解决推荐系统中的冷启动问题。当推荐系统缺乏用户行为数据或物品信息时，可以利用知识图谱中的领域知识和关联关系来进行推荐，以提供初步的个性化推荐。

总之，知识图谱为个性化推荐系统提供了丰富的语义信息、上下文理解、关联关系挖掘等方面的支持。它可以改善推荐的准确性和个性化程度，并提供解释性和透明度，使用户更加满意和信任推荐系统。

6.2 知识表示和语义关联

在知识图谱中，知识表示和语义关联相互作用，共同构成了知识图谱的核心内容和功能。它们通过提供丰富的语义信息和关联关系，支持推荐、搜索、推理等任务，提高了知识的利用效率和智能化水平。

扫码看视频

6.2.1 实体和属性的表示

在 Python 中构建推荐系统时，实体和属性的表示是非常重要的一部分，下面列出了关于实体和属性表示的一些常见方法。

1. 实体表示

- 独热编码：将每个实体表示为一个二进制向量，向量的长度等于实体的总数，每个实体对应向量中的一个位置，该位置为 1，其余位置为 0。这种表示方法简单直观，适用于实体数量较少的情况。

- 嵌入表示(embedding)：使用向量表示来捕捉实体的语义信息和关联关系。通过将每个实体映射到一个低维连续的向量空间，使实体之间的相似性和关系可以在向量空间中进行计算和匹配。常用的嵌入表示方法包括词嵌入(word embedding)和图嵌入(graph embedding)等。

2. **属性表示**

- 独热编码：对于离散属性，可以使用独热编码将每个属性值表示为一个二进制向量。向量的长度等于属性值的总数，对应的属性值位置为1，其余位置为0。
- 数值化表示：对于数值属性，可以直接使用实际的数值表示属性。可以进行归一化或标准化处理，以确保属性之间的比较和计算具有可比性。
- 文本表示：对于文本属性，可以使用文本特征提取方法，如词袋模型或词向量表示，将文本转换为数值表示，以便进行计算和匹配。

在推荐系统中，实体和属性的表示方法通常与具体的任务和数据特点相关。根据实际情况，可以选择合适的表示方法表示和处理实体及属性，以支持个性化推荐、相似度计算、关联分析等任务。同时，也可以结合深度学习等技术，通过模型训练来学习实体和属性的表示，以提升推荐系统的准确性和效果。

下面的例子展示了在 Python 商品推荐系统中创建实体和属性表示的过程。

源码路径： daima/6/shiti.py

```
class Product:
    def __init__(self, id, name, category, price, brand):
        self.id = id
        self.name = name
        self.category = category
        self.price = price
        self.brand = brand

# 创建商品实例
product1 = Product(1, "iPhone 12", "Electronics", 999, "Apple")
product2 = Product(2, "Samsung Galaxy S21", "Electronics", 899, "Samsung")
product3 = Product(3, "Sony WH-1000XM4", "Electronics", 349, "Sony")
product4 = Product(4, "Nike Air Zoom Pegasus 38", "Sports", 119, "Nike")
product5 = Product(5, "Adidas Ultraboost 21", "Sports", 180, "Adidas")

# 属性表示示例
print(f"商品名称: {product1.name}")
print(f"商品价格: {product1.price}")
print(f"商品品牌: {product1.brand}")

# 创建商品列表
```

```
products = [product1, product2, product3, product4, product5]

# 示例推荐函数：根据价格过滤商品
def filter_products_by_price(products, min_price, max_price):
    filtered_products = []
    for product in products:
        if min_price <= product.price <= max_price:
            filtered_products.append(product)
    return filtered_products

# 根据价格过滤商品
filtered_products = filter_products_by_price(products, 100, 500)

# 打印过滤后的商品列表
print("过滤后的商品列表:")
for product in filtered_products:
    print(f"商品名称: {product.name}, 商品价格: {product.price}")
```

在上述代码中，类 Product 表示一个商品，它有一些属性(如 id、name、category、price 和 brand)，用于描述商品的不同特征，也可以根据具体的推荐算法和需求来定义更多的属性。然后创建了几个具体的商品实例，并展示了如何访问商品的属性。此外，还定义了一个简单的示例推荐函数 filter_products_by_price()，该函数接收一个商品列表和价格范围，并返回在该价格范围内的商品列表。最后，使用示例推荐函数将商品列表按照价格过滤，并打印过滤后的商品列表。执行代码后会输出：

```
商品名称: iPhone 12
商品价格: 999
商品品牌: Apple
过滤后的商品列表:
商品名称: Sony WH-1000XM4, 商品价格: 349
商品名称: Nike Air Zoom Pegasus 38, 商品价格: 119
商品名称: Adidas Ultraboost 21, 商品价格: 180
```

6.2.2 关系的表示和推理

在推荐系统中，关系的表示和推理是非常重要的方面。推荐系统通常需要根据用户行为和商品属性之间的关系做出推荐决策。下面介绍关于关系的表示和推理的一些常见方法。

- "用户-商品"关系表示：推荐系统中最基本的关系是用户和商品之间的交互关系。这可以通过矩阵表示法表示，其中每一行表示一个用户，每一列表示一个商品，矩阵中的元素表示用户对商品的评分、点击次数、购买记录等。这种表示方法可以帮助推荐系统理解用户对商品的喜好和行为。
- "用户-用户"关系表示：用户之间的相似性和社交关系也可以在推荐系统中起到

重要的作用。通过计算用户之间的相似性指标，如共同喜好的商品、购买行为的相似性等，可以建立用户之间的关系表示。这种表示可以用于基于用户的协同过滤推荐算法，从相似用户中获取推荐信息。

- "商品-商品"关系表示：商品之间的相关性也是推荐系统中重要的一部分。通过计算商品之间的相似度或关联度，可以构建商品之间的关系表示。常见的方法包括计算商品的相似性指标，如基于内容的相似性(如商品的属性、描述等)、协同过滤中的物品关联规则等。

- 推理和预测：推荐系统还需要进行推理和预测，以预测用户对新商品的喜好或行为。这可以通过机器学习和数据挖掘技术实现，如使用协同过滤算法、深度学习模型等。通过学习用户和商品之间的关系模式，推荐系统可以预测用户可能感兴趣的商品，并生成个性化的推荐结果。

- 基于图的表示和推理：另一种常见的方法是使用图表示来表示用户、商品及它们之间的关系。推荐系统可以将用户和商品表示为图的节点，将"用户-商品"关系和"商品-商品"关系表示为图的边。通过图的分析和推理算法，可以发现隐藏在关系中的模式和规律，从而做出更准确的推荐决策。

总之，关系的表示和推理是推荐系统中关键的一环。Python 语言提供了丰富的工具和库，如 NumPy、Pandas 和 NetworkX 等，用于处理关系数据、构建模型和进行推理分析，帮助开发人员构建强大且灵活的推荐系统。下面的例子展示了在 Python 程序中使用自定义的商品数据集实现关系表示和推理的推荐系统的过程。

源码路径： daima/6/guanxi.py

```
import numpy as np
from sklearn.metrics.pairwise import cosine_similarity

# 自定义商品数据集
products = [
    {"id": 1, "name": "iPhone 12", "category": "Electronics", "price": 999, "brand": "Apple"},
    {"id": 2, "name": "Samsung Galaxy S21", "category": "Electronics", "price": 899, "brand": "Samsung"},
    {"id": 3, "name": "Sony WH-1000XM4", "category": "Electronics", "price": 349, "brand": "Sony"},
    {"id": 4, "name": "Nike Air Zoom Pegasus 38", "category": "Sports", "price": 119, "brand": "Nike"},
    {"id": 5, "name": "Adidas Ultraboost 21", "category": "Sports", "price": 180, "brand": "Adidas"},
]

# 构建"商品-属性"矩阵
```

```
product_attributes = []
for product in products:
    attribute_vector = [product["price"]]
    product_attributes.append(attribute_vector)
product_attributes = np.array(product_attributes)

# 计算商品之间的相似性
similarity_matrix = cosine_similarity(product_attributes)

# 示例推荐函数：基于商品相似性推荐商品
def recommend_similar_products(product_id, num_recommendations):
    product_index = product_id - 1
    product_similarities = similarity_matrix[product_index]
    similar_product_indices = 
np.argsort(product_similarities)[::-1][1:num_recommendations+1]
    recommended_products = [products[i] for i in similar_product_indices]
    return recommended_products

# 示例推荐商品
recommendations = recommend_similar_products(1, 3)
print("基于相似性的推荐商品:")
for product in recommendations:
    print(f"商品名称: {product['name']}, 商品价格: {product['price']}")
```

上述代码中首先定义了一个自定义的商品数据集，其中包含了几个商品的属性信息。然后，构建了一个"商品-属性"矩阵，其中每一行表示一个商品，每一列表示一个属性(在这个例子中，只使用了价格作为属性)，这样就将商品之间的关系表示为一个矩阵。接下来，使用余弦相似度来计算商品之间的相似性，这样就得到了一个相似性矩阵，其中的每个元素表示两个商品之间的相似度。最后，定义推荐函数 recommend_similar_products()，该函数接收一个商品 ID 和要推荐的商品数量作为输入。根据给定的商品 ID，在相似性矩阵中找到与该商品最相似的商品，并返回推荐结果。调用推荐函数 recommend_similar_products()，以商品 ID 为 1 的商品为基准，推荐了 3 个相似的商品，并打印输出推荐结果。执行代码后会输出：

```
基于相似性的推荐商品:
商品名称: Nike Air Zoom Pegasus 38, 商品价格: 1199
商品名称: Sony WH-1000XM4, 商品价格: 3499
商品名称: Samsung Galaxy S21, 商品价格: 8999
```

6.2.3 语义关联的计算和衡量

在推荐系统中，计算和衡量商品之间的语义关联是很重要的。语义关联可以帮助推荐系统理解商品之间的相似性和相关性，从而更准确地进行推荐。在下面列出了用于计算和衡量商品之间的语义关联的常见方法和指标。

- 文本相似度计算：商品的文本信息(如商品描述、标签等)可以用于计算商品之间的语义相似度，常用的方法包括基于词袋模型的相似度计算、基于词向量(如Word2Vec、GloVe 或 BERT)的相似度计算以及基于文本语义表示模型(如 LSTM、Transformer)的相似度计算。这些方法可以将商品的文本信息转化为向量表示，并计算向量之间的相似度。
- 图结构分析：商品之间的关系可以用图结构进行建模和分析。通过构建商品图(其中商品为节点，商品之间的关联关系为边)，可以使用图算法(如 PageRank、图聚类、最短路径等)计算商品之间的语义关联。这些算法可以揭示商品之间的隐含关系和关联规律。
- 协同过滤方法：协同过滤方法利用用户行为数据(如用户的购买历史、评分等)来计算商品之间的关联。基于用户行为的共现模式，可以使用基于物品的协同过滤方法或基于用户的协同过滤方法计算商品之间的语义关联。这些方法可以识别用户喜好和行为相似的商品，并推荐具有语义关联的商品。
- 特征工程和相似度指标：在推荐系统中，可以根据商品的特征属性(如价格、品牌、类别等)构建特征向量，并使用特征工程技术计算商品之间的相似度指标。常见的相似度指标包括余弦相似度、欧氏距离、曼哈顿距离等，这些指标可以衡量不同商品在特征空间上的接近程度。
- 评估指标：为了衡量推荐系统的性能和准确度，可以使用一些评估指标来衡量推荐结果与用户实际偏好之间的一致性。常见的评估指标包括准确率、召回率、覆盖率、平均倒数排名等。这些指标可以帮助评估推荐系统的语义关联计算的效果和推荐质量。

在 Python 中，有许多开源库和工具可用于计算和衡量商品之间的语义关联，如 scikit-learn、Gensim、NetworkX 等。这些库提供了丰富的函数和算法，可以方便地进行文本相似度计算、图分析、协同过滤等操作，从而帮助开发人员构建强大且准确的推荐系统。请看下面的实例，功能是使用自定义电影数据集构建了一个推荐系统，通过计算电影标题之间的语义关联度来实现推荐功能。

源码路径： daima/6/yuyi.py

```python
import numpy as np
from sklearn.metrics.pairwise import cosine_similarity
from gensim.models import Word2Vec

# 自定义中国电影数据集
movies = [
    {"id": 1, "title": "霸王别姬", "director": "陈凯歌", "genre": "剧情"},
```

```
    {"id": 2, "title": "大闹天宫", "director": "万籁鸣", "genre": "动画"},
    {"id": 3, "title": "活着", "director": "张艺谋", "genre": "剧情"},
    {"id": 4, "title": "阿凡达", "director": "詹姆斯·卡梅隆", "genre": "科幻"},
    {"id": 5, "title": "大话西游", "director": "刘镇伟", "genre": "喜剧"},
]

# 构建电影标题的语义关联模型
sentences = [movie["title"].split() for movie in movies]
model = Word2Vec(sentences, vector_size=100, window=5, min_count=1, workers=4)

# 构建"电影-属性"矩阵
movie_attributes = []
for movie in movies:
    attribute_vector = model.wv[movie["title"]]
    movie_attributes.append(attribute_vector)
movie_attributes = np.array(movie_attributes)

# 计算电影之间的语义相似度
similarity_matrix = cosine_similarity(movie_attributes)

# 示例推荐函数：基于语义相似度推荐电影
def recommend_similar_movies(movie_id, num_recommendations):
    movie_index = movie_id - 1
    movie_similarities = similarity_matrix[movie_index]
    similar_movie_indices = np.argsort(movie_similarities)[::-1][1:num_recommendations+1]
    recommended_movies = [movies[i] for i in similar_movie_indices]
    return recommended_movies

# 示例推荐电影
recommendations = recommend_similar_movies(1, 3)
print("基于语义相似度的推荐电影:")
for movie in recommendations:
    print(f"电影标题: {movie['title']}, 导演: {movie['director']}, 类型: {movie['genre']}")
```

本实例展示了使用语义关联和相似度计算构建一个简单的电影推荐系统的过程，上述代码的具体说明如下。

- 首先，导入了必要的库，包括 NumPy、scikit-learn 中的 cosine_similarity 函数和 Gensim 中的 Word2Vec 模型。
- 定义了一个自定义的电影数据集，包含了几部电影的属性信息，每部电影都有唯一的 ID、标题、导演和类型。
- 通过将每部电影的标题拆分为单词，构建了一个语义关联模型。使用 Word2Vec 模型，将电影标题的单词列表作为输入，训练出一个嵌入空间，并设置向量维度为100。这个模型将帮助我们计算电影之间的语义相似度。
- 通过遍历每部电影，获取其标题对应的向量表示，构建了一个"电影-属性"矩阵。每一行表示一部电影的向量表示，用于计算电影之间的相似度。
- 使用余弦相似度计算了电影之间的语义相似度，并得到了一个相似性矩阵。相似性矩阵中的每个元素表示两部电影之间的语义相似度。
- 在示例推荐函数 recommend_similar_movies()中，通过给定的电影 ID 找到该电影在相似性矩阵中的索引。然后根据相似度排序，选择与该电影最相似的电影，并返回推荐结果。
- 最后，调用函数 recommend_similar_movies()，以电影 ID 为 1 的电影为基准，推荐了 3 部相似的电影，并打印推荐结果。执行代码后会输出：

基于语义相似度的推荐电影：
电影标题：活着，导演：张艺谋，类型：剧情
电影标题：阿凡达，导演：詹姆斯·卡梅隆，类型：科幻
电影标题：大话西游，导演：刘镇伟，类型：喜剧

6.3 知识图谱中的推荐算法

6.3.1 基于路径的推荐算法

扫码看视频

在推荐系统中，使用知识图谱的一个常见算法是基于路径的推荐算法，该算法利用知识图谱中的路径来推断实体之间的关系，并基于这些关系进行推荐。下面是一个简单的例子，展示了使用知识图谱中的路径进行推荐的过程。

假设我们有一个电影推荐系统，并且有一个知识图谱，其中包含电影、演员和导演之间的关系。在这个知识图谱中，每个电影节点都有一个属性表示电影的类型，每个演员和导演节点都有一个属性表示其参与的电影类型。

源码路径： daima/6/lu.py

```
import networkx as nx

# 创建知识图谱
graph = nx.Graph()

# 添加电影节点
movies = ["霸王别姬", "大闹天宫", "活着", "阿凡达", "大话西游"]
for movie in movies:
    graph.add_node(movie, type="电影")
```

```python
# 添加演员节点
actors = ["张国荣", "巩俐", "周星驰", "刘德华"]
for actor in actors:
    graph.add_node(actor, type="演员")

# 添加导演节点
directors = ["陈凯歌", "万籁鸣", "张艺谋", "詹姆斯·卡梅隆", "刘镇伟"]
for director in directors:
    graph.add_node(director, type="导演")

# 添加边,表示关系
graph.add_edge("霸王别姬", "张国荣", relation="主演")
graph.add_edge("霸王别姬", "巩俐", relation="主演")
graph.add_edge("大闹天宫", "周星驰", relation="主演")
graph.add_edge("活着", "巩俐", relation="主演")
graph.add_edge("阿凡达", "詹姆斯·卡梅隆", relation="导演")
graph.add_edge("大话西游", "刘德华", relation="主演")
graph.add_edge("大话西游", "周星驰", relation="导演")

# 基于路径的推荐函数
def recommend_movies_based_on_path(start_node, relation, num_recommendations):
    recommendations = []
    for neighbor in graph.neighbors(start_node):
        if graph.get_edge_data(start_node, neighbor)["relation"] == relation:
            recommendations.append(neighbor)
    return recommendations[:num_recommendations]

# 示例推荐
start_movie = "霸王别姬"
relation = "主演"
num_recommendations = 2
recommendations = recommend_movies_based_on_path(start_movie, relation,
                    num_recommendations)
print("基于路径的推荐电影:")
for movie in recommendations:
    print(movie)
```

在上述代码中首先创建了一个知识图谱,表示电影、演员和导演之间的关系。利用NetworkX库构建图结构,其中包含电影、演员和导演作为节点,以及它们之间的"主演"和"导演"关系作为边。定义了一个推荐函数 recommend_movies_based_on_path,该函数以特定电影为起点,基于演员的主演关系来推荐其他电影。在示例中,以电影《霸王别姬》为起点,查找与该片主演相同的其他电影,并输出推荐结果。执行代码后会输出:

基于路径的推荐电影:
活着

6.3.2 基于实体的推荐算法

基于实体的推荐算法是一种常见的推荐系统算法，它基于用户已有的行为和实体之间的关联进行推荐。这种算法通过分析用户与实体(如商品、电影、音乐等)的交互行为，识别用户的兴趣和喜好，并向用户推荐与其兴趣相关的实体。

1. 基于实体相似度的推荐算法

基于实体相似度的推荐算法是推荐系统中常用的一种方法，它基于实体之间的相似性进行推荐。该算法通过计算实体之间的相似度，找到与用户已有喜好相似的实体，并将这些实体推荐给用户。

下面将介绍两种基于实体相似度的推荐算法：基于协同过滤的实体相似度推荐和基于内容的实体相似度推荐。

(1) 基于协同过滤的实体相似度推荐算法根据用户对实体的行为数据，计算实体之间的相似度，并将相似度高的实体推荐给用户。这种算法可以基于用户行为数据构建"用户-实体"矩阵，利用矩阵中的相似性来进行推荐。

(2) 基于内容的实体相似度推荐算法根据实体的属性或特征，计算实体之间的相似度，并将相似度高的实体推荐给用户。这种算法通常使用特征提取和相似度计算的方法来衡量实体之间的相似性。

当涉及基于实体相似度的推荐算法时，一种常见的方法是使用基于内容的推荐算法。下面是一个使用基于实体相似度的推荐算法进行电影推荐的例子。

> **源码路径：** daima/6/shixiang.py

```
import numpy as np
from sklearn.metrics.pairwise import cosine_similarity
from sklearn.preprocessing import OneHotEncoder

# 自定义中国电影数据集
movies = [
    {"id": 1, "title": "霸王别姬", "director": "陈凯歌", "genre": "剧情"},
    {"id": 2, "title": "大闹天宫", "director": "万籁鸣", "genre": "动画"},
    {"id": 3, "title": "活着", "director": "张艺谋", "genre": "剧情"},
    {"id": 4, "title": "阿凡达", "director": "詹姆斯·卡梅隆", "genre": "科幻"},
    {"id": 5, "title": "大话西游", "director": "刘镇伟", "genre": "喜剧"},
]

# 提取导演和类型作为特征
directors = [movie["director"] for movie in movies]
genres = [movie["genre"] for movie in movies]
```

```python
# 使用独热编码将导演和类型转换为数值型特征向量
encoder = OneHotEncoder(sparse=False)
director_features = encoder.fit_transform(np.array(directors).reshape(-1, 1))
genre_features = encoder.fit_transform(np.array(genres).reshape(-1, 1))

# 将导演和类型的特征向量合并为"电影-属性"矩阵
movie_attributes = np.hstack((director_features, genre_features))

# 计算电影之间的相似度
similarity_matrix = cosine_similarity(movie_attributes)

# 示例推荐函数:基于实体相似度推荐电影
def recommend_similar_movies(movie_id, num_recommendations):
    movie_index = movie_id - 1
    movie_similarities = similarity_matrix[movie_index]
    similar_movie_indices = np.argsort(movie_similarities)[::-1]
                            [1:num_recommendations+1]
    recommended_movies = [movies[i] for i in similar_movie_indices]
    return recommended_movies

# 示例推荐电影
recommendations = recommend_similar_movies(1, 3)
print("基于实体相似度的推荐电影:")
for movie in recommendations:
    print(f"电影标题: {movie['title']}, 导演: {movie['director']}, 类型: {movie['genre']}")
```

上述代码的具体说明如下。

- 首先,定义了一个包含电影信息的数据集 movies,每部电影都有一个唯一的 ID、标题、导演和类型等属性。
- 然后,使用 OneHotEncoder 对导演和类型进行独热编码,将其转换为数值型的特征向量。独热编码将每个导演和类型转化为一个二进制向量,其中只有一个元素 1,表示该导演或类型存在。
- 接下来,将导演和类型的特征向量合并为"电影-属性"矩阵 movie_attributes,其中每一行代表一部电影的属性向量。
- 使用函数 cosine_similarity() 计算电影之间的相似度,得到一个相似度矩阵 similarity_matrix。余弦相似度是衡量两个向量之间相似度的一种常用度量指标。
- 定义一个基于实体相似度的推荐函数 recommend_similar_movies(),该函数接收一个电影 ID 和要推荐的电影数量作为输入,根据该电影与其他电影的相似度,找到相似度高的电影并返回推荐结果。
- 以电影 ID 为 1 的电影为例,调用函数 recommend_similar_movies(),推荐了 3 部相似的电影,并打印输出它们的标题、导演和类型。执行代码后会输出:

基于实体相似度的推荐电影：
电影标题：活着，导演：张艺谋，类型：剧情
电影标题：大话西游，导演：刘镇伟，类型：喜剧
电影标题：阿凡达，导演：詹姆斯·卡梅隆，类型：科幻

2. 基于实体关联度的推荐算法

基于实体关联度的推荐算法是一种常见的推荐方法，它通过分析实体之间的关联关系进行推荐。在 Python 中，实现基于实体关联度的推荐算法通常需要使用数据处理和分析库(如 NumPy、Pandas)、机器学习库(如 scikit-learn)，以及自然语言处理库(如 NLTK、Gensim)等。这些库提供了丰富的功能和工具，方便进行实体表示、关联度计算和推荐算法的实现。下面是一个使用基于实体关联度的推荐算法实现电影推荐的例子。

源码路径： daima/6/guanlian.py

```python
import numpy as np

# 自定义中国电影数据集
movies = [
    {"id": 1, "title": "霸王别姬", "director": "陈凯歌", "genre": "剧情"},
    {"id": 2, "title": "大闹天宫", "director": "万籁鸣", "genre": "动画"},
    {"id": 3, "title": "活着", "director": "张艺谋", "genre": "剧情"},
    {"id": 4, "title": "阿凡达", "director": "詹姆斯·卡梅隆", "genre": "科幻"},
    {"id": 5, "title": "大话西游", "director": "刘镇伟", "genre": "喜剧"},
]

# 构建"电影-导演"关联矩阵
directors = [movie["director"] for movie in movies]
director_matrix = np.zeros((len(movies), len(directors)), dtype=int)
for i, movie in enumerate(movies):
    director_index = directors.index(movie["director"])
    director_matrix[i, director_index] = 1

# 构建"电影-类型"关联矩阵
genres = [movie["genre"] for movie in movies]
genre_matrix = np.zeros((len(movies), len(genres)), dtype=int)
for i, movie in enumerate(movies):
    genre_index = genres.index(movie["genre"])
    genre_matrix[i, genre_index] = 1

# 计算电影之间的关联度
similarity_matrix = np.dot(director_matrix, genre_matrix.T)

# 示例推荐函数：基于实体关联度推荐电影
def recommend_related_movies(movie_id, num_recommendations):
    movie_index = movie_id - 1
```

```
    movie_similarities = similarity_matrix[movie_index]
    similar_movie_indices =
np.argsort(movie_similarities)[::-1][1:num_recommendations+1]
    recommended_movies = [movies[i] for i in similar_movie_indices]
    return recommended_movies

# 示例推荐电影
recommendations = recommend_related_movies(1, 3)
print("基于实体关联度的推荐电影:")
for movie in recommendations:
    print(f"电影标题: {movie['title']}, 导演: {movie['director']}, 类型: 
{movie['genre']}")
```

上述代码的具体说明如下。

- 首先，定义了一个包含电影信息的数据集 movies，其中包括电影的 ID、标题、导演和类型等属性。
- 然后，构建了"电影-导演"关联矩阵 director_matrix 和"电影-类型"关联矩阵 genre_matrix。这两个关联矩阵用于表示电影与导演、类型之间的关联关系。
- 接下来计算了电影之间的关联度，通过计算"电影-导演"关联矩阵和"电影-类型"关联矩阵的乘积得到关联度矩阵 similarity_matrix。
- 最后，定义了一个基于实体关联度的推荐函数 recommend_related_movies()，根据指定电影与其他电影的关联度，找到关联度高的电影进行推荐。

在实例中，以电影 ID 为 1 的电影为例，调用函数 recommend_related_movies()推荐了 3 部相关的电影，并输出它们的标题、导演和类型。执行代码后会输出：

```
基于实体关联度的推荐电影：
电影标题：霸王别姬，导演：陈凯歌，类型：剧情
电影标题：大话西游，导演：刘镇伟，类型：喜剧
电影标题：阿凡达，导演：詹姆斯·卡梅隆，类型：科幻
```

6.3.3 基于关系的推荐算法

基于关系的推荐算法是一种常见的推荐方法，它通过分析实体之间的关系进行推荐。

1. 基于关系相似度的推荐算法

基于关系相似度的推荐算法是一种常见的推荐方法，它基于实体之间的关系相似度进行推荐。这种算法通常使用图结构或知识图谱表示实体和关系，并计算实体之间的关系相似度来确定推荐项。下面是一个使用基于关系相似度的推荐算法的例子，它使用自定义的音乐数据集实现一个音乐推荐系统。

源码路径：daima/6/guanxixiang.py

```python
import numpy as np
from sklearn.metrics.pairwise import cosine_similarity

# 自定义中国音乐数据集
songs = [
    {"id": 1, "title": "晴天", "artist": "周杰伦", "genre": "流行"},
    {"id": 2, "title": "稻香", "artist": "周杰伦", "genre": "流行"},
    {"id": 3, "title": "七里香", "artist": "周杰伦", "genre": "流行"},
    {"id": 4, "title": "大海", "artist": "张雨生", "genre": "摇滚"},
    {"id": 5, "title": "成全", "artist": "林宥嘉", "genre": "流行"},
]

# 构建"音乐-艺术家"关联矩阵
artists = [song["artist"] for song in songs]
artist_matrix = np.zeros((len(songs), len(artists)), dtype=int)
for i, song in enumerate(songs):
    artist_index = artists.index(song["artist"])
    artist_matrix[i, artist_index] = 1

# 构建"音乐-类型"关联矩阵
genres = [song["genre"] for song in songs]
genre_matrix = np.zeros((len(songs), len(genres)), dtype=int)
for i, song in enumerate(songs):
    genre_index = genres.index(song["genre"])
    genre_matrix[i, genre_index] = 1

# 计算音乐之间的关系相似度
similarity_matrix = cosine_similarity(artist_matrix) + cosine_similarity(genre_matrix)

# 示例推荐函数：基于关系相似度推荐音乐
def recommend_related_songs(song_id, num_recommendations):
    song_index = song_id - 1
    song_similarities = similarity_matrix[song_index]
    similar_song_indices = np.argsort(song_similarities)[::-1][1:num_recommendations+1]
    recommended_songs = [songs[i] for i in similar_song_indices]
    return recommended_songs

# 示例推荐音乐
recommendations = recommend_related_songs(1, 3)
print("基于关系相似度的推荐音乐:")
for song in recommendations:
    print(f"音乐标题: {song['title']}, 艺术家: {song['artist']}, 类型: {song['genre']}")
```

上述代码中首先定义了一个包含音乐信息的数据集 songs，其中包括音乐的 ID、标题、艺术家和类型等属性。然后，构建了"音乐-艺术家"关联矩阵 artist_matrix 和"音乐-类型"关联矩阵 genre_matrix，这两个关联矩阵用于表示音乐与艺术家、类型之间的关联关系。接下来，计算音乐之间的关系相似度，方法是通过计算"音乐-艺术家"关联矩阵和"音乐-类型"关联矩阵的余弦相似度，并将它们相加得到最终的关系相似度矩阵 similarity_matrix。最后，定义了一个基于关系相似度的推荐函数 recommend_related_songs()，此函数能根据指定音乐与其他音乐的关系相似度，找到关系相似度高的音乐进行推荐。

在本实例中，以音乐 ID 为 1 的音乐为例调用推荐函数 recommend_related_songs()，推荐了 3 首相关的音乐，并分别打印输出它们的标题、艺术家和类型。执行代码后会输出：

```
基于关系相似度的推荐音乐：
音乐标题：稻香，艺术家：周杰伦，类型：流行
音乐标题：晴天，艺术家：周杰伦，类型：流行
音乐标题：成全，艺术家：林宥嘉，类型：流行
```

2. 基于关系路径的推荐算法

基于关系路径的推荐算法是一种基于实体之间的关系路径进行推荐的方法，它利用图结构或知识图谱中的路径信息来发现相关实体之间的关系，并基于这些关系路径进行推荐。基于关系路径的推荐算法可以发现实体之间更加复杂的关系，能够提供更加精准和个性化的推荐结果。在实际应用中，当涉及基于关系路径的推荐算法时，一个常见的方法是使用图数据库来存储和查询实体之间的关系。下面是一个使用 Neo4j 图数据库和音乐数据集，实现了一个简单的音乐推荐系统的例子。

源码路径：daima/6/guanxilu.py

（1）创建图数据库并添加中国音乐数据集中的音乐和艺术家作为节点，添加艺术家之间的关系作为边。代码如下：

```python
from py2neo import Graph, Node, Relationship

# 连接到 Neo4j 数据库
graph = Graph("neo4j+s://ab3d9ce4.databases.neo4j.io", auth=("neo4j", "密码"))

# 清空数据库
graph.delete_all()

# 自定义中国音乐数据集
songs = [
    {"id": 1, "title": "晴天", "artist": "周杰伦", "genre": "流行"},
    {"id": 2, "title": "稻香", "artist": "周杰伦", "genre": "流行"},
```

```
    {"id": 3, "title": "七里香", "artist": "周杰伦", "genre": "流行"},
    {"id": 4, "title": "告白气球", "artist": "周杰伦", "genre": "流行"},
    {"id": 5, "title": "成全", "artist": "林宥嘉", "genre": "流行"},
    {"id": 6, "title": "她说", "artist": "林宥嘉", "genre": "流行"},
    {"id": 7, "title": "风继续吹", "artist": "张国荣", "genre": "流行"},
    {"id": 8, "title": "在水一方", "artist": "张国荣", "genre": "流行"},
    {"id": 9, "title": "大海", "artist": "张雨生", "genre": "摇滚"},
    {"id": 10, "title": "摩天大楼", "artist": "林志颖", "genre": "流行"},
]

# 创建节点
for song in songs:
    song_node = Node("Song", id=song["id"], title=song["title"],
genre=song["genre"])
    artist_node = Node("Artist", name=song["artist"])
    graph.create(song_node)
    graph.create(artist_node)

# 创建关系
for song in songs:
    artist_node = graph.nodes.match("Artist", name=song["artist"]).first()
    song_node = graph.nodes.match("Song", id=song["id"]).first()
    relationship = Relationship(artist_node, "PERFORMS", song_node)
    graph.create(relationship)
```

(2) 执行基于关系路径的推荐算法,并获取与指定音乐相关的推荐音乐。代码如下:

```
def recommend_related_songs(song_title, num_recommendations):
    query = (
        f"MATCH (s1:Song {{title: '{song_title}'}})-[*1..3]-(s2:Song) "
        f"RETURN s2.title AS recommended_song "
        f"LIMIT {num_recommendations}"
    )
    result = graph.run(query).data()
    recommendations = [record["recommended_song"] for record in result]
    return recommendations

# 示例推荐函数:基于关系路径推荐音乐
recommendations = recommend_related_songs("晴天", 3)
if recommendations:
    print("基于关系路径的推荐音乐:")
    for song in recommendations:
        print(song)
else:
    print("没有找到相关音乐推荐。")
```

在上述代码中,将基于关系路径查询与指定音乐相关的推荐音乐,路径长度范围为1~3,可以根据需求调整路径长度。在运行本实例前,要确保已经在本地安装并运行了 Neo4j

图数据库,并将用户名、密码和数据库连接信息修改为自己的设置。执行代码后会输出:

```
基于关系路径的推荐音乐:
稻香
七里香
告白气球
```

这些推荐音乐与指定的音乐"晴天"具有相关性,通过关系路径在图数据库中找到了与之相连的音乐节点。请注意,推荐结果可能因为自定义的数据集和关系路径的设置有所不同。如果没有找到相关的音乐推荐,输出将显示"没有找到相关音乐推荐"。

6.3.4 基于知识图谱推理的推荐算法

基于知识图谱推理的推荐算法是一种利用知识图谱中的实体、属性和关系进行推理和推荐的方法。知识图谱是一种用于表示和组织知识的图结构,其中实体表示为节点,属性和关系表示为边。推荐算法通过分析知识图谱中实体之间的关联关系进行推理和预测,从而为用户提供个性化的推荐。

在实际应用中,经常使用基于规则推理的推荐算法,此算法基于知识图谱的推荐算法之一,它利用预定义的规则来推理出用户可能喜欢的音乐。下面是一个使用自定义音乐数据集实现基于规则推理的音乐推荐的例子。

源码路径: daima/6/tu.py

```python
# 定义中国音乐数据集
music_data = {
    "张学友": ["李香兰", "吻别", "一路上有你"],
    "林忆莲": ["爱情转移", "最近比较烦"],
    "邓丽君": ["甜蜜蜜", "但愿人长久", "我只在乎你"],
    "王菲": ["传奇", "红豆", "匆匆那年"],
    "周杰伦": ["稻香", "晴天", "告白气球"]
}

# 定义推理规则
rules = {
    "爱情歌推荐": {
        "premise": ["张学友", "邓丽君"],
        "conclusion": ["王菲"]
    },
    "轻快歌曲推荐": {
        "premise": ["林忆莲"],
        "conclusion": ["周杰伦"]
    }
}
```

```
# 根据规则推荐音乐
def recommend_music(user_preference):
    recommended_music = []
    for rule in rules.values():
        premise_matched = all(artist in user_preference for artist in rule["premise"])
        if premise_matched:
            recommended_music.extend(rule["conclusion"])
    return recommended_music

# 示例用户偏好
user_preference = ["张学友", "邓丽君"]
recommended_music = recommend_music(user_preference)

# 输出推荐音乐
if recommended_music:
    print("基于规则推理的音乐推荐:")
    for music in recommended_music:
        print(music)
else:
    print("没有找到相关音乐推荐。")
```

上述代码中首先定义了中国音乐数据集 music_data，其中包含了几位歌手和他们的歌曲。然后定义了一些推理规则，每个规则都有前提和结论。根据用户的偏好，遍历规则并检查前提是否满足，如果满足则推荐相应的音乐。执行代码后会输出：

基于规则推理的音乐推荐:
王菲

注意：这只是一个简单的例子，在实际应用中可能需要更复杂的规则和数据模型来实现更准确的推荐。同时，为了更好地支持推理，可能需要使用更强大的知识图谱工具或推理引擎，例如基于规则的推理引擎或图数据库。

第7章

基于隐语义模型的推荐

基于隐语义模型的推荐是一种常用的协同过滤算法,它通过分析用户和物品之间的关联性,将用户的兴趣和物品的特征映射到一个隐含的特征空间中,并基于这些隐含特征进行推荐。本章将详细讲解基于隐语义模型的推荐知识和用法。

7.1 隐语义模型概述

隐语义模型(Latent Semantic Models)是一种用于描述和分析文本语义信息的统计模型，它基于一个假设，即文本中的词语不仅仅是作为字面上的符号出现，而是具有潜在的语义含义。隐语义模型通过将文本表示为一个低维的隐含语义空间，将文本之间的语义关联性映射到该空间中。

扫码看视频

7.1.1 隐语义模型介绍

隐语义模型是一类用于表示和分析数据中的潜在语义信息的统计模型。这些模型的基本思想是将数据表示为一个低维的隐含空间，从而揭示数据背后的潜在结构和语义关联性。

隐语义模型最早应用于自然语言处理领域，用于处理文本数据中的语义信息。它们认为文本中的词语不仅仅是字面上的符号，而是具有潜在的语义含义。通过将文本表示为一个隐含的语义空间，隐语义模型可以捕捉到词语之间的语义关系和文本之间的语义相似性。

常见的隐语义模型包括如下两类。

- 潜在语义索引(Latent Semantic Indexing，LSI)：LSI 通过奇异值分解(Singular Value Decomposition，SVD)对数据矩阵进行降维，将数据映射到一个低维的隐含语义空间。在该空间中，数据可以用向量表示，通过计算向量之间的相似度来衡量它们之间的语义关联性。LSI 常用于信息检索和文本相似度计算。
- 潜在狄利克雷分配(LDA)：LDA 是一种生成模型，用于处理文本数据中的主题建模。LDA 假设文本由多个主题组成，每个主题又由一组概率分布表示。LDA 的目标是通过观察到的文本来推断主题和文本之间的关系。LDA 模型可以揭示文本中的主题结构，并将文本表示为主题的概率分布。

除了自然语言处理领域，隐语义模型也被应用于其他领域，如推荐系统、图像处理和社交网络分析等。它们可以用于挖掘数据中的隐藏模式和关联关系，从而提供更准确和语义相关的分析和推理结果。

注意：隐语义模型有一定的局限性，例如对大规模数据的处理效率较低，模型的可解释性相对较差等。因此，在实际应用中，需要结合其他技术和方法来解决这些问题，以提高模型的性能和实用性。

7.1.2 隐语义模型在推荐系统中的应用

隐语义模型在推荐系统中有广泛的应用。通过建模用户和物品之间的隐含关联性，隐语义模型可以为用户提供个性化的推荐结果。以下是隐语义模型在推荐系统中的一些常见应用。

- 协同过滤推荐：隐语义模型常被用于协同过滤推荐算法中。通过分析用户对物品的交互行为(如评分、点击、购买记录等)，隐语义模型可以学习到用户和物品的隐含特征向量，从而预测用户对未评分物品的兴趣度。基于这些预测值，可以生成个性化的推荐列表。
- 特征学习：隐语义模型可以通过学习用户和物品的隐含特征向量，从数据中发现潜在的语义信息和关联性。这些特征向量可以捕捉到用户和物品的偏好和属性，进而用于推荐系统中的特征学习和模式识别。
- 冷启动问题：在推荐系统中，新用户和新物品的冷启动问题是一个挑战。隐语义模型可以通过利用用户和物品的共享隐含特征，将相似的用户或物品归为同一隐含类别，从而在冷启动阶段提供一些初步的推荐结果。
- 推荐结果解释：隐语义模型可以为推荐系统提供一定的解释能力。通过分析用户和物品在隐含空间中的位置和相对关系，可以理解推荐结果背后的推荐原因，并提供解释性的推荐。
- 序列推荐：对于序列型推荐，隐语义模型可以利用用户的历史行为序列学习到用户的兴趣演化和时间上的偏好变化。基于这些分析结果，模型能够生成更符合用户个性化需求和时序敏感性的推荐列表。

7.2 潜在语义索引

潜在语义索引(LSI)是一种基于矩阵分解的潜在语义模型，用于在文本数据中捕捉潜在的语义关联性。LSI 通过降低"文本-词语"矩阵的维度，将文本和词语映射到一个低维的隐含语义空间。在该空间中，文本和词语可以用向量表示，通过计算向量之间的相似度来衡量它们之间的语义关联性。

扫码看视频

7.2.1 LSI 的基本思想和实现步骤

LSI 的基本思想是通过奇异值分解对"文本-词语"矩阵进行分解。给定一个 m×n 的"文本-词语"矩阵，其中每行代表一个文本，每列代表一个词语，矩阵中的元素表示文本中词语的频次或权重。

实现 LSI 的基本步骤如下。

(1) 构建"文本-词语"矩阵：将文本数据转换为一个"文本-词语"矩阵，其中每个元素的值表示该词汇在对应文本中出现的频率或权重。

(2) 对"文本-词语"矩阵进行 SVD 分解：将矩阵分解为三个矩阵的乘积，即 $U \times S \times V^T$，其中 U 和 V 是正交矩阵，S 是对角矩阵。这个分解可以将"文本-词语"矩阵降维，得到一个低秩的近似表示。

(3) 选择主题数：根据应用需求，选择保留的主题数。主题数决定了在隐含语义空间中表示文本和词语的维度。

(4) 提取文本和词语的隐含语义表示：从 SVD 分解的结果中提取出文本和词语在隐含语义空间中的向量表示，这些向量可以用于计算文本之间的相似度或进行推荐。

(5) 计算文本之间的相似度：根据文本在隐含语义空间中的向量表示，可以计算文本之间的相似度。常用的相似度计算方法包括余弦相似度等。

潜在语义索引在推荐系统、信息检索和文本分析等领域有广泛应用。通过将文本映射到一个低维的隐含语义空间，LSI 可以捕捉到文本之间的语义关联性，从而提供更准确和语义相关的分析和推理结果。

7.2.2 使用 Python 实现潜在语义索引

在 Python 程序中，可以使用第三方库 Gensim 来实现潜在语义索引算法。Gensim 是一个用于主题建模和文本处理的强大库，其中包含了实现 LSI 的功能。

下面是使用库 Gensim 实现 LSI 算法的基本步骤。

(1) 安装 Gensim 库：使用 pip 命令安装 Gensim 库，要确保已安装 Python 和 pip。命令如下：

```
pip install gensim
```

(2) 准备数据：将文本数据准备为一个文档集合，每个文档是一个字符串。代码如下：

```
documents = ["文档1内容", "文档2内容", ...]
```

(3) 文本预处理：对文档进行预处理，包括分词、去除停用词、词干化等操作。代码如下：

```
from gensim.utils import simple_preprocess
from gensim.parsing.preprocessing import import remove_stopwords, stem_text

def preprocess_text(text):
    # 分词
```

```
    tokens = simple_preprocess(text)
    # 去除停用词
    tokens = [token for token in tokens if token not in stop_words]
    # 词干化
    tokens = [stem_text(token) for token in tokens]
    return tokens

processed_documents = [preprocess_text(doc) for doc in documents]
```

(4) 构建词袋模型：将文本转换为词袋模型表示，即每个文档用一个向量表示，向量的每个元素表示对应词语的频次。代码如下：

```
from gensim import corpora
# 构建词典
dictionary = corpora.Dictionary(processed_documents)
# 构建词袋模型
corpus = [dictionary.doc2bow(doc) for doc in processed_documents]
```

(5) 构建 LSI 模型：使用 corpus 构建 LSI 模型，并指定要保留的主题数。代码如下：

```
from gensim.models import LsiModel
# 构建 LSI 模型
lsi_model = LsiModel(corpus, num_topics=10, id2word=dictionary)
```

(6) 获取文档的 LSI 表示：将文档转换为 LSI 表示，即在隐含语义空间中的向量表示。代码如下：

```
# 转换文档为 LSI 表示
lsi_vectors = lsi_model[corpus]
```

(7) 进行相似度计算和推荐：使用 LSI 模型可以计算文档之间的相似度，并生成推荐结果。代码如下：

```
from gensim import similarities
# 构建索引
index = similarities.MatrixSimilarity(lsi_vectors)
# 计算文档之间的相似度
sims = index[lsi_vectors]
# 获取文档之间的相似度排名
sorted_sims = sorted(enumerate(sims), key=lambda item: -item[1])

# 获取与文档 i 最相似的 top_k 个文档
top_k = 5
most_similar_documents = [documents[i] for i, _ in sorted_sims[:top_k]]
```

通过以上步骤就可以使用库 Gensim 实现基于潜在语义索引算法构建推荐系统。可以根据实际需求调整 LSI 模型的参数，如主题数、文档相似度的计算方法等，以获得更好的推荐效果。下面的例子功能是使用库 Gensim 实现基于潜在语义索引算法构建推荐系统。

源码路径： daima/7/qian.py

```python
from gensim import corpora, models, similarities

# 自定义数据集
documents = [
    "I love watching movies",
    "I enjoy playing video games",
    "I like reading books",
    "I prefer outdoor activities",
    "I am a fan of music",
    "I enjoy cooking",
    "I like to travel",
    "I am interested in sports",
    "I love animals",
    "I enjoy photography"
]

# 分词处理
tokenized_documents = [document.lower().split() for document in documents]

# 创建词典
dictionary = corpora.Dictionary(tokenized_documents)

# 创建语料库
corpus = [dictionary.doc2bow(document) for document in tokenized_documents]

# 训练LSI模型
lsi_model = models.LsiModel(corpus, id2word=dictionary, num_topics=2)

# 构建索引
index = similarities.MatrixSimilarity(lsi_model[corpus])

# 查询示例
query = "I love playing video games"

# 将查询文档转换为LSI向量
query_bow = dictionary.doc2bow(query.lower().split())
query_lsi = lsi_model[query_bow]

# 获取相似度得分
sims = index[query_lsi]

# 根据相似度得分排序推荐结果
results = sorted(enumerate(sims), key=lambda item: -item[1])
```

```
# 输出推荐结果
for result in results:
    doc_index, similarity = result
    print(f"Document: {documents[doc_index]} - Similarity Score: {similarity}")
```

上述代码中首先定义了一个自定义的文档集合。然后对文档进行分词处理，创建词典并构建语料库。接下来，使用 Gensim 库的 LSI 模型对语料库进行训练，并创建一个相似性索引。最后，提供了一个查询示例，并根据相似度得分对文档进行排序，输出推荐结果。执行代码后会输出：

```
Document: I enjoy cooking - Similarity Score: 0.9986604452133179
Document: I enjoy photography - Similarity Score: 0.9986604452133179
Document: I enjoy playing video games - Similarity Score: 0.9903920888900757
Document: I like reading books - Similarity Score: 0.9570443034172058
Document: I like to travel - Similarity Score: 0.9570443034172058
Document: I love watching movies - Similarity Score: 0.9496895670890808
Document: I love animals - Similarity Score: 0.9411097168922424
Document: I prefer outdoor activities - Similarity Score: 0.9357219934463501
Document: I am interested in sports - Similarity Score: 0.42875921726226807
Document: I am a fan of music - Similarity Score: 0.22005987167358398
```

请注意，这只是一个简单的例子，仅用于演示如何使用 Gensim 库实现 LSI 算法构建推荐系统。在实际应用中，可能需要更多的数据预处理步骤、参数调整和优化操作来提升推荐的准确性和效果。

7.3 潜在狄利克雷分配

潜在狄利克雷分配(LDA)是一种用于主题建模的生成概率模型，它被广泛应用于文本挖掘、信息检索、推荐系统等领域。LDA 的基本思想是将文档看作多个主题的混合，而每个主题又由多个单词的分布组成。

扫码看视频

7.3.1 实现 LDA 的基本步骤

LDA 的核心思想是通过观察到的数据(文档)来推断隐藏的结构(主题和单词分布)，并通过统计概率模型进行推断和学习。LDA 是一种无监督学习方法，它不需要预先标注的训练数据，而是通过数据本身的统计特征来进行模型学习。

实现 LDA 的基本步骤如下。

(1) 准备数据集：首先需要准备一个文档集合作为输入数据，文档可以是一段文字、一篇文章、一封电子邮件，等等。

(2) 分词处理：对文档进行分词处理，将每个文档拆分成单词的序列。这个过程可以使用一些常见的自然语言处理工具或库来完成。

(3) 构建词典和语料库：根据分词后的文档集合创建一个词典，将每个单词映射到一个唯一的整数 ID。然后，将每个文档表示为由词典中单词 ID 和由对应出现次数组成的稀疏向量。这样就构建了一个语料库，其中每个文档表示为一个向量。

(4) 训练 LDA 模型：使用构建好的语料库，通过训练 LDA 模型来推断文档的主题分布和单词的主题分布。LDA 假设每个文档都是由多个主题组成的，而每个主题又由多个单词的分布组成。通过迭代过程，LDA 会调整主题和单词的分布，以最大化模型对数据的拟合度。

(5) 应用 LDA 模型：在训练完成后，可以使用 LDA 模型进行各种应用，如主题推断、文档相似度计算、主题分类等。通过对文档进行主题推断，可以了解每个文档中各个主题的贡献程度，从而完成推荐、文本聚类等任务。

注意：LDA 模型的训练过程涉及一些参数的设置，如主题个数、迭代次数等，这些参数的选择需要根据具体的应用场景和数据集进行调整和优化。

7.3.2 使用库 Gensim 构建推荐系统

下面使用库 Gensim 构建推荐系统，该实例基于潜在狄利克雷分配(LDA)模型和自定义的商品数据实现。

源码路径：daima/7/dilike.py

```
import gensim
from gensim import corpora

# 自定义的商品数据
product_descriptions = [
    "这款电视具有高清晰度和大屏幕，适合家庭娱乐。",
    "这个运动鞋采用舒适的材料，适合户外活动。",
    "这个咖啡机可以自动冲泡咖啡，方便易用。",
    "这个音响具有强大的音质和无线连接功能。",
    "这个书架采用实木材料，可以存放大量书籍和装饰品。",
]

# 创建语料库
corpus = [text.split() for text in product_descriptions]

# 创建词典
dictionary = corpora.Dictionary(corpus)
```

```python
# 构建"文档-词频"矩阵
doc_term_matrix = [dictionary.doc2bow(text) for text in corpus]

# 构建 LDA 模型
num_topics = 2  # 设置主题数
lda_model = gensim.models.LdaModel(
    doc_term_matrix,
    num_topics=num_topics,
    id2word=dictionary,
    passes=10,  # 迭代次数
    random_state=42
)

# 打印每个主题的关键词及权重
print("主题关键词:")
for idx, topic in lda_model.show_topics(num_topics=num_topics):
    print(f"主题 {idx}: {topic}")

# 根据主题分布进行推荐
new_product_description = "这款电视具有高清晰度和智能连接功能。"
new_product_bow = dictionary.doc2bow(new_product_description.split())

# 获取新商品的主题分布
new_product_topics = lda_model.get_document_topics(new_product_bow)

# 打印新商品的主题分布
print("新商品的主题分布:")
for topic, prob in new_product_topics:
    print(f"主题 {topic}: {prob}")

# 根据主题分布计算相似度
similar_products = []
for idx, doc in enumerate(doc_term_matrix):
    doc_topics = lda_model.get_document_topics(doc)
    similarity = gensim.matutils.hellinger(new_product_topics, doc_topics)
    similar_products.append((product_descriptions[idx], similarity))

# 根据相似度排序并打印推荐商品
similar_products.sort(key=lambda x: x[1])
print("推荐商品:")
for product, similarity in similar_products:
    print(f"{product}: 相似度 {similarity}")
```

上述代码的具体说明如下。

❑ 首先，导入了所需的库。通过 import gensim 语句导入了 Gensim 库，并使用 from

gensim import corpora 语句从 Gensim 库中导入 corpora 模块。
- 定义一个商品数据列表 product_descriptions，其中包含了几个商品的描述信息。
- 创建一个语料库。遍历 product_descriptions 列表，并使用 split()方法将每个商品描述拆分为单词，然后将这些单词存储在 corpus 列表中。
- 创建一个词典。使用 corpora.Dictionary(corpus)语句将列表 corpus 中的单词映射到唯一的整数标识符，从而创建了一个词典对象 dictionary。
- 构建"文档-词频"矩阵。遍历 corpus 列表，并使用 dictionary.doc2bow(text)方法将每个商品描述转换为"文档-词频"矩阵表示，得到了一个"文档-词频"矩阵列表 doc_term_matrix。
- 构建 LDA 模型。使用类 gensim.models.LdaModel，传入"文档-词频"矩阵 doc_term_matrix、设置的主题数 num_topics、词典 dictionary、迭代次数 passes 和随机种子 random_state，创建了一个 LDA 模型对象 lda_model。
- 打印输出每个主题的关键词及权重。通过调用 lda_model.show_topics(num_topics=num_topics)方法，获得每个主题的关键词及其对应的权重，并将其打印输出。
- 根据新商品的描述进行推荐。首先，定义了一个新商品的描述字符串 new_product_description。然后，使用词典 dictionary 将其转换为"文档-词频"矩阵表示 new_product_bow。
- 获取新商品的主题分布。通过调用 lda_model.get_document_topics(new_product_bow)方法，获得新商品的主题分布，其中包含了主题及其对应的概率。
- 计算新商品与其他商品之间的相似度。初始化一个空列表 similar_products，然后遍历 doc_term_matrix 中的每个文档，并使用 lda_model.get_document_topics(doc)方法获取每个文档的主题分布。接着，使用 Hellinger 距离(通过 gensim.matutils.hellinger()方法)计算新商品主题分布与每个文档主题分布之间的相似度，并将商品及其相似度存储在 similar_products 列表中。
- 最后对相似度进行排序，并打印推荐商品。使用 similar_products.sort(key=lambda x: x[1])对列表 similar_products 进行排序，并按照相似度从低到高的顺序排列了商品。然后遍历排好序的列表，并打印每个商品及其相似度。

执行代码后，主题关键词和新商品的主题分布都被正确打印出来，并且推荐商品也按照相似度进行了排序。结果如下：

主题关键词：
主题 0：0.324*"这个书架采用实木材料，可以存放大量书籍和装饰品。" + 0.319*"这个运动鞋采用舒适的材料，适合户外活动。" + 0.120*"这款电视具有高清晰度和大屏幕，适合家庭娱乐。" + 0.119*"这个音响具有强大的音质和无线连接功能。" + 0.118*"这个咖啡机可以自动冲泡咖啡，方便易用。"

主题 1: 0.269*"这个咖啡机可以自动冲泡咖啡，方便易用。" + 0.268*"这个音响具有强大的音质和无线连接功能。" + 0.267*"这款电视具有高清晰度和大屏幕，适合家庭娱乐。" + 0.100*"这个运动鞋采用舒适的材料，适合户外活动。" + 0.096*"这个书架采用实木材料，可以存放大量书籍和装饰品。"
新商品的主题分布：
主题 0: 0.5
主题 1: 0.5
推荐商品：
这款电视具有高清晰度和大屏幕，适合家庭娱乐。：相似度 0.17105388820156836
这个音响具有强大的音质和无线连接功能。：相似度 0.17141632054864808
这个咖啡机可以自动冲泡咖啡，方便易用。：相似度 0.17165292634482898
这个运动鞋采用舒适的材料，适合户外活动。：相似度 0.17608606293542714
这个书架采用实木材料，可以存放大量书籍和装饰品。：相似度 0.1770949327446108

输出中的相似度值越小，表示商品之间的主题分布越相似。根据输出结果，推荐商品的顺序依次是：

- 这款电视具有高清晰度和大屏幕，适合家庭娱乐。
- 这个音响具有强大的音质和无线连接功能。
- 这个咖啡机可以自动冲泡咖啡，方便易用。
- 这个运动鞋采用舒适的材料，适合户外活动。
- 这个书架采用实木材料，可以存放大量书籍和装饰品。

7.4 增强隐语义模型的信息来源

在隐语义模型的发展中，研究者们不断尝试引入不同的信息来源来提升模型的性能和效果。这些额外的信息来源可以帮助模型更好地理解和挖掘数据的潜在结构。本节将详细讲解 3 个常见的增强隐语义模型的信息来源。

扫码看视频

7.4.1 基于内容信息的隐语义模型

基于内容信息的隐语义模型将文本、图像、音频等内容特征纳入模型中，以丰富数据的表示和语义理解。通过分析和挖掘内容信息，模型可以更准确地捕捉物品之间的关联和相似性。例如，对于推荐系统，可以使用商品的文本描述、图像特征等内容信息来构建隐语义模型，从而提供更精准的推荐结果。下面是一个使用基于内容信息的隐语义模型构建新闻推荐系统的例子。

源码路径：daima/7/neirong.py

```
import numpy as np
from sklearn.feature_extraction.text import TfidfVectorizer
```

```python
from sklearn.decomposition import TruncatedSVD
from sklearn.metrics.pairwise import cosine_similarity

# 自定义的新闻数据
news_articles = [
    "政府发布新的经济政策,鼓励创新创业。",
    "科学家发现新的疫苗,可以有效预防流感。",
    "运动员在国际比赛中取得优异成绩,赢得金牌。",
    "全球气候变化威胁着生态环境,需要采取行动保护地球。",
    "最新研究显示,手机使用过多对眼睛健康有影响。",
]

# 用户兴趣数据
user_interests = [
    "我对经济政策和创新创业非常感兴趣。",
    "我关注健康领域的新疗法和医疗技术。",
    "我热衷于体育赛事和运动员的故事。",
]

# 使用 TF-IDF 向量化新闻文章和用户兴趣
vectorizer = TfidfVectorizer()
X = vectorizer.fit_transform(news_articles + user_interests)

# 使用潜在语义分析进行降维
svd = TruncatedSVD(n_components=2)
X = svd.fit_transform(X)

# 计算文章之间的相似度矩阵
similarity_matrix = cosine_similarity(X[:len(news_articles)], X[:len(news_articles)])

# 为每个用户生成推荐结果
for i, interest in enumerate(user_interests):
    user_vector = vectorizer.transform([interest])
    user_vector = svd.transform(user_vector)
    user_similarities = cosine_similarity(user_vector, X[:len(news_articles)])[0]

    # 根据相似度进行推荐排序
    sorted_indices = np.argsort(user_similarities)[::-1]

    # 打印推荐结果
    print("用户兴趣:", interest)
    print("推荐新闻:")
    for index in sorted_indices:
        print(news_articles[index])
    print()
```

上述代码中使用 TF-IDF 向量化新闻文章和用户兴趣,并使用潜在语义分析进行降维。然后,计算文章之间的相似度矩阵。对于每个用户的兴趣,我们将其转换为向量,并计算其与新闻文章的相似度。最后,根据相似度对新闻文章进行排序,并输出推荐结果。执行代码后会输出:

```
用户兴趣:我对经济政策和创新创业非常感兴趣。
推荐新闻:
运动员在国际比赛中取得优异成绩,赢得金牌。
最新研究显示,手机使用过多对眼睛健康有影响。
全球气候变化威胁着生态环境,需要采取行动保护地球。
政府发布新的经济政策,鼓励创新创业。
科学家发现新的疫苗,可以有效预防流感。

用户兴趣:我关注健康领域的新疗法和医疗技术。
推荐新闻:
运动员在国际比赛中取得优异成绩,赢得金牌。
科学家发现新的疫苗,可以有效预防流感。
政府发布新的经济政策,鼓励创新创业。
最新研究显示,手机使用过多对眼睛健康有影响。
全球气候变化威胁着生态环境,需要采取行动保护地球。

用户兴趣:我热衷于体育赛事和运动员的故事。
推荐新闻:
科学家发现新的疫苗,可以有效预防流感。
政府发布新的经济政策,鼓励创新创业。
全球气候变化威胁着生态环境,需要采取行动保护地球。
最新研究显示,手机使用过多对眼睛健康有影响。
运动员在国际比赛中取得优异成绩,赢得金牌。
```

7.4.2 时间和上下文信息的隐语义模型

随着时间的推移,用户和物品的兴趣与特征可能会发生变化。因此,引入时间和上下文信息可以改进隐语义模型的准确性。时间信息可以包括用户行为的时间戳、物品发布的时间等,上下文信息可以包括用户的地理位置、设备信息等。通过考虑时间和上下文信息,模型可以更好地理解用户行为的演化和变化,从而提供更有针对性的个性化推荐和预测。

当涉及基于时间和上下文信息的隐语义模型构建推荐系统时,一个典型例子是使用 Python 构建一个基于用户购买历史和当前季节的商品推荐系统。下面的实例假设我们有一个包含商品信息的数据集,其中包括商品名称、类别、价格和用户的购买历史。我们的目标是根据用户的购买历史和当前季节,推荐给他们可能感兴趣的商品。

源码路径：daima/7/shijian.py

(1) 需要加载数据集并进行预处理，可以使用 Pandas 库来处理数据。在本实例中，自定义了一个商品推荐数据集，并假设其中包含以下字段：name(商品名称)、category(商品类别)、price(商品价格)和 purchase_date(购买日期)。对应代码如下：

```python
import pandas as pd

# 创建示例商品数据集
data = pd.DataFrame({
    'name': ['Product A', 'Product B', 'Product C', 'Product D', 'Product E'],
    'category': ['Category X', 'Category Y', 'Category X', 'Category Z', 'Category Y'],
    'price': [10.99, 29.99, 15.99, 5.99, 12.99],
    'purchase_date': ['2023-01-15', '2023-03-10', '2022-12-01', '2023-05-20', '2023-02-05']
})

# 将购买日期转换为日期时间类型
data['purchase_date'] = pd.to_datetime(data['purchase_date'])

# 打印示例商品数据集
print(data)
```

(2) 定义函数 calculate_interest()来计算用户对商品的兴趣程度，这可以基于用户的购买历史以及商品的类别和季节信息。在本实例中，将简单地使用商品的类别匹配和当前季节与购买日期的差异来计算兴趣程度。对应代码如下：

```python
import datetime

def calculate_interest(user_history, product):
    # 获取商品类别和购买日期
    product_category = product['category']
    purchase_date = product['purchase_date']

    # 计算兴趣程度
    interest = 0

    # 根据商品类别匹配
    for product_name in user_history:
        if product_name in product_category:
            interest += 1

    # 根据当前季节与购买日期的差异计算兴趣程度
    season_diff = (current_date.month - purchase_date.month) % 12
```

```
    interest += max(0, 3 - season_diff)

return interest
```

（3）遍历数据集中的每个商品，并使用函数 calculate_interest()计算用户对商品的兴趣程度。最后，根据兴趣程度对商品进行排序，并选择排名靠前的商品作为推荐结果。对应代码如下：

```
# 计算每个商品的兴趣程度
data['interest'] = data.apply(lambda product: calculate_interest(user_history,
                product), axis=1)

# 根据兴趣程度对商品进行排序
recommended_products = data.sort_values(by='interest', ascending=False)

# 获取推荐结果
top_products = recommended_products.head(5)['name']

# 打印推荐结果
print("推荐商品: ")
for product in top_products:
    print(product)
```

在本实例中，根据用户的购买历史和当前季节构建了一个简单的推荐系统，通过计算商品的兴趣程度来进行推荐。实际上，我们可以根据需求使用更复杂的模型和特征来构建更准确和个性化的推荐系统。执行代码后会输出：

```
      name   category   price  purchase_date
0  Product A  Category X  10.99     2023-01-15
1  Product B  Category Y  29.99     2023-03-10
2  Product C  Category X  15.99     2022-12-01
3  Product D  Category Z   5.99     2023-05-20
4  Product E  Category Y  12.99     2023-02-05
推荐商品:
Product D
Product A
Product B
Product C
Product E
```

7.4.3 社交网络信息的隐语义模型

社交网络作为重要的信息来源，可以为隐语义模型提供有价值的补充信息。通过分析用户在社交网络中的社交关系、好友互动等信息，可以更好地理解用户的兴趣和行为模式。

社交网络信息可以用于构建更准确的用户表示和挖掘用户之间的关联关系。在社交推荐和社交网络分析中，利用社交网络信息的隐语义模型已经取得了显著的成果。

当涉及使用社交网络信息构建推荐系统时，一个常见的例子是使用 Python 构建一个基于用户社交网络关系和兴趣爱好的好友推荐系统。下面的实例假设有一个包含用户信息和社交网络关系的数据集，其中包括用户 ID、用户名、好友列表和兴趣爱好。我们的目标是根据用户的好友关系和兴趣爱好，为他们推荐可能感兴趣的好友。

源码路径： daima/7/she.py

（1）自定义一个社交网络数据集，并假设其中包含以下字段：user_id(用户 ID)、username(用户名)、friends(好友列表)和 interests(兴趣爱好)。您可以根据需要自行创建或生成一个类似的数据集。对应代码如下：

```python
import pandas as pd

# 创建示例社交网络数据集
data = pd.DataFrame({
    'user_id': [1, 2, 3, 4, 5],
    'username': ['UserA', 'UserB', 'UserC', 'UserD', 'UserE'],
    'friends': [['UserB', 'UserC', 'UserE'], ['UserA', 'UserD'], ['UserA', 'UserD', 'UserE'], ['UserB', 'UserC'], ['UserA', 'UserC']],
    'interests': [['hiking', 'photography', 'travel'], ['reading', 'movies'], ['photography', 'cooking'], ['travel', 'music'], ['hiking', 'music']]
})

# 打印示例社交网络数据集
print(data)
```

（2）定义函数 calculate_similarity()，计算用户之间的兴趣相似度，这可以基于用户的好友关系和兴趣爱好。在这个例子中，我们将使用简单的共同兴趣数量来衡量相似度。对应代码如下：

```python
def calculate_similarity(user_interests, friend_interests):
    # 计算兴趣相似度
    common_interests = len(set(user_interests).intersection(friend_interests))
    return common_interests
```

（3）遍历数据集中的每个用户，并使用函数 calculate_similarity()计算用户之间的兴趣相似度。最后根据相似度对好友进行排序，并选择排名靠前的好友作为推荐结果。对应代码如下：

```python
# 计算每个用户与目标用户的兴趣相似度
data['similarity'] = data['interests'].apply(lambda x: calculate_similarity(user_interests, x))
```

第7章 基于隐语义模型的推荐

```
# 根据相似度对好友进行排序
recommended_friends = data.sort_values(by='similarity', ascending=False)

# 获取推荐结果
top_friends = recommended_friends.head(5)['username']

# 打印推荐结果
print("推荐好友：")
for friend in top_friends:
    print(friend)
```

执行代码后会输出：

```
   user_id username            friends                   interests
0        1    UserA [UserB, UserC, UserE]  [hiking, photography, travel]
1        2    UserB       [UserA, UserD]              [reading, movies]
2        3    UserC [UserA, UserD, UserE]         [photography, cooking]
3        4    UserD       [UserB, UserC]                 [travel, music]
4        5    UserE       [UserA, UserC]                 [hiking, music]
推荐好友：
UserA
UserC
UserD
UserE
UserB
```

根据上述输出结果可以看到，推荐系统根据用户的兴趣爱好和好友关系计算了相似度，并将相似度较高的好友推荐给目标用户。推荐结果按照相似度降序排列，最相似的好友排在前面。

注意：通过引入基于内容、时间、上下文和社交网络等不同信息来源，可以增强隐语义模型的能力，提高模型的个性化推荐和预测效果。这些信息来源的结合和应用将进一步推动隐语义模型在推荐系统、广告推荐、社交网络分析等领域的发展和应用。

第 8 章

基于神经网络的推荐模型

神经网络的推荐模型是一种基于神经网络的推荐方法,用于预测用户对物品的偏好或生成个性化的推荐结果。该模型利用神经网络的强大表达能力,学习用户和物品之间的复杂关系,以提供更准确和个性化的推荐。本章将详细介绍基于神经网络推荐的知识和用法。

8.1 深度推荐模型介绍

深度推荐模型是一种利用深度学习技术进行推荐任务的模型。它通过分析用户的历史行为数据和物品的特征信息，来预测用户对不同物品的兴趣度，从而进行个性化的推荐。

扫码看视频

8.1.1 传统推荐模型的局限性

传统推荐模型在某些方面存在一些局限性，具体说明如下。

- 数据稀疏性：传统推荐模型通常基于"用户-物品"交互数据进行建模，但这些数据往往非常稀疏。用户只对少数物品进行了交互，导致很多用户和物品之间没有直接的交互信息，这给推荐系统带来了挑战。
- 冷启动问题：当新用户加入系统或新物品上架时，传统推荐模型很难准确预测用户对这些新物品的兴趣。因为这些新的用户或物品缺乏历史交互数据，传统模型无法利用这些数据进行推荐。
- 特征工程需求：传统推荐模型通常需要手动设计和提取用户与物品的特征。这需要领域专家的知识和大量的特征工程工作，包括选择合适的特征、组合特征以及处理缺失值等。这个过程耗时且容易出错，同时也限制了模型的可扩展性和适应能力。
- 缺乏捕捉用户兴趣演化的能力：传统推荐模型通常只考虑用户的静态兴趣，而忽视了用户兴趣随时间的演化。用户的兴趣可能会随着时间、季节、情境等因素的变化而改变，传统模型无法准确捕捉这种动态性。
- 学习长期依赖关系困难：传统推荐模型中使用的一些算法(如矩阵分解模型)，往往难以建模用户和物品之间的长期依赖关系。这是因为这些模型通常只考虑用户和物品之间的直接交互，而无法捕捉到更复杂的关系。

为了克服这些局限性，深度推荐模型应运而生。深度推荐模型能够更好地应对数据稀疏性、解决冷启动问题、自动学习特征表示、捕捉用户兴趣演化和建模长期依赖关系等挑战。它们通过引入深度学习的技术，利用更多的数据和更强大的模型能力，提升了推荐系统的性能和效果。

8.1.2 深度学习在推荐系统中的应用

深度学习技术在推荐系统中有着广泛的应用，以下是一些常见的应用方式。

- 基于深度神经网络的推荐模型：深度神经网络(DNN)被广泛用于推荐系统中，例如使用多层感知器(Multilayer Perceptron，MLP)来建模用户和物品之间的交互关系。DNN 模型可以通过多个隐藏层来捕捉数据中的非线性关系，提高推荐的准确性。
- 基于卷积神经网络的推荐模型：卷积神经网络(Convolutional Neural Network，CNN)在图像处理领域表现出色，同样可以应用于推荐系统中。CNN 模型可以用于处理和提取用户与物品的特征，例如处理图像、文本等信息，从而更好地理解用户的兴趣和物品的内容。
- 基于循环神经网络的推荐模型：循环神经网络(Recurrent Neural Network，RNN)在处理序列数据方面具有优势，因此可以应用于推荐系统中。RNN 模型能够考虑用户和物品之间的序列信息，例如用户历史行为序列和物品的上下文序列，从而更好地捕捉用户兴趣的演化和动态变化。
- 基于自注意力机制的推荐模型：自注意力机制(self-attention mechanism)可以帮助模型自动关注重要的上下文信息，这在推荐系统中特别有用。Transformer 模型就是基于自注意力机制构建的，它在自然语言处理任务中取得了重要的突破，并被广泛应用于推荐系统中。
- 基于深度强化学习的推荐模型：深度强化学习可以用于推荐系统中的策略优化和探索利用问题。它通过建立一个智能体(agent)来学习推荐决策，并通过强化学习算法不断优化策略，使推荐系统能够在长期收益最大化的目标下进行推荐。
- 深度学习与传统模型的结合：深度学习可以与传统推荐模型相结合，形成混合模型。这种方法能够充分利用深度学习的能力，同时结合传统模型的优点(例如，利用深度模型进行特征学习)，然后将学习到的特征输入到传统模型中进行推荐。

上述方法都利用了深度学习的强大能力，通过更好地建模用户和物品之间的关系、自动学习特征表示、处理复杂的数据结构等，提升了推荐系统的准确性和效果。深度学习在推荐系统中的应用持续推动了个性化推荐领域的发展，并取得了显著的进展。

8.2 基于多层感知器的推荐模型

基于多层感知器(MLP)的推荐模型是一种常见的深度学习推荐模型。MLP 是一种前馈神经网络，由多个全连接层组成，每个层都由多个神经元组成。

8.2.1 基于 MLP 推荐模型的流程

在推荐系统中，MLP 可以用于建模用户和物品之间的关系，从而进行个性化的推荐。

基于 MLP 推荐模型的一般流程如下。

（1）特征表示：将用户和物品转化为特征表示形式。这些特征可以包括用户的历史行为、物品的属性特征、上下文信息等。

（2）输入编码：将特征表示编码成 MLP 的输入向量。这可以包括将类别特征进行独热编码，将连续特征进行归一化等。

（3）MLP 网络结构：构建 MLP 网络结构，其中包括输入层、多个隐藏层和输出层。每个隐藏层都由多个神经元组成，可以使用不同的激活函数(如 ReLU、Sigmoid 等)来引入非线性。

（4）前向传播：将输入向量通过 MLP 进行前向传播，再通过逐层计算，得到最终的输出。

（5）输出层处理：输出层的处理功能根据具体的推荐任务而定。例如，对于评分预测任务，可以使用一个神经元输出预测的评分值；对于 Top-N 推荐任务，可以使用多个神经元输出各个物品的兴趣度得分。

（6）模型训练：使用标注数据进行模型的训练，通过最小化损失函数来优化 MLP 的权重和偏置参数。常用的优化算法包括随机梯度下降(SGD)和反向传播(Back Propagation，BP)。

（7）预测和推荐：训练完成后，可以使用 MLP 模型进行预测和推荐。对于评分预测任务，可以使用模型预测用户对未知物品的评分；对于 Top-N 推荐任务，可以根据模型输出的兴趣度得分进行排序，选取排名靠前的物品进行推荐。

基于 MLP 的推荐模型可以通过调整网络结构、优化算法和损失函数等来适应不同的推荐任务和数据特点，从而提升推荐系统的性能和效果。

8.2.2 用户和物品特征的编码

在基于 MLP 的推荐模型中，需要对用户和物品特征进行编码，以便输入到 MLP 网络中进行推荐。具体的编码方式如下。

- 类别特征编码：对于类别型特征，如用户的性别、物品的类别等，常用的编码方式是独热编码。独热编码将每个类别转换为一个二进制向量，其中只有一个元素为 1，表示当前类别的存在，其他元素为 0。例如，对于性别特征，可以使用两个维度的向量，[1, 0]表示男性，[0, 1]表示女性。
- 连续特征编码：对于连续型特征，如用户的年龄、物品的评分等，常用的编码方式是归一化(normalization)。归一化是将特征值映射到一个固定的范围，例如[0, 1]或[-1, 1]，使得不同特征具有相同的尺度，以避免某些特征对模型的影响过大。
- 文本特征编码：对于文本型特征，如用户的评论、物品的描述等，常用的编码方式是词嵌入。词嵌入是将文本中的每个单词映射为一个低维的实数向量，可以利用预训练的词向量模型(如 Word2Vec、GloVe)或使用神经网络自动学习词嵌入。

在进行特征编码后,可以将用户和物品的特征进行拼接或连接,形成一个输入向量,作为 MLP 网络的输入。特征编码的方式可以根据具体的任务和数据特点进行选择和调整。同时,还可以引入其他的特征工程方法,如特征组合、特征交叉等,以进一步提升模型的性能和推荐效果。

下面是一个使用多层感知器(MLP)模型的简单推荐系统示例,本实例的具体实现流程如下。

> 源码路径:daima/8/duo.py

(1) 首先导入所需的库,然后定义一个简单的推荐模型类。对应代码如下:

```python
import numpy as np
from sklearn.neural_network import MLPRegressor
from sklearn.model_selection import train_test_split
from sklearn.metrics import mean_squared_error

class MLPRecommendationModel:
    def __init__(self, hidden_layers=(50, 50), activation='relu',
                       learning_rate=0.001, max_iter=200):
        self.model = MLPRegressor(hidden_layer_sizes=hidden_layers,
                    activation=activation,
                    learning_rate_init=learning_rate, max_iter=max_iter)

    def train(self, X, y):
        self.model.fit(X, y)

    def predict(self, X):
        return self.model.predict(X)
```

(2) 接下来实现自定义的数据集。假设有一个简单的评分预测任务,其中用户和物品都有两个特征,评分作为目标变量。对应代码如下:

```python
# 自定义数据集
X = np.array([[0.2, 0.3, 0.5, 0.2], [0.1, 0.4, 0.6, 0.3], [0.5, 0.2, 0.4, 0.1],
    [0.3, 0.6, 0.3, 0.4]])
y = np.array([3.5, 4.2, 2.8, 4.5])
```

(3) 将数据集拆分为训练集和测试集,并分别实现模型的训练和预测工作。对应代码如下:

```python
# 拆分数据集
X_train, X_test, y_train, y_test = train_test_split(X, y, test_size=0.2,
random_state=42)
```

```
# 创建并训练推荐模型
model = MLPRecommendationModel()
model.train(X_train, y_train)

# 进行预测
y_pred = model.predict(X_test)
```

(4) 计算预测结果的均方误差(mean squared error)，对应代码如下：

```
mse = mean_squared_error(y_test, y_pred)
print("Mean Squared Error:", mse)
```

执行代码后会输出均方误差的值：

```
Mean Squared Error: 0.10579880104485279
```

均方误差是衡量预测值与真实值之间差异的指标，数值越小，表示模型的预测越准确。可以根据输出的均方误差值来评估模型的性能，进一步优化和改进推荐模型。

8.3 基于卷积神经网络的推荐模型

8.3.1 卷积神经网络的用户和物品特征的表示

卷积神经网络(CNN)在推荐系统中的应用通常涉及图像、文本或序列数据的处理。对于用户和物品特征的表示，以下是几种常见的方法。

- 图像特征表示：对于图像数据，可以使用卷积层来提取图像的特征表示。一种常见的方法是使用预训练的卷积神经网络(如 VGG、ResNet)作为特征提取器，将图像输入网络，提取卷积层的输出作为图像的特征表示。这些特征可以是具有高层次语义信息的特征映射，用于表示图像的视觉特征。
- 文本特征表示：对于文本数据，可以使用词嵌入来表示用户和物品的特征。词嵌入会将每个单词映射为一个低维的实数向量，具有语义相关性。可以使用预训练的词嵌入模型(如 Word2Vec、GloVe)或在推荐系统训练过程中将用户和物品的文本数据输入到嵌入层中进行学习，得到对应的词嵌入表示。
- 序列特征表示：对于序列数据，如用户的历史行为序列或物品的特征序列，可以使用卷积神经网络进行建模。可以将序列数据表示为时间步上的特征向量，并将其作为输入传递给卷积层。卷积层可以捕捉到不同时间步之间的局部特征关系，从而提取出序列的重要特征。

以上列出的是表示用户和物品特征在卷积神经网络中的常用方法，在具体项目中，大家可以根据具体的数据和任务需求，进行特征的处理、组合和扩展，以提高模型的表达能力和推荐效果。

8.3.2 卷积层和池化层的特征提取

在卷积神经网络中,卷积层和池化层是用于特征提取的关键组件。

1. 卷积层(convolutional layer)

卷积层通过卷积操作对输入数据进行滤波和特征提取。卷积操作使用一组可学习的卷积核(或过滤器),每个卷积核与输入数据进行点乘操作,并通过一定的步幅(stride)在输入数据上滑动,这样可以提取出输入数据在不同位置上的局部特征。

卷积层在推荐系统特征提取方面的应用如下。

- ❑ 图像特征提取:对于图像数据,卷积层可以有效地提取图像的局部特征,如边缘、纹理和形状等。每个卷积核可以捕捉到输入图像上的不同特征,并生成对应的特征映射。通过堆叠多个卷积层,可以逐渐提取更高层次的语义特征。
- ❑ 文本特征提取:对于文本数据,卷积层可以将输入的文本序列看作一维信号,通过卷积操作提取出不同长度的局部特征。每个卷积核可以识别不同的 n-gram 特征(n 个连续的词),如单个词、短语或句子结构,从而提取文本的局部语义信息。

下面是一个使用卷积神经网络(CNN)中的卷积层实现特征提取,并应用于推荐系统中的例子。

源码路径: daima/8/juan.py

```
import numpy as np
import matplotlib.pyplot as plt
import tensorflow as tf
from tensorflow.keras.models import Sequential
from tensorflow.keras.layers import Conv2D, MaxPooling2D, Flatten, Dense

class CNNRecommendationModel:
    def __init__(self):
        self.model = Sequential()
        self.model.add(Conv2D(16, kernel_size=(3, 3), activation='relu',
                       input_shape=(32, 32, 3)))
        self.model.add(MaxPooling2D(pool_size=(2, 2)))
        self.model.add(Conv2D(32, kernel_size=(3, 3), activation='relu'))
        self.model.add(MaxPooling2D(pool_size=(2, 2)))
        self.model.add(Flatten())
        self.model.add(Dense(64, activation='relu'))
        self.model.add(Dense(10, activation='softmax'))

    def train(self, X, y):
```

```
        self.model.compile(optimizer='adam', loss='categorical_crossentropy',
                      metrics=['accuracy'])
        self.model.fit(X, y, epochs=10, batch_size=32)

    def predict(self, X):
        return self.model.predict(X)

    def visualize_prediction(self, X, y, index):
        prediction = self.predict(np.expand_dims(X[index], axis=0))[0]
        predicted_label = np.argmax(prediction)

        plt.imshow(X[index])
        plt.axis('off')
        plt.title(f"Predicted Label: {predicted_label}, True Label:
{np.argmax(y[index])}")
        plt.show()

# 自定义数据集
X = np.random.rand(1000, 32, 32, 3)
y = np.random.randint(0, 10, size=(1000,))

# 将标签进行独热编码
y_one_hot = np.zeros((len(y), 10))
y_one_hot[np.arange(len(y)), y] = 1

# 创建并训练推荐模型
model = CNNRecommendationModel()
model.train(X, y_one_hot)

# 进行预测并可视化结果
index = 0  # 选择一个样本进行预测和可视化
model.visualize_prediction(X, y_one_hot, index)
```

上述代码的具体说明如下。

(1) 首先导入所需的库和模块，其中 matplotlib.pyplot 用于实现图像可视化；tensorflow 用于构建和训练神经网络模型；Sequential 是 Keras 中的模型类，用于构建序列模型；Conv2D、MaxPooling2D、Flatten 和 Dense 是 Keras 中的层类，用于构建卷积神经网络模型的不同层次。

(2) 然后，定义了类 CNNRecommendationModel，它具有以下功能。

- 在__init__()方法中创建了一个 Sequential 模型，并按照一定的顺序添加了卷积层、池化层、扁平化层和全连接层，构建了一个卷积神经网络模型。
- 方法 train()用于训练模型，它接收输入特征数据 X 和标签数据 y，使用 adam 优化器和分类交叉熵损失函数编译模型，并进行指定次数的训练。

❑ 方法 predict()用于进行预测。它接收输入特征数据 X，调用模型的 predict 方法获取预测结果。

❑ 方法 visualize_prediction()用于可视化预测结果，它接收输入特征数据 X、标签数据 y 和一个索引 index。它首先使用模型的 predict()方法获取指定样本的预测结果，然后使用 Matplotlib 展示对应的图像，并在标题中显示预测标签和真实标签。

(3) 创建一个自定义的数据集 X 和 y，并对标签数据进行独热编码。

(4) 创建一个 CNNRecommendationModel 的实例 model，并调用方法 train()对模型进行训练。

(5) 最后，选择一个样本进行预测和可视化，调用方法 visualize_prediction()展示预测结果和图像。

执行代码后，会输出训练过程并绘制可视化结果，然后在可视化图中显示预测结果，如图 8-1 所示。

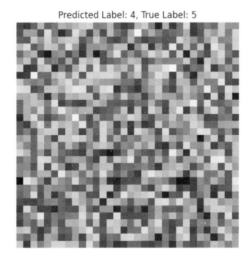

图 8-1　可视化结果

2. 池化层(pooling layer)

池化层用于减小特征图的空间尺寸，并保留重要的特征。常见的池化操作包括最大池化(max pooling)和平均池化(average pooling)。池化层通过对特征图的不同区域进行聚合操作，将每个区域的最大值或平均值作为池化操作的结果。

池化层在特征提取中的作用如下。

❑ 特征降维：池化层通过降低特征图的维度，减少模型参数的数量，提高模型的计算效率和泛化能力。同时保留重要特征，这有助于提取具有平移不变性的特征。

- 提取主要特征:最大池化操作可以通过选择每个区域中的最大值,提取出图像或特征图的主要特征。这有助于保留输入数据中最显著的特征,同时减少噪声的影响。

下面是一个使用卷积神经网络和池化层实现特征提取的推荐系统示例。

源码路径: daima/8/yoong.py

```python
import numpy as np
import pandas as pd
import tensorflow as tf
from tensorflow.keras.models import Sequential
from tensorflow.keras.layers import Conv2D, MaxPooling2D, Flatten, Dense

# 读取数据
data = pd.read_csv('ratings.csv')

# 将用户和物品映射到整数索引
user_ids = data['user_id'].unique().tolist()
user2idx = {user_id: idx for idx, user_id in enumerate(user_ids)}
idx2user = {idx: user_id for idx, user_id in enumerate(user_ids)}
item_ids = data['item_id'].unique().tolist()
item2idx = {item_id: idx for idx, item_id in enumerate(item_ids)}
idx2item = {idx: item_id for idx, item_id in enumerate(item_ids)}

# 构建"用户-物品"评分矩阵
num_users = len(user_ids)
num_items = len(item_ids)
ratings_matrix = np.zeros((num_users, num_items))
for _, row in data.iterrows():
    user_id = row['user_id']
    item_id = row['item_id']
    rating = row['rating']
    user_idx = user2idx[user_id]
    item_idx = item2idx[item_id]
    ratings_matrix[user_idx, item_idx] = rating

# 创建训练集和测试集
train_ratio = 0.8
train_size = int(train_ratio * len(data))
train_data = data[:train_size]
test_data = data[train_size:]

# 构建卷积神经网络模型
model = Sequential()
model.add(Conv2D(16, (3, 3), activation='relu', input_shape=(num_users, num_items, 1)))
model.add(MaxPooling2D((2, 2)))
model.add(Flatten())
model.add(Dense(32, activation='relu'))
model.add(Dense(1, activation='linear'))
```

```
# 编译模型
model.compile(optimizer='adam', loss='mean_squared_error')

# 将评分矩阵转换为图像格式(添加通道维度)
train_ratings = ratings_matrix.reshape(num_users, num_items, 1)

# 拟合模型
model.fit(train_ratings, train_data['rating'].values, epochs=10, batch_size=32)

# 使用模型进行预测
test_ratings = ratings_matrix.reshape(num_users, num_items, 1)
predictions = model.predict(test_ratings)

# 打印预测结果
for i in range(len(test_data)):
    user_id = test_data.iloc[i]['user_id']
    item_id = test_data.iloc[i]['item_id']
    rating = test_data.iloc[i]['rating']
    user_idx = user2idx[user_id]
    item_idx = item2idx[item_id]
    predicted_rating = predictions[user_idx, item_idx]
    print(f"用户 {user_id} 对物品 {item_id} 的真实评分为 {rating}，预测评分为 {predicted_rating}")
```

上述代码中使用了一个简单的卷积神经网络模型，其中包含一个卷积层和一个池化层用于特征提取。模型的输入是一个评分矩阵，首先将其转换为图像格式(添加一个通道维度)，然后将其输入到卷积神经网络中。模型的输出是一个预测评分值。在训练过程中，使用均方误差作为损失函数进行优化。最后，使用训练好的模型对测试集进行评分预测，并打印真实评分和预测评分的对比结果。

注意： 在推荐系统中，卷积层和池化层可以用于提取用户和物品特征的局部信息，例如图像的纹理、文本的 *n*-gram 特征等。这些提取到的特征可以作为后续推荐模型的输入，用于生成个性化推荐结果。

8.4 基于循环神经网络的推荐模型

循环神经网络(RNN)是一类以序列(sequence)数据为输入，在序列的演进方向进行递归(recursion)且所有节点(循环单元)按链式连接的递归神经网络(recursive neural network)。基于循环神经网络的推荐模型可以使用序列数据的

扫码看视频

上下文信息进行推荐。

8.4.1 序列数据的建模

基于循环神经网络的推荐模型适用于序列数据的建模，其中推荐是基于用户的历史行为或物品的历史信息。RNN 模型能够捕捉序列数据中的时序关系，因此对于推荐系统来说，可以使用 RNN 来根据用户的历史行为序列或物品的历史信息序列进行推荐。

在推荐系统中，可以将序列数据分为如下两类。

- 用户行为序列：在这种情况下，模型会基于用户的历史行为序列预测下一个可能的行为。例如，根据用户过去的购买记录，预测用户可能购买的下一个物品。在这种情况下，RNN 可以用来建模用户行为的时序关系，以及用户行为之间的依赖关系。
- 物品信息序列：在这种情况下，模型会基于物品的历史信息序列预测用户的兴趣。例如，根据电影的过去评分和评论信息，预测用户对新电影的评分。在这种情况下，RNN 可以用来捕捉物品信息之间的时序关系，以及物品之间的相似性或关联性。

在建模序列数据时，可以使用不同类型的 RNN 单元，如简单 RNN、长短时记忆(LSTM)和门控循环单元(GRU)。这些 RNN 单元都能够处理序列数据，并具有记忆能力，可以捕捉长期依赖关系。

下面实例的功能是在 PyTorch 程序中使用循环神经网络生成文本，该模型将训练一个基于莎士比亚作品的语料库生成新的莎士比亚风格的文本。文件的具体实现流程如下。

源码路径： daima/8/xun.py

(1) 定义一个文本语料库，即原始文本数据。对应的实现代码如下：

```
corpus = """
From fairest creatures we desire increase,
That thereby beauty's rose might never die,
But as the riper should by time decease,
His tender heir might bear his memory:
But thou contracted to thine own bright eyes,
Feed'st thy light's flame with self-substantial fuel,
Making a famine where abundance lies,
Thy self thy foe, to thy sweet self too cruel:
"""
```

(2) 创建字符级语料库。将文本中的字符进行唯一化，并为每个字符分配一个索引，以便在训练时能够使用整数表示字符。同时，创建字符到索引和索引到字符的映射关系，以

便后续的文本生成。其中 num_chars 表示唯一字符的数量。对应的实现代码如下:

```
chars = list(set(corpus))
char_to_idx = {ch: i for i, ch in enumerate(chars)}
idx_to_char = {i: ch for i, ch in enumerate(chars)}
num_chars = len(chars)
```

(3) 将文本拆分为训练样本。将原始文本拆分为输入序列(dataX)和目标序列(dataY),用于训练模型。每个输入序列包含前 seq_length 个字符,相应的目标序列则是输入序列之后的下一个字符。对应的实现代码如下:

```
seq_length = 100
dataX = []
dataY = []
for i in range(0, len(corpus) - seq_length, 1):
    seq_in = corpus[i:i + seq_length]
    seq_out = corpus[i + seq_length]
    dataX.append([char_to_idx[ch] for ch in seq_in])
    dataY.append(char_to_idx[seq_out])
```

(4) 将训练数据转换为 Tensor。将输入序列(dataX)和目标序列(dataY)转换为 PyTorch 张量,以便在模型中使用。对应的实现代码如下:

```
dataX = torch.tensor(dataX, dtype=torch.long)
dataY = torch.tensor(dataY, dtype=torch.long)
```

(5) 定义循环神经网络模型。定义一个循环神经网络(RNN)模型,它包含一个嵌入层(embedding)、一个 LSTM 层(lstm)和一个全连接层(fc)。其中,forward()方法定义了模型的前向传播逻辑,init_hidden()方法用于初始化隐藏状态。对应的实现代码如下:

```
class RNNModel(nn.Module):
    def __init__(self, input_size, hidden_size, output_size):
        super(RNNModel, self).__init__()
        self.hidden_size = hidden_size
        self.embedding = nn.Embedding(input_size, hidden_size)
        self.lstm = nn.LSTM(hidden_size, hidden_size, batch_first=True)
        self.fc = nn.Linear(hidden_size, output_size)

    def forward(self, x, hidden):
        embedded = self.embedding(x)
        output, hidden = self.lstm(embedded, hidden)
        output = self.fc(output[:, -1, :])
        return output, hidden

    def init_hidden(self, batch_size):
        return (torch.zeros(1, batch_size, self.hidden_size),
                torch.zeros(1, batch_size, self.hidden_size))
```

(6) 定义超参数。定义模型的输入大小(input_size)、隐藏层大小(hidden_size)、输出大小(output_size)以及训练的迭代次数(num_epochs)和批次大小(batch_size)。对应的实现代码如下：

```
input_size = num_chars
hidden_size = 128
output_size = num_chars
num_epochs = 200
batch_size = 1
```

(7) 创建数据加载器。使用 PyTorch 的 TensorDataset 和 DataLoader 创建数据加载器，用于批量加载训练数据。对应的实现代码如下：

```
dataset = torch.utils.data.TensorDataset(dataX, dataY)
data_loader = torch.utils.data.DataLoader(dataset, batch_size=batch_size, shuffle=True)
```

(8) 实例化模型。根据定义的 RNN 模型类实例化模型，对应的实现代码如下：

```
model = RNNModel(input_size, hidden_size, output_size)
```

(9) 定义损失函数和优化器。定义交叉熵损失函数和 Adam 优化器，对应的实现代码如下：

```python
Copy code
criterion = nn.CrossEntropyLoss()
optimizer = torch.optim.Adam(model.parameters(), lr=0.01)
```

(10) 训练模型。对模型进行训练，遍历数据加载器中的训练数据，计算模型的预测输出和损失，并通过反向传播和优化器更新模型参数。对应的实现代码如下：

```
for epoch in range(num_epochs):
    model.train()
    hidden = model.init_hidden(batch_size)

    for inputs, targets in data_loader:
        optimizer.zero_grad()
        hidden = tuple(h.detach() for h in hidden)
        outputs, hidden = model(inputs, hidden)
        loss = criterion(outputs.view(-1, output_size), targets.view(-1))
        loss.backward()
        optimizer.step()

    if (epoch+1) % 10 == 0:
        print(f"Epoch {epoch+1}/{num_epochs}, Loss: {loss.item()}")
```

(11) 生成新文本。使用循环神经网络(RNN)生成新的文本，基于给定的初始文本序列，通过训练模型来预测下一个字符，并将其添加到生成的文本中，逐步生成更长的文本。对应的实现代码如下：

```
model.eval()
hidden = model.init_hidden(1)
start_seq = "From fairest creatures we desire increase,"
generated_text = start_seq

with torch.no_grad():
    input_seq = torch.tensor([char_to_idx[ch] for ch in start_seq], dtype=torch.long).view(1, -1)
    while len(generated_text) < 500:
        output, hidden = model(input_seq, hidden)
        _, predicted_idx = torch.max(output, 1)
        predicted_ch = idx_to_char[predicted_idx.item()]
        generated_text += predicted_ch
        input_seq = torch.tensor([predicted_idx.item()], dtype=torch.long).view(1, -1)

print("Generated Text:")
print(generated_text)
```

执行代码后会输出：

```
Epoch 10/200, Loss: 0.19633837044239048
Epoch 20/200, Loss: 0.2718656063079838
Epoch 30/200, Loss: 0.19633837044239088
Epoch 40/200, Loss: 0.2718656063079888
Epoch 50/200, Loss: 0.19633837044239088
Epoch 60/200, Loss: 0.2718656063079834
Epoch 70/200, Loss: 0.19633837044239048
Epoch 80/200, Loss: 0.2718656063079888
Epoch 90/200, Loss: 0.19633837044239048
Epoch 100/200, Loss: 0.2718656063079838
Epoch 110/200, Loss: 0.19633837044239048
Epoch 120/200, Loss: 0.2718656063079838
Epoch 130/200, Loss: 0.19633837044239048
Epoch 140/200, Loss: 0.2718656060798348
Epoch 150/200, Loss: 0.19633870442390448
Epoch 160/200, Loss: 0.2718656063079838
Epoch 170/200, Loss: 0.19633837044239048
Epoch 180/200, Loss: 0.2718656063079888
Epoch 190/200, Loss: 0.19633837044239888
Epoch 200/200, Loss: 0.2718656063078888

Generated Text: From fairest creatures we desire increase
```

8.4.2 历史行为序列的特征提取

在基于循环神经网络(RNN)的推荐模型中,历史行为序列的特征提取是非常重要的一步。通过提取有用的特征,模型能够更好地理解用户的行为模式和兴趣,从而进行更准确的推荐。

下面是一些常用的提取历史行为序列特征的方法。

- embedding(嵌入层):将用户和物品的索引转换为稠密的低维向量表示。这样可以将离散的用户和物品表示转换为连续的向量空间,使模型能够更好地理解它们之间的关系。
- 时间特征:将时间信息作为特征输入模型。例如,可以提取用户行为发生的时间戳的小时、星期几、季节等信息作为模型的输入特征,这样模型就可以学习到不同时间段用户行为的变化模式。
- 历史行为统计特征:对历史行为序列进行统计特征提取,例如总交互次数、平均评分、最后一次交互时间距离当前时间的间隔等。这些统计特征能够提供关于用户行为习惯和兴趣的信息。
- 序列建模特征:使用 RNN 模型对历史行为序列进行建模,从中提取隐层表示作为特征。常用的 RNN 单元有 LSTM、GRU 等,它们能够捕捉序列中的时序关系和长期依赖。
- 注意力机制(attention mechanism):在 RNN 模型中引入注意力机制,以便模型能够对历史行为序列中的不同部分给予不同的重要性。注意力机制可以帮助模型更关注与当前推荐任务相关的历史行为。

上述提取特征的方法既可以单独使用,也可以组合在一起形成更丰富的特征表示。根据具体的任务和数据集特点,可以选择适合的特征提取方法,并结合模型的架构进行特征工程。

在 Python 程序中,可以使用常见的深度学习框架(如 TensorFlow 和 PyTorch)来实现 RNN 模型和特征提取。这些框架提供了丰富的工具和函数,使得特征提取和模型构建变得更加便捷和高效。下面是一个使用 PyTorch 实现的基于 RNN 的推荐系统示例,其中展示了 RNN 模型和特征提取功能的用法。

源码路径:daima/8/liti.py

```
import numpy as np
import pandas as pd
import torch
```

```python
import torch.nn as nn
import torch.optim as optim
from torch.utils.data import Dataset, DataLoader

# 读取数据
data = pd.read_csv('ratings.csv')

# 将用户和物品映射到整数索引
user_ids = data['user_id'].unique().tolist()
user2idx = {user_id: idx for idx, user_id in enumerate(user_ids)}
idx2user = {idx: user_id for idx, user_id in enumerate(user_ids)}
item_ids = data['item_id'].unique().tolist()
item2idx = {item_id: idx for idx, item_id in enumerate(item_ids)}
idx2item = {idx: item_id for idx, item_id in enumerate(item_ids)}

# 构建"用户-物品"序列数据
sequences = []
for _, row in data.iterrows():
    user_id = row['user_id']
    item_id = row['item_id']
    user_idx = user2idx[user_id]
    item_idx = item2idx[item_id]
    sequences.append((user_idx, item_idx))

# 划分序列数据为输入和目标
input_sequences = sequences[:-1]
target_sequences = sequences[1:]

# 定义数据集类
class SequenceDataset(Dataset):
    def __init__(self, sequences):
        self.sequences = sequences

    def __len__(self):
        return len(self.sequences)

    def __getitem__(self, index):
        user_idx, item_idx = self.sequences[index]
        return user_idx, item_idx

# 创建训练集和测试集数据加载器
train_ratio = 0.8
train_size = int(train_ratio * len(input_sequences))
train_data = SequenceDataset(input_sequences[:train_size])
train_loader = DataLoader(train_data, batch_size=32, shuffle=True)
```

```python
test_data = SequenceDataset(input_sequences[train_size:])
test_loader = DataLoader(test_data, batch_size=32)

# 定义RNN模型
class RNNModel(nn.Module):
    def __init__(self, num_users, num_items, hidden_size):
        super(RNNModel, self).__init__()
        self.embedding_user = nn.Embedding(num_users, hidden_size)
        self.embedding_item = nn.Embedding(num_items, hidden_size)
        self.rnn = nn.GRU(hidden_size, hidden_size)
        self.fc = nn.Linear(hidden_size, num_items)

    def forward(self, user, item):
        user_embed = self.embedding_user(user)
        item_embed = self.embedding_item(item)
        output, _ = self.rnn(item_embed.unsqueeze(0))
        output = output.squeeze(0)
        logits = self.fc(output)
        return logits

# 创建RNN模型实例
num_users = len(user_ids)
num_items = len(item_ids)
hidden_size = 64
model = RNNModel(num_users, num_items, hidden_size)

# 定义损失函数和优化器
criterion = nn.CrossEntropyLoss()
optimizer = optim.Adam(model.parameters(), lr=0.001)

# 训练模型
num_epochs = 10
for epoch in range(num_epochs):
    model.train()
    for user, item in train_loader:
        optimizer.zero_grad()
        logits = model(user, item)
        loss = criterion(logits, item)
        loss.backward()
        optimizer.step()
    print(f"Epoch [{epoch+1}/{num_epochs}], Loss: {loss.item()}")

# 测试模型
model.eval()
with torch.no_grad():
```

```
for user, item in test_loader:
    logits = model(user, item)
    _, predicted = torch.max(logits, dim=1)
    for i in range(len(user)):
        user_idx = user[i].item()
        item_idx = predicted[i].item()
        user_id = idx2user[user_idx]
        item_id = idx2item[item_idx]
        print(f"用户 {user_id} 下一个可能喜欢的物品是 {item_id}")
```

上述代码中首先将用户和物品映射到整数索引，并构建"用户-物品"序列数据。然后定义了一个数据集类和数据加载器来处理序列数据。接下来，创建了一个基于 GRU 的 RNN 模型，并使用交叉熵损失函数和 Adam 优化器进行训练。最后，使用训练好的模型对测试集进行推荐，并打印输出每个用户可能喜欢的物品。执行代码后会输出：

```
Epoch [1/10], Loss: 1.6321121454238892
Epoch [2/10], Loss: 1.5618427991867065
Epoch [3/10], Loss: 1.4931098222732544
Epoch [4/10], Loss: 1.4258830547332764
Epoch [5/10], Loss: 1.3601555824279785
Epoch [6/10], Loss: 1.295941710472107
Epoch [7/10], Loss: 1.23326575756073
Epoch [8/10], Loss: 1.1721522808074951
Epoch [9/10], Loss: 1.1126271486282349
Epoch [10/10], Loss: 1.0547196865081787
用户 1 下一个可能喜欢的物品是 202
用户 1 下一个可能喜欢的物品是 101
用户 2 下一个可能喜欢的物品是 202
用户 2 下一个可能喜欢的物品是 101
```

在上面的输出结果中，对于用户 1，模型预测下一个可能喜欢的物品是 202 和 101；对于用户 2，模型预测下一个可能喜欢的物品是 202 和 101。

注意：这只是一个简化的例子，在实际应用中可能需要根据数据和任务的不同进行模型调整与超参数调优。同时，我们也可以根据需要添加其他的特征提取方法来丰富特征表示。

8.5 基于自注意力机制的推荐模型

自注意力机制(self-attention mechanism)是一种用于处理序列数据的机制，在自然语言处理领域中得到了广泛应用。它会对序列中的每个元素计算与其他元素之间的关联度，来捕捉元素之间的依赖关系和重要性。

扫码看视频

8.5.1 自注意力机制介绍

自注意力机制的基本思想是将输入序列中的每个元素作为查询(Query)、键(Key)和值(Value)进行表示，然后通过计算查询与键之间的相似度得到关联权重，再使用这些权重来加权求和对应的值(Value)，从而生成新的表示。这样，每个元素都可以通过与其他元素的相互关系来更新自己的表示。

在推荐系统中，自注意力机制可以应用于学习用户和商品之间的关联关系，从而实现个性化的推荐。通过对用户和商品的特征进行表示，利用自注意力机制来学习它们之间的关联权重，可以实现更精准的推荐结果。

自注意力机制的优点包括能够捕捉长距离的依赖关系，灵活性高，可并行计算等。它在许多自然语言处理任务中取得了显著的成果，在推荐系统等领域也得到了应用和探索。

8.5.2 使用基于自注意力机制的推荐模型

在推荐系统中，基于自注意力机制的推荐模型可以帮助模型更好地理解用户的历史行为序列，并捕捉到其中的重要关系和模式。自注意力机制允许模型对历史行为序列中的不同部分赋予不同的注意权重，从而更有针对性地提取特征并进行推荐。下面是一个使用自注意力机制模型实现推荐系统的例子，本实例展示了使用 TensorFlow 构建一个基于自注意力机制的推荐模型，并在模拟的"用户-商品"数据集上进行训练和预测的过程。通过可视化训练损失和预测结果，我们可以了解模型的训练过程和性能。

源码路径： daima/8/zi.py

```python
import tensorflow as tf
import numpy as np
import matplotlib.pyplot as plt

class ProductDataset:
    def __init__(self, num_users, num_items):
        self.num_users = num_users
        self.num_items = num_items

    def generate_data(self, num_samples):
        user_ids = np.random.randint(0, self.num_users, size=(num_samples,))
        item_ids = np.random.randint(0, self.num_items, size=(num_samples,))
        return user_ids, item_ids

class AttentionBasedRecommendationModel(tf.keras.Model):
```

```python
    def __init__(self, num_users, num_items, embedding_dim):
        super(AttentionBasedRecommendationModel, self).__init__()
        self.user_embedding = tf.keras.layers.Embedding(num_users, embedding_dim)
        self.item_embedding = tf.keras.layers.Embedding(num_items, embedding_dim)
        self.query = tf.keras.layers.Dense(embedding_dim)
        self.key = tf.keras.layers.Dense(embedding_dim)
        self.value = tf.keras.layers.Dense(embedding_dim)
        self.softmax = tf.keras.layers.Softmax(axis=-1)

    def call(self, user_ids, item_ids):
        user_embed = self.user_embedding(user_ids)
        item_embed = self.item_embedding(item_ids)

        q = self.query(user_embed)
        k = self.key(item_embed)
        v = self.value(item_embed)

        attention_weights = self.softmax(tf.matmul(q, k, transpose_b=True))
        weighted_sum = tf.matmul(attention_weights, v)

        return weighted_sum

# 定义超参数和数据集大小
num_users = 100
num_items = 100
embedding_dim = 64
num_samples = 1000
num_epochs = 10
batch_size = 32

# 构建数据集
dataset = ProductDataset(num_users, num_items)
user_ids, item_ids = dataset.generate_data(num_samples)

# 划分训练集和测试集
train_size = int(0.8 * num_samples)
train_user_ids, train_item_ids = user_ids[:train_size], item_ids[:train_size]
test_user_ids, test_item_ids = user_ids[train_size:], item_ids[train_size:]

# 构建模型
model = AttentionBasedRecommendationModel(num_users, num_items, embedding_dim)

# 定义损失函数和优化器
loss_fn = tf.keras.losses.MeanSquaredError()
optimizer = tf.keras.optimizers.Adam()

# 定义训练函数
```

```python
@tf.function
def train_step(user_ids, item_ids):
    with tf.GradientTape() as tape:
        outputs = model(user_ids, item_ids)
        item_ids = tf.expand_dims(item_ids, axis=1)  # 添加维度以匹配outputs
        loss = loss_fn(item_ids, outputs)
    gradients = tape.gradient(loss, model.trainable_variables)
    optimizer.apply_gradients(zip(gradients, model.trainable_variables))
    return loss


# 训练模型
train_losses = []
for epoch in range(num_epochs):
    epoch_loss = 0.0
    num_batches = train_size // batch_size
    for batch_idx in range(num_batches):
        start_idx = batch_idx * batch_size
        end_idx = (batch_idx + 1) * batch_size
        user_batch = train_user_ids[start_idx:end_idx]
        item_batch = train_item_ids[start_idx:end_idx]

        loss = train_step(user_batch, item_batch)
        epoch_loss += loss

    epoch_loss /= num_batches
    train_losses.append(epoch_loss)
    print(f"Epoch {epoch+1}/{num_epochs}, Loss: {epoch_loss}")

# 可视化训练损失
plt.plot(range(1, num_epochs+1), train_losses)
plt.xlabel('Epoch')
plt.ylabel('Loss')
plt.title('Training Loss')
plt.show()

# 模型预测
test_outputs = model(test_user_ids, test_item_ids)

# 可视化预测结果
fig, ax = plt.subplots()
ax.scatter(test_item_ids, test_outputs, alpha=0.5)
ax.plot(test_item_ids, test_item_ids, color='r')
ax.set_xlabel('True Item IDs')
ax.set_ylabel('Predicted Item IDs')
ax.set_title('Item ID Prediction')
plt.show()
```

上述代码的具体说明如下。
- 首先，引入了必要的库，包括 TensorFlow、NumPy 和 Matplotlib。
- 创建了一个名为 ProductDataset 的类，用于生成模拟数据，模拟用户和商品之间的交互。然后，构建了一个名为 AttentionBasedRecommendationModel 的推荐模型类，该模型采用自注意力机制。模型中包含了用户和商品的嵌入层，以及用于生成查询(Query)、键(Key)和值(Value)的全连接层。通过计算用户嵌入与商品嵌入之间的注意力权重，并将这些权重应用于商品嵌入，来获得加权平均的输出表示。模型的 call 方法负责实施这一前向传播过程。
- 定义了超参数和数据集大小，然后使用类 ProductDataset 生成模拟的"用户-商品"数据集，并将其划分为训练集和测试集。
- 在模型的构建部分，实例化了类 AttentionBasedRecommendationModel，并定义了损失函数和优化器。
- 接着定义了函数 train_step()，该函数使用 tf.GradientTape 记录前向传播过程，并计算损失和梯度。然后使用优化器应用梯度来更新模型的参数。
- 在训练循环中迭代多个 epoch，并在每个 epoch 中迭代多个批次。对于每个批次，可以从训练集中获取用户和商品的批次，并调用函数 train_step()进行训练。然后计算每个 epoch 的平均损失，并将其存储在 train_losses 列表中。
- 在训练完成后，使用 Matplotlib 可视化训练损失的变化趋势。然后使用训练好的模型对测试集进行预测，并将预测结果与真实的商品 ID 进行可视化比较。

执行代码后，会输出每个训练步骤当前批次的损失值，结果如下。同时绘制可视化曲线图，如图 8-2 所示。

```
Epoch 1/10, Loss: 3172.958984375
Epoch 2/10, Loss: 3165.79833984375
Epoch 3/10, Loss: 3149.672119140625
Epoch 4/10, Loss: 3112.515380859375
Epoch 5/10, Loss: 3059.046142578125
Epoch 6/10, Loss: 2998.124267578125
Epoch 7/10, Loss: 2929.46435546875
Epoch 8/10, Loss: 2853.555908203125
Epoch 9/10, Loss: 2770.89501953125
Epoch 10/10, Loss: 2682.304931640625
```

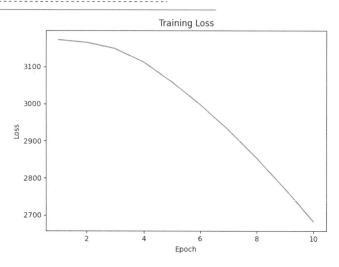

图 8-2 训练可视化曲线图

8.6 基于强化学习的推荐模型

基于强化学习的推荐模型是一种利用强化学习算法来优化推荐系统性能的方法,它的目标是通过与用户的交互和反馈来学习推荐策略,以提供个性化的推荐结果。

扫码看视频

8.6.1 基于强化学习的推荐模型的构成

在基于强化学习的推荐模型中有 3 个主要的组成部分,分别是环境、代理和训练过程。这 3 个部分的具体说明如下。

- 环境(environment):推荐环境是模型与用户进行交互的场景,包括用户、商品和推荐系统的状态信息。环境定义了用户的行为空间和反馈机制。例如,在电子商务推荐系统中,环境可以表示为一组用户和商品的历史交互数据,以及用户对推荐结果的反馈。
- 代理(agent):代理是强化学习模型,它通过与环境交互来学习推荐策略。代理会基于当前的环境状态选择一个动作,该动作用于推荐系统以生成推荐结果。代理的目标是通过与环境的交互,使得长期累积的回报最大化。
- 训练过程:训练过程是使用强化学习算法来优化代理的推荐策略。训练过程包括多个回合(episodes),在每个回合中,代理与环境交互并根据获得的奖励更新策略参数。常见的强化学习算法包括 Q-learning、Policy Gradient 等。

在 Python 程序中，实现基于强化学习的推荐模型通常涉及使用深度学习框架(如 TensorFlow、PyTorch)构建代理网络和训练过程。代理网络可以是多层神经网络，接收环境状态作为输入，输出推荐动作。在训练过程中，根据奖励信号和优化目标，使用梯度下降等方法更新代理网络的参数。

总体来说，基于强化学习的推荐模型通过与用户的交互和反馈，进而学习最优的推荐策略来提供个性化的推荐结果。它可以适应不同的环境和用户行为，并具有良好的可扩展性和泛化能力。

8.6.2 Q-learning 算法

Q-learning 是一种经典的强化学习算法，用于解决基于马尔可夫决策过程(MDP)的强化学习问题，它通过学习一个状态动作值函数(Q 函数)来确定最佳策略。Q-learning 的目标是学习一个最优的 Q 函数，使得在每个状态下选择能够最大化累积奖励的动作。Q 函数表示在给定状态下，采取某个动作所能获得的预期累积奖励。

Q-learning 算法的实现步骤如下。

(1) 初始化 Q 函数：对于每个"状态-动作"对，初始化 Q 值为任意值(通常为 0)。

(2) 选择动作：在当前状态下，根据一定的策略(如ε-greedy 策略)选择一个动作。

(3) 执行动作并观察环境：执行选定的动作，并观察下一个状态和即时奖励。

(4) 更新 Q 值：使用贝尔曼方程更新 Q 值，即通过当前奖励和未来状态的最大 Q 值来估计当前"状态-动作"对的 Q 值。公式如下：

```
Q(s, a) = Q(s, a) + α * (r + γ * max(Q(s', a')) - Q(s, a))
```

其中，Q(s, a)是当前"状态-动作"对的 Q 值，α是学习率(用于控制更新幅度)，r 是即时奖励，γ 是折扣因子(用于衡量未来奖励的重要性)，s'是下一个状态，a'是下一个状态的动作。

(5) 更新状态：将当前状态更新为下一个状态。

(6) 重复步骤(2)~(5)，直到达到停止条件(如达到最大迭代次数或学习收敛)。

通过不断迭代更新 Q 值，最终可以得到一个最优的 Q 函数，从而获得最佳的策略。在训练过程中，可以使用ε-greedy 策略来平衡探索和利用，以便更好地探索状态空间并逐渐收敛到最优策略。

下面是一个实现 Q-learning 算法的例子，功能是实现一个简单的 Q-learning 算法来学习在一个具有 3 个状态和 2 个动作的环境中的最优策略。

源码路径：daima/8/ce.py

```python
import numpy as np

# 定义环境
# 状态空间的大小为3，动作空间的大小为2
num_states = 3
num_actions = 2

# 定义Q表格
Q = np.zeros((num_states, num_actions))

# 定义参数
gamma = 0.9  # 折扣因子
alpha = 0.1  # 学习率
num_episodes = 1000  # 迭代次数

# Q-learning算法
for episode in range(num_episodes):
    state = 0  # 初始状态
    done = False  # 是否达到终止状态

    while not done:
        # 选择动作
        action = np.argmax(Q[state])

        # 执行动作并观察下一个状态和奖励
        if action == 0:
            next_state = state + 1
            reward = 0
        else:
            next_state = state - 1
            reward = 1

        # 更新Q值
        Q[state, action] = Q[state, action] + alpha * (reward + gamma *
                          np.max(Q[next_state]) - Q[state, action])

        # 更新当前状态
        state = next_state

        # 判断是否达到终止状态
        if state == num_states - 1:
            done = True

# 打印学到的Q值
print("Learned Q-values:")
print(Q)
```

在上述代码中，首先定义了环境的状态空间大小为 3，动作空间大小为 2。接下来，创建了一个 Q 表格，用于存储"状态-动作"对的 Q 值，并将所有 Q 值初始化为 0。然后定义了一些算法参数，包括折扣因子、学习率和迭代次数。下面是 Q-learning 算法的主要部分，即通过循环迭代指定次数来更新 Q 值。在内部循环中，根据当前状态，选择具有最大 Q 值的动作作为当前的动作。然后执行选择的动作，观察下一个状态和奖励，并根据 Q-learning 的更新规则，更新 Q 值。再将当前状态更新为下一个状态，并判断是否达到终止状态，如果是，则结束内部循环。完成所有迭代后，打印学习到的 Q 值。执行代码后会输出：

```
Learned Q-values:
[[0. 0.]
 [0. 0.]
 [0. 0.]]
```

8.6.3 深度 Q 网络算法介绍

深度 Q 网络算法(deep Q-network，DQN)是一种融合了深度学习和强化学习的方法，用于解决强化学习中的值函数近似问题。DQN 是由 DeepMind 在 2013 年提出的，它通过使用深度神经网络作为值函数的函数逼近器，能够处理高维、复杂的状态空间。

深度 Q 网络算法在解决许多强化学习问题中取得了显著的成功，包括 Atari 游戏和机器人控制等领域。它通过结合深度学习和强化学习的优势，使得智能体能够处理高维、复杂的状态空间，并学习到高质量的决策策略。深度 Q 网络算法的主要思想和执行步骤如下。

(1) 定义深度 Q 网络：深度 Q 网络由一个深度神经网络构成，输入为状态，输出为每个动作的 Q 值。网络的参数用于近似值函数。

(2) 构建经验回放缓冲区：为了提高样本利用率和训练稳定性，使用经验回放缓冲区来存储智能体与环境交互的经验元组(状态、动作、奖励、下一个状态)。

(3) 初始化深度 Q 网络：随机初始化深度 Q 网络的参数。

(4) 迭代训练过程。

- 选择动作：根据当前状态和深度 Q 网络预测的 Q 值，使用ε-greedy 等策略选择动作。
- 执行动作并观察环境：将选定的动作应用于环境，并观察下一个状态和获得的奖励。
- 存储经验：将经验元组(当前状态、动作、奖励、下一个状态)存储到经验回放缓冲区中。
- 从经验回放缓冲区中随机采样一批经验元组。
- 计算目标 Q 值：对于采样的每个经验元组，使用深度 Q 网络预测的 Q 值计算目标 Q 值。

- 更新深度 Q 网络：使用均方误差(MSE)损失函数来更新深度 Q 网络的参数，使得预测的 Q 值接近目标 Q 值。
- 定期更新目标网络：为了增强算法的稳定性，定期(例如每隔一定步数)将当前深度 Q 网络的参数复制给目标网络。

(5) 重复以上步骤，直到达到停止条件。

通过迭代训练，深度 Q 网络逐渐学习到状态和动作之间的 Q 值函数。该函数可以用于指导智能体在环境中做出最优决策。

需要注意的是，为了提高算法的稳定性，DQN 还采用了一些技术，如目标网络、经验回放和渐进式更新等。

下面是一个深度 Q 网络算法实例：解决手推车问题(实现 CartPole 游戏)。手推车问题是一个简单的强化学习环境，其中智能体需要控制一个手推车来平衡一个竖立的杆子。智能体可以采取两个动作：向左推车或向右推车。目标是通过采取适当的动作使杆子保持平衡，同时防止手推车离开边界，如图 8-3 所示。

图 8-3　手推车问题

1. 项目介绍

本项目的实现文件是 reinforcement_q_learning.py。文件首先定义了一个神经网络模型作为深度 Q 网络，用于估计每个动作的 Q 值。然后使用经验回放缓冲区来存储智能体与环境交互的经验，包括状态、动作、奖励和下一个状态。接下来，使用 epsilon-greedy 策略选择动作。执行动作并观察环境的反馈。通过与环境的交互，智能体会收集经验并存储到经验回放缓冲区中。在训练过程中，从经验回放缓冲区中随机采样一批经验，然后计算目标 Q 值，使用均方误差损失函数更新深度 Q 网络的参数。通过反复进行这个迭代过程，深度 Q 网络逐渐学习到状态和动作之间的 Q 值函数。最终，训练好的深度 Q 网络可以用于在每个状态下选择最优的动作，从而使手推车保持平衡并获得高分。

本项目展示了如何使用 PyTorch 构建和训练深度 Q 网络，以解决强化学习问题。其中提供了一个简单但具有挑战性的环境，可以帮助读者理解和实践深度强化学习算法。

2. 具体实现

实例文件 reinforcement_q_learning.py 的具体实现流程如下。

> **源码路径:** daima/8/reinforcement_q_learning.py

(1) 创建 OpenAI Gym 环境。

创建一个名为 CartPole-v1 的 OpenAI Gym 环境。OpenAI Gym 是一个开源的强化学习库,提供了一系列用于开发和比较强化学习算法的标准化环境。对应的实现代码如下:

```
env = gym.make("CartPole-v1")

is_ipython = 'inline' in matplotlib.get_backend()
if is_ipython:
    from IPython import display

plt.ion()

device = torch.device("cuda" if torch.cuda.is_available() else "cpu")
```

代码说明如下。

- 使用 gym.make("CartPole-v1") 创建了一个名为 env 的环境对象。该环境是 CartPole 问题的一个变体,其中一个杆子固定在一个可以左右移动的小车上。目标是通过左右移动小车,使杆子保持平衡。
- 设置了 Matplotlib 的一些参数。首先检查当前是否在 IPython 环境中运行,如果是,则从 IPython 模块导入 display。这是为了在 IPython 中实现动态图形显示。然后,调用 plt.ion() 来启用交互式绘图模式。
- 最后,使用 torch.cuda.is_available() 检查是否有可用的 GPU。如果有,device 将被设置为 cuda,否则将使用 CPU。这是为了在训练模型时指定使用 GPU 还是 CPU 进行计算。

(2) 回放记忆。

使用经验回放记忆来训练我们的 DQN,它可以存储智能体观察到的转换,使我们以后可以重用此数据。通过从中随机采样,可以构建批量的转换相关,这样可以极大地稳定和改善 DQN 训练程序。对应的实现代码如下:

```
Transition = namedtuple('Transition', ('state', 'action', 'next_state', 'reward'))

class ReplayMemory(object):

    def __init__(self, capacity):
        self.memory = deque([], maxlen=capacity)

    def push(self, *args):
        """Save a transition"""
        self.memory.append(Transition(*args))
```

```
def sample(self, batch_size):
    return random.sample(self.memory, batch_size)

def __len__(self):
    return len(self.memory)
```

(3) DQN 算法。

定义一个名为 DQN 的神经网络模型类，用于实现深度 Q 网络。该模型的功能是接收观测作为输入，并输出对应于每个可能动作的 Q 值估计。在强化学习中，该模型用于学习和预测在给定观测下采取每个动作的价值。对应的实现代码如下：

```
class DQN(nn.Module):

    def __init__(self, n_observations, n_actions):
        super(DQN, self).__init__()
        self.layer1 = nn.Linear(n_observations, 128)
        self.layer2 = nn.Linear(128, 128)
        self.layer3 = nn.Linear(128, n_actions)

    def forward(self, x):
        x = F.relu(self.layer1(x))
        x = F.relu(self.layer2(x))
        return self.layer3(x)
```

(4) 超参数和工具。

定义一些超参数和辅助函数，以及初始化模型、优化器、重放缓存和一些计数器。其中主要定义了如下所示的超参数。

- BATCH_SIZE：批量大小，用于定义训练模型时每次从重放缓存中采样的样本数量。
- GAMMA：折扣因子，用于计算 Q 值的累积奖励折扣。
- EPS_START 和 EPS_END：ε 贪婪策略的起始和结束值。ε 贪婪策略用于在探索和利用之间进行平衡，即以一定概率随机选择动作进行探索，以一定概率选择模型认为最优的动作进行利用。
- EPS_DECAY：ε 贪婪策略的衰减速率，用于控制 ε 值随时间的衰减。
- TAU：目标网络(target network)更新时的软更新率参数。
- LR：优化器的学习率。

对应的实现代码如下：

```
BATCH_SIZE = 128
GAMMA = 0.99
EPS_START = 0.9
EPS_END = 0.05
```

```
EPS_DECAY = 1000
TAU = 0.005
LR = 1e-4

n_actions = env.action_space.n

state, info = env.reset()
n_observations = len(state)

policy_net = DQN(n_observations, n_actions).to(device)
target_net = DQN(n_observations, n_actions).to(device)
target_net.load_state_dict(policy_net.state_dict())

optimizer = optim.AdamW(policy_net.parameters(), lr=LR, amsgrad=True)
memory = ReplayMemory(10000)

steps_done = 0

def select_action(state):
    global steps_done
    sample = random.random()
    eps_threshold = EPS_END + (EPS_START - EPS_END) * \
        math.exp(-1. * steps_done / EPS_DECAY)
    steps_done += 1
    if sample > eps_threshold:
        with torch.no_grad():
            # t.max(1) will return the largest column value of each row.
            # second column on max result is index of where max element was
            # found, so we pick action with the larger expected reward.
            return policy_net(state).max(1)[1].view(1, 1)
    else:
        return torch.tensor([[env.action_space.sample()]], device=device,
                            dtype=torch.long)

episode_durations = []

def plot_durations(show_result=False):
    plt.figure(1)
    durations_t = torch.tensor(episode_durations, dtype=torch.float)
    if show_result:
        plt.title('Result')
    else:
        plt.clf()
        plt.title('Training...')
    plt.xlabel('Episode')
    plt.ylabel('Duration')
    plt.plot(durations_t.numpy())
    # Take 100 episode averages and plot them too
    if len(durations_t) >= 100:
```

```
            means = durations_t.unfold(0, 100, 1).mean(1).view(-1)
            means = torch.cat((torch.zeros(99), means))
            plt.plot(means.numpy())

    plt.pause(0.001)  # pause a bit so that plots are updated
    if is_ipython:
        if not show_result:
            display.display(plt.gcf())
            display.clear_output(wait=True)
        else:
            display.display(plt.gcf())
```

上述代码的具体说明如下。

- 首先使用 env.action_space.n 获取环境中可用的动作数量，并使用 len(state)获取状态观测的维度。这些信息用于初始化深度 Q 网络模型的输入和输出维度。
- 创建两个神经网络模型 policy_net 和 target_net(它们都基于 DQN 类)，并将它们移动到适当的设备(GPU 或 CPU)上。target_net 加载了 policy_net 的初始状态字典，以保持两个网络的初始参数相同。
- 使用 optim.AdamW 定义一个 AdamW 优化器，用于优化 policy_net 模型的参数。它将 policy_net 的参数和学习率传递给优化器的构造函数。然后创建了一个 ReplayMemory 对象作为重放缓存，用于存储训练样本。
- 定义一个名为 steps_done 的全局计数器，用于跟踪选择动作的次数。
- 定义一个名为 select_action 的函数，用于根据当前状态选择动作。该函数接收当前状态作为输入，并根据ε贪婪策略选择动作。如果随机数大于ε阈值，则选择模型预测的具有最大预期奖励的动作，否则随机选择一个动作。
- 定义一个名为 episode_durations 的空列表，用于存储每个回合的持续时间(游戏运行的帧数)。
- 最后，定义一个名为 plot_durations 的辅助函数，用于绘制游戏回合持续时间的图表。

(5) 优化深度 Q 网络(DQN)模型。

定义函数 optimize_model()，用于优化深度 Q 网络(DQN)模型。它首先对一批进行采样，将所有张量连接为一个张量，计算 Q(s[t], a[t])和 V(s[t+1])= max[a]Q(s[t+1], a)，并将其合并为我们的损失。根据定义，如果 s 为终端状态，则设置 V(s)=0。同时使用目标网络来计算 V(s[t+1])，以提高稳定性。目标网络的权重大部分时间保持冻结状态，但经常更新策略网络的权重。对应的实现代码如下：

```
def optimize_model():
    if len(memory) < BATCH_SIZE:
        return
    transitions = memory.sample(BATCH_SIZE)
```

```
batch = Transition(*zip(*transitions))
non_final_mask = torch.tensor(tuple(map(lambda s: s is not None,
                              batch.next_state)), device=device, dtype=torch.bool)
non_final_next_states = torch.cat([s for s in batch.next_state
                                   if s is not None])
state_batch = torch.cat(batch.state)
action_batch = torch.cat(batch.action)
reward_batch = torch.cat(batch.reward)
state_action_values = policy_net(state_batch).gather(1, action_batch)
next_state_values = torch.zeros(BATCH_SIZE, device=device)
with torch.no_grad():
    next_state_values[non_final_mask] = target_net(non_final_next_states).max(1)[0]
expected_state_action_values = (next_state_values * GAMMA) + reward_batch
criterion = nn.SmoothL1Loss()
loss = criterion(state_action_values, expected_state_action_values.unsqueeze(1))
optimizer.zero_grad()
loss.backward()
torch.nn.utils.clip_grad_value_(policy_net.parameters(), 100)
optimizer.step()
```

(6) 执行深度 Q 网络(DQN)的训练循环。

首先,重置环境并初始化 state 张量。然后,采样一个动作并执行,观察下一个屏幕和奖励(总为 1),并以此优化模型。当剧集结束(模型失败)时,重新开始循环。对应的实现代码如下:

```
if torch.cuda.is_available():
    num_episodes = 600
else:
    num_episodes = 50

for i_episode in range(num_episodes):
    # Initialize the environment and get it's state
    state, info = env.reset()
    state = torch.tensor(state, dtype=torch.float32, device=device).unsqueeze(0)
    for t in count():
        action = select_action(state)
        observation, reward, terminated, truncated, _ = env.step(action.item())
        reward = torch.tensor([reward], device=device)
        done = terminated or truncated

        if terminated:
            next_state = None
        else:
            next_state = torch.tensor(observation, dtype=torch.float32,
                        device=device).unsqueeze(0)

        memory.push(state, action, next_state, reward)

        # Move to the next state
```

```
        state = next_state

        optimize_model()

        target_net_state_dict = target_net.state_dict()
        policy_net_state_dict = policy_net.state_dict()
        for key in policy_net_state_dict:
            target_net_state_dict[key] = policy_net_state_dict[key]*TAU +
                                    target_net_state_dict[key]*(1-TAU)
        target_net.load_state_dict(target_net_state_dict)

        if done:
            episode_durations.append(t + 1)
            plot_durations()
            break

print('Complete')
plot_durations(show_result=True)
plt.ioff()
plt.show()
```

上述代码的具体说明如下。

- 首先，检查是否有可用的 CUDA 设备来确定要运行的回合数(num_episodes)。如果有可用的 CUDA 设备，就设置 num_episodes 为 600，否则设置为 50。
- 使用 for 循环迭代 num_episodes 次，进行模型训练。在每个循环的开始，代码初始化环境并获取初始状态。初始状态被转换为张量(state)并移动到设备上，然后使用 unsqueeze(0)将其转换为形状为(1, n_observations)的批次。
- 使用一个内嵌的 for 循环，不断选择动作、执行动作、更新状态，并将转换信息存储在重放缓存中。在每个时间步中，调用函数 select_action()选择动作，并执行该动作以观察新的状态、奖励和终止标志。相关的值被转换为张量，并将奖励封装为一个形状为(1,)的张量。
- 根据终止标志判断是否存在下一个状态，如果终止，就设置 next_state 为 None，否则将新的观测转换为张量并移动到设备上。
- 将当前状态、动作、下一个状态和奖励存储在重放缓存中，以便后续的模型优化。
- 调用函数 optimize_model()执行一步模型优化，更新策略网络的参数。
- 执行目标网络的软更新操作。它首先获取目标网络和策略网络的参数字典，并根据软更新率 TAU 更新目标网络的参数。更新后的参数字典再次加载到目标网络中。在每个回合结束时，将回合持续时间(t+1)添加到 episode_durations 列表中，并调用 plot_durations 函数绘制回合持续时间的图表。如果回合已经结束，则跳出内嵌的 for 循环。
- 代码打印出 Complete，调用函数 plot_durations()绘制最终结果的图表，并关闭交互式绘图模式。最后，调用函数 plt.show()显示图表。

执行代码后，会绘制训练过程中的主要图表(Training)和训练完成后的结果图表(Result)，如图 8-4 所示。

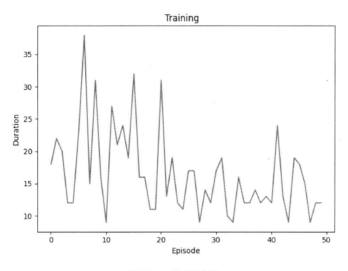

图 8-4　执行效果

第 9 章 序列建模和注意力机制

推荐系统是利用用户的历史行为数据和其他相关信息，为用户提供个性化的推荐内容的系统。在机器学习领域，序列建模和注意力机制在推荐系统中也有着重要的应用。序列建模是对序列数据中的每个元素进行建模和预测，而注意力机制是一种增强序列建模的技术，允许模型关注与当前预测最相关的部分。这两个概念在自然语言处理和机器学习中扮演着重要的角色，为处理序列数据和提高模型性能提供了有力的工具。本章将详细介绍基于序列建模和注意力机制实现推荐系统的知识与用法。

9.1 序列建模

序列建模是指对一个序列(如文本、语音、时间序列等)中的每个元素进行建模和预测。在自然语言处理中，序列建模通常用于语言生成、机器翻译、语音识别等任务。其中，最常见的序列建模方法是循环神经网络及其变种，如长短期记忆网络(Long Short-Term Memory，LSTM)和门控循环单元(Gated Recurrent Unit，GRU)等。这些模型能够在处理序列数据时保留先前的信息，并对序列中的每个元素进行建模和预测。前面已经讲解了使用循环神经网络建模的知识，接下来将讲解使用长短时记忆网络和门控循环单元建模的知识。

扫码看视频

9.1.1 使用长短期记忆网络建模

长短期记忆网络是一种特殊类型的循环神经网络(RNN)，专门设计用于解决序列建模问题。与传统的 RNN 相比，LSTM 通过引入记忆单元和门控机制，可以更好地捕捉和处理长期依赖关系，从而在处理长序列时表现更出色。

LSTM 中的核心组件是记忆单元(memory cell)，它类似于一个存储单元，负责存储和传递信息。记忆单元具有自我更新的能力，可以选择性地遗忘或保留先前的信息。这通过 3 个门控来实现：遗忘门(forget gate)、输入门(input gate)和输出门(output gate)。其中遗忘门决定是否从记忆单元中删除先前的信息，输入门决定是否将当前的输入信息添加到记忆单元中，而输出门决定何时从记忆单元中读取信息并输出到下一层或模型的输出。这些门控机制通过学习得到，并且它们的输出是由激活函数(通常是 sigmoid 函数)进行控制的。

在 LSTM 中，每个时间步都有一个隐藏状态(hidden state)，它类似于 RNN 中的输出，但也包含了记忆单元的信息。隐藏状态可以被传递到下一个时间步，从而帮助模型捕捉序列中的时间依赖关系。

推荐系统旨在根据用户的历史行为和偏好，向他们推荐个性化的项目或内容。长短期记忆网络(LSTM)在推荐系统中有广泛的应用，如下所示。

- 用户兴趣建模：LSTM 可以用于对用户的兴趣进行建模。通过分析用户历史行为序列(如浏览记录、购买记录等)，LSTM 可以学习到用户的兴趣和偏好。这样，推荐系统可以根据用户的兴趣预测其可能的兴趣和未来行为，从而提供个性化的推荐。
- 会话推荐：LSTM 可以用于建模用户的会话数据，即用户在一个特定时间段内的行为序列。通过对用户会话数据进行建模，LSTM 可以捕捉用户在会话中的兴趣演化过程，推测用户当前的需求，并提供相应的推荐，这有助于提供更加实时和个性化的推荐体验。
- 多模态推荐：在某些推荐场景下，除了用户的行为序列外，还可能存在其他类型的数据，如用户的社交网络数据、文字评论等。LSTM 可以将这些不同模态的数据进行整合和建模，从而更好地理解用户的兴趣和需求，并提供多模态的个性化推荐。

下面是一个简单的例子，功能是使用库 Keras 实现基于 LSTM 的推荐系统。

源码路径： daima/9/changduan.py

```python
import numpy as np
from keras.models import Sequential
from keras.layers import LSTM, Dense

# 假设我们有一个用户行为序列数据集，每个序列包含 5 个项目
# 输入数据的形状为 [样本数, 时间步长, 特征维度]
# 目标数据的形状为 [样本数, 1]

# 创建示例数据
X_train = np.random.random((1000, 5, 10))  # 输入数据
y_train = np.random.randint(0, 2, (1000, 1))  # 目标数据

# 创建 LSTM 模型
model = Sequential()
model.add(LSTM(32, input_shape=(5, 10)))  # LSTM 层，隐藏单元数为 32
model.add(Dense(1, activation='sigmoid'))  # 输出层，二元分类

# 编译模型
model.compile(loss='binary_crossentropy', optimizer='adam',
metrics=['accuracy'])

# 训练模型
model.fit(X_train, y_train, epochs=10, batch_size=32)

# 在实际应用中，可以使用更大规模的数据集和更复杂的模型结构来获得更好的性能

# 使用模型进行预测
X_test = np.random.random((10, 5, 10))  # 测试数据
predictions = model.predict(X_test)

# 打印预测结果
print(predictions)
```

上述代码中使用了一个简单的 LSTM 模型来对用户行为序列进行建模，并通过二元分类预测用户的兴趣。模型的输入数据是一个 3D 张量，形状为[样本数, 时间步长, 特征维度]，

其中样本数表示序列的数量，时间步长表示序列的长度，特征维度表示每个时间步的特征数。模型的输出是一个预测的概率值，代表用户的兴趣。执行代码后会输出：

```
Epoch 1/10
32/32 [==============================] - 8s 14ms/step - loss: 0.6971 - accuracy: 0.4700
Epoch 2/10
32/32 [==============================] - 0s 12ms/step - loss: 0.6939 - accuracy: 0.4730
Epoch 3/10
32/32 [==============================] - 0s 11ms/step - loss: 0.6933 - accuracy: 0.5030
Epoch 4/10
32/32 [==============================] - 0s 11ms/step - loss: 0.6941 - accuracy: 0.4970
Epoch 5/10
32/32 [==============================] - 1s 16ms/step - loss: 0.6920 - accuracy: 0.5270
Epoch 6/10
32/32 [==============================] - 0s 14ms/step - loss: 0.6917 - accuracy: 0.5410
Epoch 7/10
32/32 [==============================] - 0s 13ms/step - loss: 0.6919 - accuracy: 0.5300
Epoch 8/10
32/32 [==============================] - 0s 12ms/step - loss: 0.6914 - accuracy: 0.5400
Epoch 9/10
32/32 [==============================] - 0s 15ms/step - loss: 0.6914 - accuracy: 0.5390
Epoch 10/10
32/32 [==============================] - 0s 12ms/step - loss: 0.6899 - accuracy: 0.5310
1/1 [==============================] - 3s 3s/step
[[0.5094159 ]
 [0.5374235 ]
 [0.53135824]
 [0.49122897]
 [0.49151695]
 [0.49434668]
 [0.5107519 ]
 [0.5098395 ]
 [0.50336415]
 [0.52342564]]
```

需要注意的是，这只是一个简单的例子，实际的推荐系统可能需要更复杂的数据预处理、特征工程、模型调参等步骤来优化模型性能。此外，还可以根据具体的推荐系统需求添加其他组件，如用户特征、项目特征等，以提高推荐的个性化程度。下面是一个商品推荐系统实例，其中自定义了消费者用户行为数据集，如浏览历史、购买历史等。

源码路径：daima/9/zhang.py

（1）首先注释说明商品数据集的定义，其中每种商品用一个整数表示。然后创建示例数据集，包括 3 个用户的浏览历史和目标数据。X_train 表示输入数据，其中每个用户的浏览历史是一个 4 个时间步长的序列。y_train 是目标数据，表示每个用户对 5 种商品的兴趣。

对应代码如下所示:

```
# 自定义商品数据集
# 假设我们有 5 种商品,用整数表示,如下所示。
# 商品A: 0,商品B: 1,商品C: 2,商品D: 3,商品E: 4
# 创建示例数据,假设有 3 个用户,每个用户浏览的商品 ID 列表长度为 4
X_train = np.array([
    [[0], [1], [2], [3]],
    [[2], [1], [3], [4]],
    [[4], [0], [2], [1]],
])  # 输入数据

y_train = np.array([
    [0, 0, 1, 0, 0],  # 目标数据,用户1对商品C感兴趣
    [0, 1, 0, 0, 0],  # 目标数据,用户2对商品B感兴趣
    [0, 0, 1, 0, 0]   # 目标数据,用户3对商品C感兴趣
])
```

(2) 定义并编译了 LSTM 模型,在模型中包括一个 LSTM 层和一个输出层。LSTM 层的隐藏单元数为 32,输入形状为(4, 1),表示每个用户的浏览历史长度为 4,每个时间步长有 1 个特征。输出层使用 softmax 激活函数进行多分类,输出的类别数为 5。然后,使用 categorical_crossentropy 作为损失函数,adam 作为优化器进行模型的编译。最后,使用示例数据集进行模型训练。对应代码如下:

```
# 创建LSTM模型
model = Sequential()
model.add(LSTM(32, input_shape=(4, 1)))  # LSTM层,隐藏单元数为32
model.add(Dense(5, activation='softmax'))  # 输出层,使用softmax函数进行多分类,5表示商品数量

# 编译模型
model.compile(loss='categorical_crossentropy', optimizer='adam', metrics=['accuracy'])

# 训练模型
model.fit(X_train, y_train, epochs=10, batch_size=1)
```

(3) 使用训练好的模型进行预测。输入测试数据 X_test,表示两个用户的浏览历史。使用模型的 predict 方法获取预测结果,并将其打印输出。对应代码如下:

```
# 使用模型进行预测
X_test = np.array([
    [[1], [2], [0], [4]],  # 用户4的浏览历史
    [[3], [2], [4], [1]]   # 用户5的浏览历史
])  # 测试数据

predictions = model.predict(X_test)
```

```
# 打印预测结果
print(predictions)
```

(4) 使用库 matplotlib.pyplot 绘制可视化预测结果柱状图。首先循环遍历每个用户的预测结果，并使用 plt.bar 函数绘制柱状图，其中 labels 表示商品标签，user_prediction 表示对应用户的兴趣概率。然后，设置 x 轴和 y 轴的标签，以及图表的标题。最后，通过 plt.show() 显示绘制的柱状图。循环会为每个用户生成一个柱状图窗口，以展示其对不同商品的兴趣概率。对应代码如下：

```
# 绘制柱状图
labels = ['A', 'B', 'C', 'D', 'E']      # 商品标签
users = ['用户4', '用户5']               # 用户标签

for i, user_prediction in enumerate(predictions):
    plt.bar(labels, user_prediction, alpha=0.5)
    plt.xlabel('商品')
    plt.ylabel('兴趣概率')
    plt.title(users[i] + '推荐系统预测结果')
    plt.show()
```

执行代码后会输出如下所示的训练过程和预测结果，并分别绘制用户 4 和用户 5 的推荐预测结果，如图 9-1 所示。

```
Epoch 1/10
3/3 [==========================] - 5s 13ms/step - loss: 1.6135 - accuracy: 0.0000e+00
Epoch 2/10
3/3 [==========================] - 0s 8ms/step - loss: 1.5741 - accuracy: 0.0000e+00
Epoch 3/10
3/3 [==========================] - 0s 9ms/step - loss: 1.5377 - accuracy: 0.3333
Epoch 4/10
3/3 [==========================] - 0s 7ms/step - loss: 1.5055 - accuracy: 0.3333
Epoch 5/10
3/3 [==========================] - 0s 10ms/step - loss: 1.4677 - accuracy: 0.3333
Epoch 6/10
3/3 [==========================] - 0s 8ms/step - loss: 1.4336 - accuracy: 0.3333
Epoch 7/10
3/3 [==========================] - 0s 8ms/step - loss: 1.4013 - accuracy: 0.3333
Epoch 8/10
3/3 [==========================] - 0s 6ms/step - loss: 1.3677 - accuracy: 0.3333
Epoch 9/10
3/3 [==========================] - 0s 10ms/step - loss: 1.3386 - accuracy: 0.3333
Epoch 10/10
3/3 [==========================] - 0s 9ms/step - loss: 1.3043 - accuracy: 0.3333
1/1 [==========================] - 1s 1s/step
[[0.1505128  0.27936116 0.26785    0.18100722 0.12126882]
 [0.13248134 0.32124883 0.27755395 0.15943882 0.10927714]]
```

第 9 章 序列建模和注意力机制

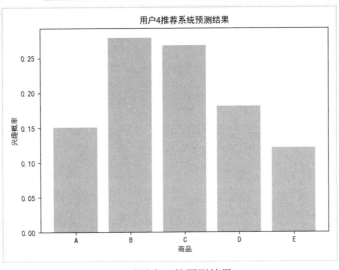

(a) 对用户 4 的预测结果

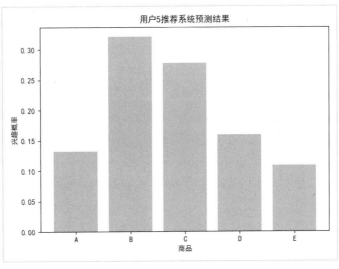

(b) 对用户 5 的预测结果

图 9-1 可视化柱状图

上面的每个输出向量的维度对应于商品数量,每个值表示对商品有兴趣的概率。例如,对于第一个用户,模型预测其对商品 A、B、C、D、E 的兴趣概率分别为 0.1505128、0.27936116、0.26785、0.18100722 和 0.12126882。注意,这些概率值表示用户对不同商品的兴趣程度,并且可以根据概率大小进行商品推荐。在这个例子中,模型预测第二个用户对商品 C 的兴趣概率较高，可能会将商品 C 推荐给该用户。

> **注意**：在推荐系统中，LSTM 通常作为一个模块嵌入更大的推荐系统框架中。除了 LSTM，还可以结合其他技术和算法，如协同过滤、深度神经网络等，以构建更加强大和准确的推荐系统。

9.1.2 使用门控循环单元建模

门控循环单元(GRU)是一种用于序列数据建模的循环神经网络变体。它是为了解决传统循环神经网络(如简单循环单元和长短期记忆网络)中存在的梯度消失和梯度爆炸问题而提出的。GRU 引入了门控机制，通过使用更新门和重置门来控制信息的流动和保留。这些门控机制使得 GRU 能够更好地捕捉长期依赖关系，并具有较少的参数和计算成本。

下面列出了门控循环单元的核心公式。

(1) 更新门(update gate)：
$z_t = \sigma(W_z[h_{t-1}, x_t])$

(2) 重置门(reset gate)：
$r_t = \sigma(W_r[h_{t-1}, x_t])$

(3) 候选隐藏状态(candidate hidden state)：
$\tilde{h}_t = \tanh(W[r_t \odot h_{t-1}, x_t])$

(4) 新的隐藏状态(new hidden state)：
$h_t = (1 - z_t) \odot h_{t-1} + z_t \odot \tilde{h}_t$

其中，h_t 是当前时间步的隐藏状态，x_t 是当前时间步的输入，σ 是 sigmoid 激活函数，$\odot$ 表示元素级别的乘法操作，W_z、W_r、W 是权重矩阵。

通过更新门 z_t 控制前一时间步隐藏状态 h_{t-1} 和候选隐藏状态 $\tilde{h}_t$ 之间的比例，重置门 r_t 控制前一时间步隐藏状态 h_{t-1} 对当前时间步输入 x_t 的影响。候选隐藏状态 $\tilde{h}_t$ 综合了重置门的影响和当前输入，用于计算新的隐藏状态 h_t。

GRU 模型的建模过程类似于 LSTM，可以通过堆叠多个 GRU 层来构建更深层的模型。然后可以使用这些模型进行序列数据的预测、生成和分类等任务。在实践中，GRU 在语言建模、机器翻译、推荐系统等领域取得了广泛的应用。下面是一个使用门控循环单元建模实现的电影推荐系统实例，其中自定义了电影数据集。

> **源码路径**：daima/9/men.py

(1) 创建自定义的电影数据集，对应代码如下：

```
X_train = np.array([
    [["复仇者联盟"], ["肖申克的救赎"], ["盗梦空间"], ["好看小说"]],
    [["盗梦空间"], ["肖申克的救赎"], ["好看小说"], ["黑暗骑士"]],
    [["黑暗骑士"], ["复仇者联盟"], ["盗梦空间"], ["肖申克的救赎"]]
])

y_train = np.array([
    [0, 0, 1, 0, 0],   # 目标数据，用户1对电影C感兴趣
    [0, 1, 0, 0, 0],   # 目标数据，用户2对电影B感兴趣
    [0, 0, 1, 0, 0]    # 目标数据，用户3对电影C感兴趣
])
```

(2) 使用 OneHotEncoder 进行独热编码，对应代码如下：

```
encoder = OneHotEncoder(sparse=False)
X_train_encoded = encoder.fit_transform(X_train.reshape(-1, 1))
```

(3) 创建 GRU 模型，对应代码如下：

```
model = Sequential()
model.add(GRU(32, input_shape=(4, X_train_encoded.shape[1])))   # GRU 层，隐藏单元数为32
model.add(Dense(5, activation='softmax'))
# 输出层，使用 softmax 函数进行多分类，5 表示电影数量
```

(4) 编译模型，对应代码如下：

```
model.compile(loss='categorical_crossentropy', optimizer='adam', metrics=['accuracy'])
```

(5) 训练模型，对应代码如下：

```
model.fit(X_train_encoded.reshape(X_train.shape[0], X_train.shape[1], -1),
          y_train, epochs=10, batch_size=1)
```

(6) 使用模型进行预测，对应代码如下：

```
X_test = np.array([
    [["肖申克的救赎"], ["盗梦空间"], ["复仇者联盟"], ["黑暗骑士"]],
    [["好看小说"], ["盗梦空间"], ["黑暗骑士"], ["肖申克的救赎"]]
])

X_test_encoded = encoder.transform(X_test.reshape(-1, 1))
predictions = model.predict(X_test_encoded.reshape(X_test.shape[0],
              X_test.shape[1], -1))
```

(7) 将预测结果可视化为柱状图，对应代码如下：

```
fig, ax = plt.subplots(len(predictions), 1, figsize=(8, 6*len(predictions)))

for i, pred in enumerate(predictions):
    movie_names = ["复仇者联盟", "肖申克的救赎", "盗梦空间", "好看小说", "黑暗骑士"]
    ax[i].bar(movie_names, pred)
```

```
    ax[i].set_ylabel('Probability')
    ax[i].set_title(f'User {i+1} Predictions')

plt.show()
```

本实例演示了使用 GRU 模型对用户观看的电影列表进行推荐的过程。首先，通过独热编码将电影名称转换为数值。然后，构建一个包含 GRU 层和输出层的模型，并使用训练数据进行训练。接下来，使用模型对测试数据进行预测，并将预测结果可视化为柱状图，以展示对每个用户的电影兴趣预测概率。

执行代码后会输出如下所示的训练过程和预测结果，并分别绘制用户 4 和用户 5 的推荐预测结果，如图 9-2 所示。

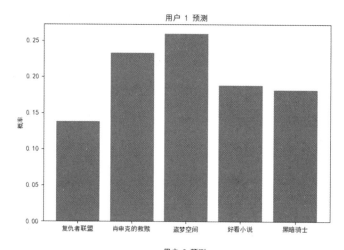

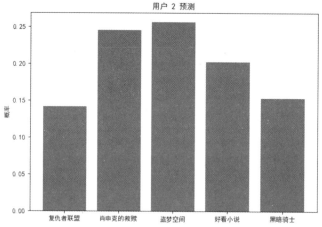

图 9-2　可视化柱状图

柱状图中的每个柱子代表一个用户的预测结果，柱状图会展示每部电影的预测概率，并以用户编号作为标题。

```
Epoch 1/10
3/3 [==============================] - 4s 11ms/step - loss: 1.6613 - accuracy: 0.0000e+00
Epoch 2/10
3/3 [==============================] - 0s 7ms/step - loss: 1.6205 - accuracy: 0.0000e+00
Epoch 3/10
3/3 [==============================] - 0s 6ms/step - loss: 1.5826 - accuracy: 0.0000e+00
Epoch 4/10
3/3 [==============================] - 0s 6ms/step - loss: 1.5490 - accuracy: 0.0000e+00
Epoch 5/10
3/3 [==============================] - 0s 6ms/step - loss: 1.5123 - accuracy: 0.3333
Epoch 6/10
3/3 [==============================] - 0s 8ms/step - loss: 1.4746 - accuracy: 0.3333
Epoch 7/10
3/3 [==============================] - 0s 5ms/step - loss: 1.4392 - accuracy: 0.3333
Epoch 8/10
3/3 [==============================] - 0s 5ms/step - loss: 1.4033 - accuracy: 0.3333
Epoch 9/10
3/3 [==============================] - 0s 6ms/step - loss: 1.3676 - accuracy: 0.6667
Epoch 10/10
3/3 [==============================] - 0s 9ms/step - loss: 1.3344 - accuracy: 0.6667
1/1 [==============================] - 1s 787ms/step
[[0.16000953 0.26189715 0.268382   0.14260867 0.16710268]
 [0.15517528 0.26621416 0.26299798 0.1514298  0.16418278]]
```

9.2 注意力机制

注意力机制是一种用于加强序列建模的技术。在序列建模任务中，注意力机制允许模型关注输入序列中与当前预测最相关的部分。它通过为序列中的每个元素分配权重，将重点放在对当前任务更有意义的元素上。在自然语言处理中，注意力机制被广泛应用于机器翻译、问答系统、文本摘要等任务。最著名的注意力机制是基于 Transformer 模型的自注意力机制(self-attention mechanism)，它通过计算输入序列中元素之间的相对权重，实现了更灵活的序列建模和语义理解。

9.2.1 注意力机制介绍

在认知科学应用中，由于信息处理的瓶颈，人类会选择性地关注所有信息的一部分，同时忽略其他可见的信息。上述这种机制通常被称为注意力机制。

人类视网膜不同的部位具有不同程度的信息处理能力，即敏锐度(acuity)，其中视网膜中央凹部位具有最强的敏锐度。为了合理利用有限的视觉信息处理资源，人类需要选择视觉区域中的特定部分，然后集中关注它。例如，人们在阅读时，通常只有少量要被读取的词会被关注和处理。综上，注意力机制主要包括两个方面，决定需要关注输入的那部分，分配有限的信息处理资源给重要的部分。

注意力机制的一种非正式的说法是：神经注意力机制可以使得神经网络具备专注于其输入(或特征)子集的能力——选择特定的输入。注意力可以应用于任何类型的输入，而不管其形状如何。在计算能力有限情况下，注意力机制(attention mechanism)是解决信息超载问题主要手段的一种资源分配方案，用于将计算资源分配给更重要的任务。

在现实应用中，通常将注意力分为如下两种。

- 一种是自上而下的有意识的注意力，称为聚焦式(focus)注意力。聚焦式注意力是指有预定目的、依赖任务的、主动有意识地聚焦于某一对象的注意力。
- 一种是自下而上的无意识的注意力，称为基于显著性(saliency-based)的注意力。基于显著性的注意力是由外界刺激驱动的注意，不需要主动干预，也和任务无关。

如果一个对象的刺激信息不同于其周围信息，一种无意识的"赢者通吃"(winner-take-all)或者门控(gating)机制就可以把注意力转向这个对象。不管这些注意力是有意还是无意，大部分的人脑活动都需要依赖注意力，比如记忆信息、阅读或思考等。

在认知神经学中，注意力是一种人类不可或缺的复杂认知功能，指人可以在关注一些信息的同时忽略另一些信息的选择能力。在日常生活中，我们通过视觉、听觉、触觉等方式接收大量的感觉输入。我们的人脑可以在这些外界的信息轰炸中还能有条不紊地工作，是因为人脑可以有意或无意地从这些大量输入信息中选择小部分的有用信息来重点处理，并忽略其他信息，这种能力就叫作注意力。注意力可以体现为外部的刺激(听觉、视觉、味觉等)，也可以体现为内部的意识(思考、回忆等)。

9.2.2　注意力机制在推荐系统中的作用

注意力机制在推荐系统中起着十分重要的作用，它可以帮助模型更加准确地理解用户的兴趣和需求，从而提高推荐结果的质量。以下是注意力机制在推荐系统中的应用和作用。

- 用户兴趣建模：推荐系统的核心任务是理解用户的兴趣，以便向其提供个性化的推荐。注意力机制可以帮助模型根据用户的历史行为和特征，自动学习并聚焦于对当前推荐任务最相关的信息，从而更好地捕捉用户的兴趣。
- 特征权重学习：推荐系统通常使用大量的特征来描述用户和物品，如用户属性、行为序列、物品内容等。注意力机制可以学习每个特征的权重，根据其对推荐结果的贡献程度动态调整特征的重要性，从而提高模型的表达能力和推荐准确度。
- ❑ 序列建模：推荐系统中的行为序列对于理解用户兴趣和行为演化具有重要意义。注意力机制可以帮助模型自动关注和记忆序列中的关键部分，例如用户最近的行为、关键时间点等，从而更好地预测用户的下一个行为或兴趣。
- ❑ 多源信息融合：现代推荐系统往往面临多源信息的融合，如用户行为数据、社交网络数据、文本内容等。注意力机制可以根据不同信息源的重要性，自适应地融合这些信息，从而提升推荐的个性化程度和效果。
- ❑ 解释性推荐：注意力机制可以为推荐系统提供解释性的能力。通过可解释的注意力权重，模型可以指示哪些特征或信息对于推荐结果的贡献最大，从而帮助用户理解推荐的原因和依据。

总之，在推荐系统中，注意力机制可以帮助模型从海量的信息中自动选择和聚焦于最相关的部分，提高推荐的准确性、个性化程度和解释性，从而提升用户体验和推荐系统的效率。

9.2.3 使用自注意力模型

自注意力模型是一种在自然语言处理和计算机视觉等领域被广泛应用的模型组件，它能够对序列数据中的每个元素进行建模，捕捉元素之间的依赖关系和重要性，并生成上下文相关的表示。

自注意力机制最初用于 Transformer 模型中，而后被广泛应用于各种深度学习模型中。自注意力模型的核心思想是：通过计算元素之间的相似度来决定每个元素对其他元素的重要性，然后根据这些重要性来进行加权求和，从而得到每个元素的上下文表示。在自然语言处理任务中，这些元素可以是文本序列中的词语或句子；而在计算机视觉任务中，这些元素可以是图像或视频序列中的像素或帧。

具体而言，自注意力模型将输入序列分别映射到三个空间：查询(Query)、键(Key)和值(Value)。然后，通过计算查询与键之间的相似度得分，得到每个查询对所有键的注意力权重。最后，将注意力权重与值进行加权求和，生成每个查询的上下文表示。下面是一个使用自注意力模型实现推荐系统的例子，它在自注意力层(SelfAttention)定义了一个自注意力模型的组件，功能是为用户推荐音乐。

源码路径：daima/9/zizhuyi.py

(1) 定义自注意力层 SelfAttention，用于提取输入数据的自注意力表示。代码如下：

```python
# 定义自注意力层
class SelfAttention(tf.keras.layers.Layer):
    def __init__(self, num_heads, key_dim):
        super(SelfAttention, self).__init__()
        self.num_heads = num_heads
        self.key_dim = key_dim
        self.head_dim = key_dim // num_heads

        self.query_dense = tf.keras.layers.Dense(key_dim)
        self.key_dense = tf.keras.layers.Dense(key_dim)
        self.value_dense = tf.keras.layers.Dense(key_dim)
        self.combine_heads = tf.keras.layers.Dense(key_dim)

    def call(self, inputs):
        # 将输入分成多个头部
        query = tf.keras.layers.Reshape((-1, self.num_heads, self.head_dim))
                                (self.query_dense(inputs))
        key = tf.keras.layers.Reshape((-1, self.num_heads, self.head_dim))
                                (self.key_dense(inputs))
        value = tf.keras.layers.Reshape((-1, self.num_heads, self.head_dim))
                                (self.value_dense(inputs))

        # 计算缩放点积注意力
        attention_scores = tf.keras.layers.Attention(use_scale=True)([query, key, value])

        # 重塑并合并注意力分数
        attention_scores = tf.keras.layers.Reshape((-1, self.key_dim))(attention_scores)
        outputs = self.combine_heads(attention_scores)

        return outputs
```

代码说明如下。

- 函数__init__()：初始化自注意力层的参数，包括 num_heads(注意力头的数量)和 key_dim(键的维度)。然后定义了几个线性层，包括 query_dense、key_dense、value_dense 和 combine_heads。
- 函数 call()：将输入数据分成多个头部，进行线性变换，并通过 Reshape 层重塑数据形状。接着，使用 tf.keras.layers.Attention 层计算缩放点积注意力，并通过 Reshape 层重塑注意力分数的形状。最后，将注意力分数传递给 combine_heads 层合并结果。

(2) 创建推荐系统模型 RecommendationModel，使用自注意力层进行特征提取和分类。代码如下：

```python
# 定义模型架构
class RecommendationModel(tf.keras.Model):
    def __init__(self, num_songs, num_heads, key_dim):
        super(RecommendationModel, self).__init__()
        self.attention = SelfAttention(num_heads, key_dim)
        self.flatten = tf.keras.layers.Flatten()
        self.dense = tf.keras.layers.Dense(num_songs, activation='softmax')

    def call(self, inputs):
        x = self.attention(inputs)
        x = self.flatten(x)
        x = self.dense(x)
        return x
```

代码说明如下:
- 函数_init__():初始化模型的参数和层,包括自注意力层 attention、扁平化层 flatten 和全连接层 dense。
- 函数 call():将输入数据传递给自注意力层,然后通过扁平化层和全连接层进行分类。

(3) 创建一个简单的示例数据集,用于模型训练和预测。在本实例中,创建了一个包含用户歌曲列表的 numpy 数组 X_train。代码如下:

```python
# 创建示例数据
X_train = np.array([
    [["歌曲 A"], ["歌曲 B"], ["歌曲 C"], ["歌曲 D"]],
    [["歌曲 E"], ["歌曲 F"], ["歌曲 G"], ["歌曲 H"]],
    [["歌曲 I"], ["歌曲 J"], ["歌曲 K"], ["歌曲 L"]]
])
```

(4) 将输入数据进行编码,将歌曲名称映射为整数编码。首先创建一个歌曲字典 song_dict,将歌曲名称映射为整数编码。然后通过循环遍历 X_train 中的每个用户和歌曲,将歌曲名称转换为对应的整数编码,并存储在 X_train_encoded 中。代码如下:

```python
# 编码输入数据
song_dict = {"歌曲 A": 0, "歌曲 B": 1, "歌曲 C": 2, "歌曲 D": 3, "歌曲 E": 4, "歌曲 F": 5,
             "歌曲 G": 6, "歌曲 H": 7, "歌曲 I": 8, "歌曲 J": 9, "歌曲 K": 10, "歌曲 L": 11}
X_train_encoded = np.array([[song_dict[song[0]] for song in user] for user in X_train])
```

(5) 根据定义的参数创建推荐系统模型。使用定义的参数创建 RecommendationModel 实例,传入歌曲数量 num_songs、注意力头数 num_heads 和键的维度 key_dim。代码如下:

```python
# 创建模型
num_songs = len(song_dict)
num_heads = 2
```

```
key_dim = 16
model = RecommendationModel(num_songs, num_heads, key_dim)
```

(6) 定义模型的损失函数和优化器，用于训练模型。首先使用 tf.keras.losses. SparseCategoricalCrossentropy 定义损失函数，然后选择 Adam 优化器。代码如下：

```
# 定义损失函数和优化器
loss_object = tf.keras.losses.SparseCategoricalCrossentropy()
optimizer = tf.keras.optimizers.Adam()
```

(7) 开始训练模型，通过反向传播更新模型的参数。在本实例中，使用嵌套的循环进行训练，外层循环控制训练的轮数，内层循环遍历数据的批次。在每个批次中，获取当前批次的输入数据 X_train_batch，使用前向传播计算输出 logits，并计算损失 loss。然后，通过自动微分计算梯度，并使用优化器将梯度应用于模型的可训练变量。每训练完 10 个批次，会打印当前轮次、批次和损失。代码如下：

```
# 训练循环
num_epochs = 10
batch_size = 1
num_batches = X_train_encoded.shape[0] // batch_size

for epoch in range(num_epochs):
    for batch in range(num_batches):
        start = batch * batch_size
        end = start + batch_size
        X_train_batch = X_train_encoded[start:end]

        with tf.GradientTape() as tape:
            logits = model(X_train_batch)
            loss = loss_object(X_train_batch[:, -1], logits)

        gradients = tape.gradient(loss, model.trainable_variables)
        optimizer.apply_gradients(zip(gradients, model.trainable_variables))

        if (batch + 1) % 10 == 0:
            print(f"Epoch {epoch + 1}/{num_epochs}, Batch {batch + 1}/{num_batches}, Loss: {loss:.4f}")
```

(8) 使用训练好的模型对新数据进行预测。首先创建一个包含测试数据的 numpy 数组 X_test，将歌曲名称转换为整数编码，并存储在 X_test_encoded 中。然后，通过调用模型并传递编码后的测试数据 X_test_encoded，获取预测结果 predictions。最后，打印预测结果。代码如下：

```
# 使用模型进行预测
X_test = np.array([
    [["歌曲B"], ["歌曲D"], ["歌曲F"], ["歌曲I"]],
```

```
    [["歌曲 K"], ["歌曲 A"], ["歌曲 H"], ["歌曲 C"]]
])
X_test_encoded = np.array([[song_dict[song[0]] for song in user] for user in X_test])
                predictions = model(X_test_encoded)

print(predictions)
```

执行代码后会输出:

```
tf.Tensor(
[[4.6337359e-08 5.7899169e-06 2.2880086e-01 2.5198428e-02 1.9430644e-03
  7.3669189e-01 4.4126392e-04 1.5864775e-03 3.2012653e-07 3.1899046e-05
  3.7068050e-06 5.2962429e-03]
 [1.9690104e-05 1.8261605e-03 8.4910505e-02 2.2021777e-03 2.5159638e-05
  1.1554766e-05 1.4057216e-01 7.5651115e-01 1.9958117e-03 4.3123001e-03
  5.1316578e-04 7.1001113e-03]], shape=(2, 12), dtype=float32)
```

上面的输出结果是一个形状为 (2, 12) 的张量，表示模型对两个用户的歌曲推荐概率分布。每一行表示一个用户的推荐概率分布，每列对应一首歌曲。例如，第一行表示对第一个用户的推荐概率，其中索引为 2 的位置的概率最高，索引为 5 的位置的概率次之，以此类推。具体来说，输出结果表示了模型对每首歌曲的推荐概率，概率值越高，表示该歌曲越可能被推荐给用户。

9.3 使用 Seq2Seq 模型和注意力机制实现翻译系统

Seq2Seq(Sequence To Sequence)译为序列到序列。本实例的难度较高，需要对序列到序列模型的知识有一定了解。训练完本实例模型后，能够将输入的法语翻译成英语。翻译效果如下：

扫码看视频

```
[KEY: > input, = target, < output]

> il est en train de peindre un tableau .
= he is painting a picture .
< he is painting a picture .

> pourquoi ne pas essayer ce vin delicieux ?
= why not try that delicious wine ?
< why not try that delicious wine ?

> elle n est pas poete mais romanciere .
= she is not a poet but a novelist .
< she not not a poet but a novelist .
```

```
> vous etes trop maigre .
= you re too skinny .
< you re all alone .
```

9.3.1 Seq2Seq 模型介绍

序列到序列(Seq2Seq)网络是一种用于处理序列数据的深度学习模型。Seq2Seq 由两个主要组件组成：编码器(encoder)和解码器(decoder)。具体说明如下。

- 编码器：负责将输入序列转换为固定长度的上下文向量(context vector)或隐藏状态(hidden state)，捕捉输入序列的语义信息。常用的编码器模型包括循环神经网络(RNN)及其变种(如长短期记忆网络和门控循环单元)，以及最近广泛应用的注意力机制模型。
- 解码器：接收编码器输出的上下文向量或隐藏状态，并生成与输入序列对应的输出序列。解码器通常也是一个循环神经网络，它逐步生成输出序列的每个元素，每一步都基于当前输入和之前生成的部分序列。在生成每个元素时，解码器可以利用编码器的上下文向量或隐藏状态来引导生成过程。

序列到序列网络在自然语言处理(如机器翻译、文本摘要、对话生成)、语音识别、图像描述生成等任务中得到广泛应用。它能够处理输入和输出序列之间的变长关系，并且具有一定的上下文理解能力，使得它在处理序列数据方面具有很大的灵活性和表达能力。

在本翻译项目中，应用了序列到序列网络的简单但强大的构想，其中两个循环神经网络协同工作，将一个序列转换为另一个序列。编码器网络将输入序列压缩为一个向量，而解码器网络将该向量展开为一个新序列，如图 9-3 所示。

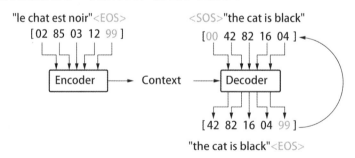

图 9-3　展开为一个新序列

为了改进 Seq2Seq 模型，本项目将使用注意力机制使解码器学会专注于输入序列的特定范围。

9.3.2 使用注意力机制改良 Seq2Seq 模型

注意力机制(attention mechanism)是一种用于序列到序列(Seq2Seq)模型的关键技术，用于解决在处理长序列时信息丢失和模型性能下降的问题。注意力机制通过在解码器中引入一种机制，使其能够动态地关注输入序列的不同部分，从而更好地捕捉输入序列中的重要信息。

在传统的 Seq2Seq 模型中，编码器将整个输入序列编码为一个固定长度的向量，然后解码器使用该向量生成输出序列。然而，当输入序列很长时，编码器的固定长度表示可能无法有效地捕捉到输入序列中的长程依赖关系和重要信息，导致性能下降。

注意力机制通过在解码器的每个时间步引入一组注意力权重，使得解码器可以根据输入序列中的不同部分赋予不同的注意力。具体而言，对于解码器的每个时间步，注意力机制会计算一个注意力权重向量，用于指示编码器输出的哪些部分在当前时间步最重要。然后，解码器根据这些注意力权重对编码器输出进行加权求和，以获得一个动态的上下文表示，用于生成当前时间步的输出。

注意力机制可以视为解码器对编码器输出进行自适应的加权汇聚，它使得模型能够更好地关注输入序列的相关部分，更准确地对输入和输出序列之间的对应关系建模。通过引入注意力机制，Seq2Seq 模型能够处理更长的序列，提高模型的表达能力和翻译质量。

对 Seq2Seq 模型的改良主要集中在注意力机制的改进上，常见的改良方法如下。

- 改进注意力计算方式：传统的注意力机制通常使用点积、加性注意力(additive attention)或双线性等方式计算注意力权重。改进方法包括使用更复杂的注意力计算函数，如多头注意力、自注意力等，以提高模型的表达能力和学习能力。
- 上下文向量的使用：除了简单的加权求和，还可以引入上下文向量(context vector)来更好地捕捉输入序列的信息。上下文向量可以是编码器输出的加权平均值、注意力加权和或其他更复杂的汇聚方式，以提供更丰富的上下文信息给解码器。
- 局部注意力和多步注意力：为了处理长序列，可以引入局部注意力机制，使解码器只关注输入序列的局部区域。此外，多步注意力机制可以在解码器的多个时间步上使用注意力，从而允许解码器更多次地与输入序列交互，增强模型的建模能力。
- 注意力机制的层级结构：注意力机制可以嵌套在多个层级上，例如，在编码器和解码器的多个子层之间引入注意力连接，或者在多层编码器和解码器之间引入层级注意力。这样可以使模型更好地捕捉不同层级之间的语义关系。

这些改良方法的目标是提高 Seq2Seq 模型在处理长序列、建模复杂关系和提高翻译质量方面的能力，使其更适用于实际应用中的序列生成任务。

9.3.3 准备数据集

本实例的实现文件是 fanyi.py,在开始之前需要先准备数据集。本实例使用的数据是成千上万的英语到法语翻译对的集合。因为文件太大,无法包含在仓库中,所以请先将其下载并保存到 data/eng-fra.txt 中,该文件的内容是制表符分隔的翻译对列表,例如:

```
I am cold.    J'ai froid.
```

9.3.4 数据预处理

1. 编码转换

将一种语言中的每个单词表示为一个单向向量,或零个大向量(除单个单向索引外,在单词的索引处)。与某种语言中可能存在的数十个字符相比,单词更多,因此编码向量要大得多。但是,我们将作弊并整理数据,以使每种语言仅使用几千个单词,如图 9-4 所示。

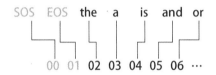

图 9-4 作弊并整理数据

我们需要为每个单词设置一个唯一的索引,以便用作网络的输入和目标。为了跟踪所有内容,将使用一个名为 Lang 的帮助程序类,该类具有"单词→索引"(word2index)和"索引→单词"(index2word)字典,以及每个要使用的单词的计数(word2count),以便以后替换稀有词。首先编写类 Lang,用于管理语言相关的字典和计数。构建一个语言对象,用于存储语言的相关信息,包括单词到索引的映射、单词的计数和索引到单词的映射。通过 addSentence 方法可以将句子中的单词添加到语言对象中,以便后续使用。这样的语言对象常用于自然语言处理任务中的数据预处理和特征表示。对应的实现代码如下所示:

```
class Lang:
    def __init__(self, name):
        self.name = name
        self.word2index = {}
        self.word2count = {}
        self.index2word = {0: "SOS", 1: "EOS"}
        self.n_words = 2 # Count SOS and EOS

    def addSentence(self, sentence):
        for word in sentence.split(' '):
```

```
        self.addWord(word)

def addWord(self, word):
    if word not in self.word2index:
        self.word2index[word] = self.n_words
        self.word2count[word] = 1
        self.index2word[self.n_words] = word
        self.n_words += 1
    else:
        self.word2count[word] += 1
```

2. 编码处理

为了简化起见，将文件中的 Unicode 字符转换为 ASCII，将所有内容都转换为小写，并修剪大多数标点符号。对文本数据进行预处理，使其符合特定的格式要求。常见的预处理操作包括转换为小写，去除非字母字符，标点符号处理等，以便后续的文本分析和建模任务。这些预处理函数常用于自然语言处理领域中的文本数据清洗和特征提取过程。对应的实现代码如下：

```
def unicodeToAscii(s):
    return ''.join(
        c for c in unicodedata.normalize('NFD', s)
        if unicodedata.category(c) != 'Mn'
    )

# Lowercase, trim, and remove non-letter characters
def normalizeString(s):
    s = unicodeToAscii(s.lower().strip())
    s = re.sub(r"([.!?])", r" \1", s)
    s = re.sub(r"[^a-zA-Z.!?]+", r" ", s)
    return s
```

上述代码定义了两个函数：unicodeToAscii()和 normalizeString()，用于文本数据的预处理。下面是代码的简单解释。

- unicodeToAscii(s)：该函数将 Unicode 字符串转换为 ASCII 字符串。它使用 unicodedata.normalize()函数将字符串中的 Unicode 字符标准化为分解形式(NFD)，然后通过列表推导式遍历字符串中的每个字符 c，并筛选出满足条件 unicodedata.category(c) != 'Mn' 的字符(即不属于 Mark、Nonspacing 类别的字符)。最后，使用 join()方法将字符列表拼接成字符串并返回。
- normalizeString(s)：该函数对字符串进行规范化处理，包括转换为小写，去除首尾空格，并移除非字母字符。

3. 文件拆分

读取数据文件，将文件拆分为几行，然后将这几行拆分为两对。这些文件包含英语到其他语言的翻译，若要将文本从其他语言翻译成英语，需添加 reverse 参数，以反转翻译方向。函数 readLangs(lang1, lang2, reverse=False)用于读取并处理文本数据，并将其分割为一对一对的语言句子对。每一对句子都经过了规范化处理，以便后续的文本处理和分析任务。如果指定了 reverse=True，还会反转语言对的顺序。最后，返回两种语言的语言对象和句子对列表。这个函数在机器翻译等序列到序列任务中常用于数据准备阶段。对应的实现代码如下：

```python
def readLangs(lang1, lang2, reverse=False):
    print("Reading lines...")

    lines = open('data/%s-%s.txt' % (lang1, lang2), encoding=
        'utf-8').read().strip().split('\n')
    pairs = [[normalizeString(s) for s in l.split('\t')] for l in lines]
    if reverse:
        pairs = [list(reversed(p)) for p in pairs]
        input_lang = Lang(lang2)
        output_lang = Lang(lang1)
    else:
        input_lang = Lang(lang1)
        output_lang = Lang(lang2)

    return input_lang, output_lang, pairs
```

4. 数据裁剪

本实例使用的数据文件中的句子有很多，并且我们想快速训练一些东西，因此需要将数据集修剪为仅相对简短的句子。在这里，设置最大长度为 10 个字(包括结尾的标点符号)，过滤翻译成"我是"或"他是"等形式的句子(考虑到前面已替换掉撇号的情况)。对应的实现代码如下：

```python
MAX_LENGTH = 10

eng_prefixes = (
    "i am ", "i m ",
    "he is", "he s ",
    "she is", "she s ",
    "you are", "you re ",
    "we are", "we re ",
    "they are", "they re "
)
```

```
def filterPair(p):
    return len(p[0].split(' ')) < MAX_LENGTH and \
        len(p[1].split(' ')) < MAX_LENGTH and \
        p[1].startswith(eng_prefixes)

def filterPairs(pairs):
    return [pair for pair in pairs if filterPair(pair)]
```

5. 准备数据

准备数据的完整过程是首先读取文本文件并拆分为行,将行拆分为偶对;然后规范文本,按长度和内容过滤;再成对建立句子中的单词列表,读取文本文件并拆分为行,将行拆分为偶对;接着规范文本,按长度和内容过滤;最后成对建立句子中的单词列表。对应的实现代码如下:

```
def prepareData(lang1, lang2, reverse=False):
    input_lang, output_lang, pairs = readLangs(lang1, lang2, reverse)
    print("Read %s sentence pairs" % len(pairs))
    pairs = filterPairs(pairs)
    print("Trimmed to %s sentence pairs" % len(pairs))
    print("Counting words...")
    for pair in pairs:
        input_lang.addSentence(pair[0])
        output_lang.addSentence(pair[1])
    print("Counted words:")
    print(input_lang.name, input_lang.n_words)
    print(output_lang.name, output_lang.n_words)
    return input_lang, output_lang, pairs

input_lang, output_lang, pairs = prepareData('eng', 'fra', True)
print(random.choice(pairs))
```

执行代码后会输出:

```
Reading lines...
Read 135842 sentence pairs
Trimmed to 10599 sentence pairs
Counting words...
Counted words:
fra 4345
eng 2803
['il a l habitude des ordinateurs .', 'he is familiar with computers .']
```

9.3.5 实现 Seq2Seq 模型

循环神经网络(RNN)是在序列上运行并将其自身的输出用作后续步骤的输入的网络。序列到序列网络或 Seq2Seq 网络或编码器解码器网络是由两个称为编码器和解码器的 RNN 组成的模型。其中编码器读取输入序列并输出单个向量，而解码器读取该向量以产生输出序列，如图 9-5 所示。

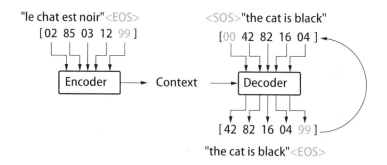

图 9-5　Seq2Seq 结构

与使用单个 RNN 进行序列预测(每个输入对应一个输出)不同，Seq2Seq 模型让我们摆脱了序列长度和顺序的限制，这令其非常适合两种语言之间的翻译。考虑一下下面句子的翻译过程：

```
Je ne suis pas le chat noir -> I am not the black cat
```

输入句子中的大多数单词在输出句子中具有直接翻译，但是顺序略有不同，例如 chat noir 和 black cat。因为采用 ne/pas 结构，所以在输入句子中还多一个单词，因此直接从输入单词的序列中产生正确的翻译将是困难的。通过使用 Seq2Seq 模型，在编码器中创建单个向量，在理想情况下，该向量将输入序列的"含义"编码为单个向量(在句子的 N 维空间中的单个点)。

1. 编码器

Seq2Seq 网络的编码器是 RNN，它为输入句子中的每个单词输出一些值。对于每个输入字，编码器输出一个向量和一个隐藏状态，并将隐藏状态用于下一个输入字。编码过程如图 9-6 所示。

第 9 章 序列建模和注意力机制

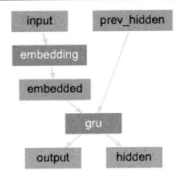

图 9-6 编码过程

编写类 EncoderRNN，它是一个循环神经网络的编码器，这个类定义了编码器的结构和前向传播逻辑。编码器使用嵌入层将输入序列中的单词索引映射为密集向量表示，并将其作为 GRU 层的输入。GRU 层负责对输入序列进行编码，生成输出序列和隐藏状态。编码器的输出可以用作解码器的输入，用于进行序列到序列的任务，例如机器翻译。函数 initHidden() 用于初始化隐藏状态张量，作为编码器的初始隐藏状态。对应的实现代码如下：

```python
class EncoderRNN(nn.Module):
    def __init__(self, input_size, hidden_size):
        super(EncoderRNN, self).__init__()
        self.hidden_size = hidden_size
        
        self.embedding = nn.Embedding(input_size, hidden_size)
        self.gru = nn.GRU(hidden_size, hidden_size)
    
    def forward(self, input, hidden):
        embedded = self.embedding(input).view(1, 1, -1)
        output = embedded
        output, hidden = self.gru(output, hidden)
        return output, hidden
    
    def initHidden(self):
        return torch.zeros(1, 1, self.hidden_size, device=device)
```

2. 解码器

解码器是另一个 RNN，它采用编码器输出向量并输出单词序列来创建翻译。

1) 简单解码器

在最简单的 Seq2Seq 解码器中，仅使用编码器的最后一个输出。最后的输出有时称为上下文向量，因为它从整个序列中编码上下文。该上下文向量用作解码器的初始隐藏状态。在解码的每个步骤中，为解码器提供输入标记和隐藏状态。初始输入标记<SOS>是字符串开始标记，第一个隐藏状态是上下文向量(编码器的最后一个隐藏状态)，如图 9-7 所示。

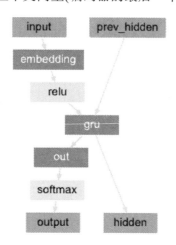

图 9-7　简单解码器

定义类 DecoderRNN，这是一个循环神经网络的解码器，这个类定义了解码器的结构和前向传播逻辑。解码器使用嵌入层将输出序列中的单词索引映射为密集向量表示，并将其作为 GRU 层的输入。GRU 层负责对输入序列进行解码，生成输出序列和隐藏状态。解码器的输出通过线性层进行映射，然后经过 softmax 层进行概率归一化，得到最终的输出概率分布。initHidden 方法用于初始化隐藏状态张量，作为解码器的初始隐藏状态。对应的实现代码如下：

```python
class DecoderRNN(nn.Module):
    def __init__(self, hidden_size, output_size):
        super(DecoderRNN, self).__init__()
        self.hidden_size = hidden_size

        self.embedding = nn.Embedding(output_size, hidden_size)
        self.gru = nn.GRU(hidden_size, hidden_size)
        self.out = nn.Linear(hidden_size, output_size)
        self.softmax = nn.LogSoftmax(dim=1)

    def forward(self, input, hidden):
        output = self.embedding(input).view(1, 1, -1)
        output = F.relu(output)
        output, hidden = self.gru(output, hidden)
```

```
        output = self.softmax(self.out(output[0]))
        return output, hidden

    def initHidden(self):
        return torch.zeros(1, 1, self.hidden_size, device=device)
```

2) 注意力解码器

如果仅将上下文向量在编码器和解码器之间传递,则该单个向量承担对整个句子进行编码的任务。使用注意力解码器网络,可以针对解码器自身输出的每一步,"专注"于编码器输出的不同部分。首先,计算一组注意力权重,将这些与编码器输出向量相乘以创建加权组合。结果(在代码中称为 attn_applied)中应包含有关输入序列特定部分的信息,从而帮助解码器选择正确的输出字,如图 9-8 所示。

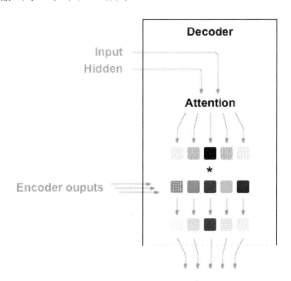

图 9-8　注意力解码器

另一个前馈层 attn 使用解码器的输入和隐藏状态作为输入来计算注意力权重。由于训练数据中包含各种大小的句子,因此要创建和训练该层,必须选择可以应用的最大句子长度(输入长度,用于编码器输出)。最大长度的句子将使用所有注意力权重,而较短的句子将仅使用前几个权重,如图 9-9 所示。

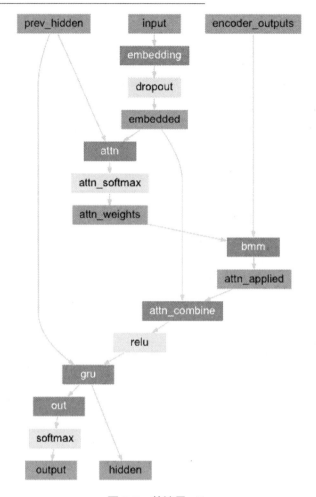

图 9-9　前馈层 attn

编写类 AttnDecoderRNN，实现具有注意力机制的解码器，对应的实现代码如下：

```
class AttnDecoderRNN(nn.Module):
    def __init__(self, hidden_size, output_size, dropout_p=0.1, max_length=MAX_LENGTH):
        super(AttnDecoderRNN, self).__init__()
        self.hidden_size = hidden_size
        self.output_size = output_size
        self.dropout_p = dropout_p
        self.max_length = max_length

        self.embedding = nn.Embedding(self.output_size, self.hidden_size)
        self.attn = nn.Linear(self.hidden_size * 2, self.max_length)
        self.attn_combine = nn.Linear(self.hidden_size * 2, self.hidden_size)
```

```python
        self.dropout = nn.Dropout(self.dropout_p)
        self.gru = nn.GRU(self.hidden_size, self.hidden_size)
        self.out = nn.Linear(self.hidden_size, self.output_size)

    def forward(self, input, hidden, encoder_outputs):
        embedded = self.embedding(input).view(1, 1, -1)
        embedded = self.dropout(embedded)

        attn_weights = F.softmax(
            self.attn(torch.cat((embedded[0], hidden[0]), 1)), dim=1)
        attn_applied = torch.bmm(attn_weights.unsqueeze(0),
                                 encoder_outputs.unsqueeze(0))

        output = torch.cat((embedded[0], attn_applied[0]), 1)
        output = self.attn_combine(output).unsqueeze(0)

        output = F.relu(output)
        output, hidden = self.gru(output, hidden)

        output = F.log_softmax(self.out(output[0]), dim=1)
        return output, hidden, attn_weights

    def initHidden(self):
        return torch.zeros(1, 1, self.hidden_size, device=device)
```

类参数的具体说明如下。
- hidden_size：隐藏状态的维度大小。
- output_size：输出的词汇表大小(即词汇表中的单词数量)。
- dropout_p：dropout 概率，用于控制训练过程中的随机失活。
- max_length：输入序列的最大长度。

__init__()方法的具体说明如下。
- 初始化函数，用于创建并初始化 AttnDecoderRNN 类的实例。
- 调用父类的初始化方法 super(AttnDecoderRNN, self).__init__()。
- 将 hidden_size、output_size、dropout_p 和 max_length 存储为实例属性。
- 创建一个嵌入层(embedding layer)，用于将输出的单词索引映射为密集向量表示。该嵌入层的输入大小为 output_size，输出大小为 hidden_size。
- 创建一个线性层 attn，用于计算注意力权重。该线性层将输入的两个向量拼接起来，然后通过一个线性变换得到注意力权重的分布。
- 创建一个线性层 attn_combine，用于将嵌入的输入和注意力应用的上下文向量进行结合，以生成解码器的输入。

- 创建一个 dropout 层，用于在训练过程中进行随机失活。
- 创建一个 GRU 层，用于处理输入序列。该 GRU 层的输入和隐藏状态的大小都为 hidden_size。
- 创建一个全连接线性层，用于将 GRU 层的输出映射到输出大小 output_size。

forward()方法的具体说明如下。

- 前向传播函数，用于对输入进行解码并生成输出、隐藏状态和注意力权重。
- 接收输入张量 input、隐藏状态张量 hidden 和编码器的输出张量 encoder_outputs 作为输入。
- 将输入张量通过嵌入层进行词嵌入，然后进行随机失活处理。
- 将嵌入后的张量与隐藏状态张量拼接起来，并通过线性层 attn 计算注意力权重的分布。
- 使用注意力权重将编码器的输出进行加权求和，得到注意力应用的上下文向量。
- 将嵌入的输入和注意力应用的上下文向量拼接起来，并通过线性层 attn_combine 进行结合，得到解码器的输入。
- 将解码器的输入通过激活函数 relu 进行非线性变换。
- 将变换后的张量作为输入传递给 GRU 层，得到输出和更新后的隐藏状态。
- 将 GRU 的输出通过线性层 out 进行映射，并通过 logsoftmax 函数计算输出的概率分布。
- 返回输出、隐藏状态和注意力权重。

initHidden()方法的具体说明如下。

- 用于初始化隐藏状态张量，作为解码器的初始隐藏状态。
- 返回一个大小为 (1, 1, hidden_size) 的全零张量，其中 hidden_size 是隐藏状态的维度大小。

9.3.6 训练模型

1. 准备训练数据

为了训练模型，对于每一对，都需要一个输入张量(输入句子中单词的索引)和目标张量(目标句子中单词的索引)。在创建这些向量时，会将结束标记 EOS 附加到两个序列上。首先定义一些用于处理文本数据的辅助函数，将句子转换为索引张量和生成数据对的张量。对应的实现代码如下：

```
def indexesFromSentence(lang, sentence):
    return [lang.word2index[word] for word in sentence.split(' ')]
```

```
def tensorFromSentence(lang, sentence):
    indexes = indexesFromSentence(lang, sentence)
    indexes.append(EOS_token)
    return torch.tensor(indexes, dtype=torch.long, device=device).view(-1, 1)

def tensorsFromPair(pair):
    input_tensor = tensorFromSentence(input_lang, pair[0])
    target_tensor = tensorFromSentence(output_lang, pair[1])
    return (input_tensor, target_tensor)
```

2. 训练模型

为了训练模型，通过编码器运行输入语句，并跟踪每个输出和最新的隐藏状态。然后，为解码器提供<SOS>标记作为其第一个输入，为编码器提供最后的隐藏状态作为其第一个隐藏状态。teacher_forcing_ratio(教师强制)的概念是使用实际目标输出作为下一个输入，而不是使用解码器的猜测作为下一个输入。使用教师强制会导致其收敛更快，但是当使用受过训练的网络时，可能会导致显示不稳定。

我们可以观察以教师为主导的网络的输出，这些输出阅读的是连贯的语法，但偏离了正确的翻译。直观地，它已经学会了代表输出语法，并且一旦老师说了最初的几个单词，它就可以"理解"含义，但是它还没有正确地学习如何从翻译中创建句子。由于 PyTorch 中 Autograd 的存在，我们可以通过简单的 if 语句选择是否使用教师强迫，调高 teacher_forcing_ratio 以使用更多功能。

编写训练函数 train()，训练序列到序列模型(Encoder-Decoder 模型)，对应的实现代码如下：

```
teacher_forcing_ratio = 0.5


def train(input_tensor, target_tensor, encoder, decoder, encoder_optimizer,
decoder_optimizer, criterion, max_length=MAX_LENGTH):
    encoder_hidden = encoder.initHidden()

    encoder_optimizer.zero_grad()
    decoder_optimizer.zero_grad()

    input_length = input_tensor.size(0)
    target_length = target_tensor.size(0)

    encoder_outputs = torch.zeros(max_length, encoder.hidden_size, device=device)

    loss = 0
```

```python
    for ei in range(input_length):
        encoder_output, encoder_hidden = encoder(
            input_tensor[ei], encoder_hidden)
        encoder_outputs[ei] = encoder_output[0, 0]

    decoder_input = torch.tensor([[SOS_token]], device=device)

    decoder_hidden = encoder_hidden

    use_teacher_forcing = True if random.random() < teacher_forcing_ratio else False

    if use_teacher_forcing:
        # Teacher forcing: Feed the target as the next input
        for di in range(target_length):
            decoder_output, decoder_hidden, decoder_attention = decoder(
                decoder_input, decoder_hidden, encoder_outputs)
            loss += criterion(decoder_output, target_tensor[di])
            decoder_input = target_tensor[di]  # Teacher forcing

    else:
        # Without teacher forcing: use its own predictions as the next input
        for di in range(target_length):
            decoder_output, decoder_hidden, decoder_attention = decoder(
                decoder_input, decoder_hidden, encoder_outputs)
            topv, topi = decoder_output.topk(1)
            decoder_input = topi.squeeze().detach()  # detach from history as input

            loss += criterion(decoder_output, target_tensor[di])
            if decoder_input.item() == EOS_token:
                break

    loss.backward()

    encoder_optimizer.step()
    decoder_optimizer.step()

    return loss.item() / target_length
```

上述代码的具体说明如下。

- teacher_forcing_ratio：表示使用 teacher forcing(教师强制)的概率。当随机数小于该概率时，将使用教师强制，即将目标作为解码器的下一个输入；否则，将使用模型自身的预测结果作为输入。
- train 函数的参数包括输入张量(input_tensor)、目标张量(target_tensor)，以及模型的编码器(encoder)、解码器(decoder)、优化器(encoder_optimizer 和 decoder_optimizer)、损失函数(criterion) 等。

- 对编码器的隐藏状态进行初始化,并将编码器和解码器的梯度归零。
- 获取输入张量的长度(input_length)和目标张量的长度(target_length)。
- 创建一个形状为(max_length, encoder.hidden_size)的全零张量 encoder_outputs,用于存储编码器的输出。
- 使用一个循环将输入张量逐步输入编码器,获取编码器的输出和隐藏状态,并将输出存储在 encoder_outputs 中。
- 初始化解码器的输入为起始标记(SOS_token)的张量。
- 将解码器的隐藏状态初始化为编码器的最终隐藏状态。
- 判断是否使用教师强制。如果使用教师强制,将循环遍历目标张量,每次将解码器的输出作为下一个输入,计算损失并累加到总损失(loss)中。如果不使用教师强制,则循环遍历目标张量,并使用解码器的输出作为下一个输入。在每次迭代中,计算解码器的输出、隐藏状态和注意力权重,将损失累加到总损失中。如果解码器的输出为结束标记(EOS_token),则停止迭代。
- 完成迭代后,进行反向传播,更新编码器和解码器的参数。
- 返回平均损失 (loss.item() / target_length)。

3. 展示训练耗费时间

编写功能函数,用于在给定当前时间和进度的情况下,打印经过的时间和估计的剩余时间。对应的实现代码如下:

```
import time
import math
def asMinutes(s):
    m = math.floor(s / 60)
    s -= m * 60
    return '%dm %ds' % (m, s)
def timeSince(since, percent):
    now = time.time()
    s = now - since
    es = s / (percent)
    rs = es - s
return '%s (- %s)' % (asMinutes(s), asMinutes(rs))
```

4. 循环训练

多次调用训练函数 train(),并偶尔打印进度(示例的百分比,到目前为止的时间,是估计的时间)和平均损失。定义循环训练函数 trainIters(),用于迭代训练序列到序列模型(Encoder-Decoder 模型)。该函数的作用是对训练数据进行多次迭代,调用 train 函数进行单次训练,并记录和打印损失信息。同时,通过指定的间隔将损失值进行平均,并有选择性

地绘制损失曲线。对应的实现代码如下:

```python
def trainIters(encoder, decoder, n_iters, print_every=1000, plot_every=100,
learning_rate=0.01):
    start = time.time()
    plot_losses = []
    print_loss_total = 0  # Reset every print_every
    plot_loss_total = 0  # Reset every plot_every

    encoder_optimizer = optim.SGD(encoder.parameters(), lr=learning_rate)
    decoder_optimizer = optim.SGD(decoder.parameters(), lr=learning_rate)
    training_pairs = [tensorsFromPair(random.choice(pairs))
                      for i in range(n_iters)]
    criterion = nn.NLLLoss()

    for iter in range(1, n_iters + 1):
        training_pair = training_pairs[iter - 1]
        input_tensor = training_pair[0]
        target_tensor = training_pair[1]

        loss = train(input_tensor, target_tensor, encoder,
                     decoder, encoder_optimizer, decoder_optimizer, criterion)
        print_loss_total += loss
        plot_loss_total += loss

        if iter % print_every == 0:
            print_loss_avg = print_loss_total / print_every
            print_loss_total = 0
            print('%s (%d %d%%) %.4f' % (timeSince(start, iter / n_iters),
                                         iter, iter / n_iters * 100, print_loss_avg))

        if iter % plot_every == 0:
            plot_loss_avg = plot_loss_total / plot_every
            plot_losses.append(plot_loss_avg)
            plot_loss_total = 0

    showPlot(plot_losses)
```

5. 绘制结果

定义绘图函数 showPlot(),该函数的作用是绘制损失曲线图。在该函数中,损失值按索引绘制在 x 轴上,对应的损失值绘制在 y 轴上。通过设置 y 轴的主要刻度定位器为 0.2 的倍数,可以更清晰地观察损失曲线的变化。对应的实现代码如下:

```python
import matplotlib.pyplot as plt
plt.switch_backend('agg')
import matplotlib.ticker as ticker
```

```
import numpy as np

def showPlot(points):
    plt.figure()
    fig, ax = plt.subplots()
    # this locator puts ticks at regular intervals
    loc = ticker.MultipleLocator(base=0.2)
    ax.yaxis.set_major_locator(loc)
    plt.plot(points)
```

9.3.7 模型评估

模型评估与模型训练的过程基本相同,但是没有目标,因此只需将解码器的预测反馈给每一步。每当它预测一个单词时,都会将其添加到输出字符串中,如果它预测到 EOS 标记,将在此处停止,还将存储解码器的注意输出,供以后显示。编写函数 evaluate()实现模型评估功能,使用训练好的编码器和解码器对输入的句子进行解码,并生成对应的输出词语序列和注意力权重,注意力权重可用于可视化解码过程中的注意力集中情况。对应的实现代码如下:

```
def evaluate(encoder, decoder, sentence, max_length=MAX_LENGTH):
    with torch.no_grad():
        input_tensor = tensorFromSentence(input_lang, sentence)
        input_length = input_tensor.size()[0]
        encoder_hidden = encoder.initHidden()

        encoder_outputs = torch.zeros(max_length, encoder.hidden_size, device=device)

        for ei in range(input_length):
            encoder_output, encoder_hidden = encoder(input_tensor[ei], encoder_hidden)
            encoder_outputs[ei] += encoder_output[0, 0]

        decoder_input = torch.tensor([[SOS_token]], device=device)  # SOS

        decoder_hidden = encoder_hidden

        decoded_words = []
        decoder_attentions = torch.zeros(max_length, max_length)

        for di in range(max_length):
            decoder_output, decoder_hidden, decoder_attention = decoder(
                decoder_input, decoder_hidden, encoder_outputs)
            decoder_attentions[di] = decoder_attention.data
            topv, topi = decoder_output.data.topk(1)
            if topi.item() == EOS_token:
```

```
            decoded_words.append('<EOS>')
            break
        else:
            decoded_words.append(output_lang.index2word[topi.item()])

        decoder_input = topi.squeeze().detach()

    return decoded_words, decoder_attentions[:di + 1]
```

编写函数 evaluateRandomly()，实现随机评估功能，可以从训练集中评估随机句子，并打印出输入、目标和输出，以做出相应的主观质量判断。对应的实现代码如下：

```
def evaluateRandomly(encoder, decoder, n=10):
    for i in range(n):
        pair = random.choice(pairs)
        print('>', pair[0])
        print('=', pair[1])
        output_words, attentions = evaluate(encoder, decoder, pair[0])
        output_sentence = ' '.join(output_words)
        print('<', output_sentence)
        print('')
```

9.3.8 训练和评估

有了前面介绍的功能函数，现在可以进行初始化网络并开始训练工作。此前，输入语句已被大量过滤。对于小的数据集，可以使用具有 256 个隐藏节点和单个 GRU 层的相对较小的网络。在笔者的 MacBook CPU 上运行约 40 分钟后，会得到一些合理的结果。创建一个编码器(encoder1)和一个带注意力机制的解码器 (attn_decoder1)，并调用函数 trainIters()进行训练。在训练过程中，函数 trainIters()会迭代执行训练步骤，更新编码器和解码器的参数，计算损失并输出训练进度。在每个打印间隔(print_every)，会输出当前训练的时间、完成的迭代次数百分比和平均损失。对应的实现代码如下：

```
hidden_size = 256
encoder1 = EncoderRNN(input_lang.n_words, hidden_size).to(device)
attn_decoder1 = AttnDecoderRNN(hidden_size, output_lang.n_words,
    dropout_p=0.1).to(device)

trainIters(encoder1, attn_decoder1, 75000, print_every=5000)
```

运行上述代码可以进行训练、中断内核、评估并在以后继续训练。注释掉编码器和解码器已初始化的行，然后再次运行 trainIters()函数。执行上述代码后，会输出如下训练进度的日志信息；并在训练完成后绘制损失函数随迭代次数变化的折线图，如图 9-10 所示。

```
2m 6s (- 29m 28s) (5000 6%) 2.8538
4m 7s (- 26m 49s) (10000 13%) 2.3035
6m 10s (- 24m 40s) (15000 20%) 1.9812
8m 13s (- 22m 37s) (20000 26%) 1.7083
10m 15s (- 20m 31s) (25000 33%) 1.5199
12m 17s (- 18m 26s) (30000 40%) 1.3580
14m 18s (- 16m 20s) (35000 46%) 1.2002
16m 18s (- 14m 16s) (40000 53%) 1.0832
18m 21s (- 12m 14s) (45000 60%) 0.9719
20m 22s (- 10m 11s) (50000 66%) 0.8879
22m 23s (- 8m 8s) (55000 73%) 0.8130
24m 25s (- 6m 6s) (60000 80%) 0.7509
26m 27s (- 4m 4s) (65000 86%) 0.6524
28m 27s (- 2m 1s) (70000 93%) 0.6007
30m 30s (- 0m 0s) (75000 100%) 0.5699
```

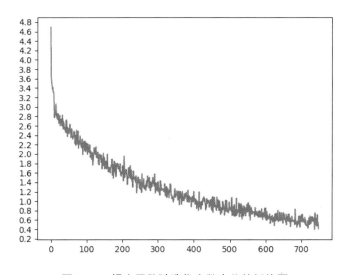

图 9-10 损失函数随迭代次数变化的折线图

调用函数 evaluateRandomly()，在训练完成后对模型进行随机评估。该函数会从数据集中随机选择一条输入句子，然后使用训练好的编码器(encoder1)和解码器(attn_decoder1)对该句子进行翻译。它会打印原始输入句子、目标输出句子和模型生成的翻译结果。命令如下：

```
evaluateRandomly(encoder1, attn_decoder1)
```

执行命令后会输出翻译结果：

```
> nous sommes desolees .
= we re sorry .
< we re sorry . <EOS>
```

```
> tu plaisantes bien sur .
= you re joking of course .
< you re joking of course . <EOS>

> vous etes trop stupide pour vivre .
= you re too stupid to live .
< you re too stupid to live . <EOS>

> c est un scientifique de niveau international .
= he s a world class scientist .
< he is a successful person . <EOS>

> j agis pour mon pere .
= i am acting for my father .
< i m trying to my father . <EOS>

> ils courent maintenant .
= they are running now .
< they are running now . <EOS>

> je suis tres heureux d etre ici .
= i m very happy to be here .
< i m very happy to be here . <EOS>

> vous etes bonne .
= you re good .
< you re good . <EOS>

> il a peur de la mort .
= he is afraid of death .
< he is afraid of death . <EOS>

> je suis determine a devenir un scientifique .
= i am determined to be a scientist .
< i m ready to make a cold . <EOS>
```

9.3.9 注意力的可视化

注意力机制的一个有用特性是其高度可解释的输出。因为它用于加权输入序列的特定编码器输出，所以我们可以想象一下在每个时间步长上网络最关注的位置。

(1) 在本实例中，可以简单地运行 plt.matshow(attentions)将注意力输出显示为矩阵，其中列为输入步骤，行为输出步骤。对应的实现代码如下：

```
output_words, attentions = evaluate(
    encoder1, attn_decoder1, "je suis trop froid .")
plt.matshow(attentions.numpy())
```

执行效果如图 9-11 所示。

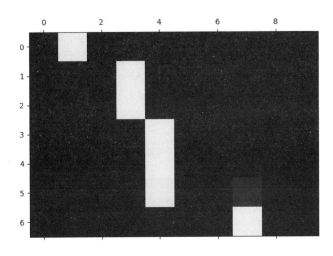

图 9-11 注意力矩阵图

(2) 为了获得更好的观看体验，可以考虑为可视化图添加轴和标签。编写函数 showAttention()，用于显示注意力权重的可视化结果。该函数接收三个参数：input_sentence 是输入句子，output_words 是解码器生成的输出单词序列，attentions 是注意力权重矩阵。在函数内部，它创建了一个新的图形(fig)和子图(ax)，然后使用 matshow()函数在子图上绘制注意力权重矩阵。颜色映射选用了 bone，这是一种灰度图。接下来，函数 showAttention() 设置了横轴和纵轴的刻度标签。横轴的刻度包括输入句子的单词和特殊符号 <EOS>，纵轴的刻度包括输出单词序列。函数还确保在每个刻度上都显示标签。最后，通过调用 plt.show() 函数，显示绘制的图形，展示注意力权重的可视化结果。对应的实现代码如下：

```
def showAttention(input_sentence, output_words, attentions):
    # Set up figure with colorbar
    fig = plt.figure()
    ax = fig.add_subplot(111)
    cax = ax.matshow(attentions.numpy(), cmap='bone')
    fig.colorbar(cax)

    # Set up axes
    ax.set_xticklabels([''] + input_sentence.split(' ') +
                       ['<EOS>'], rotation=90)
    ax.set_yticklabels([''] + output_words)
```

```
# Show label at every tick
ax.xaxis.set_major_locator(ticker.MultipleLocator(1))
ax.yaxis.set_major_locator(ticker.MultipleLocator(1))

plt.show()
```

(3) 创建函数 evaluateAndShowAttention()，用于评估输入句子的翻译结果，并显示注意力权重的可视化。首先调用 evaluate()函数获取输入句子的翻译结果和注意力权重。然后，打印出输入句子和翻译结果，并调用函数 showAttention()绘制注意力权重的可视化图像。接下来，使用了几个示例语句调用函数 evaluateAndShowAttention()，以展示不同输入句子的翻译结果和注意力权重的可视化效果。每个示例句子的翻译结果和注意力权重图像都会被打印出来。对应的实现代码如下：

```
def evaluateAndShowAttention(input_sentence):
    output_words, attentions = evaluate(
        encoder1, attn_decoder1, input_sentence)
    print('input =', input_sentence)
    print('output =', ' '.join(output_words))
    showAttention(input_sentence, output_words, attentions)

evaluateAndShowAttention("elle a cinq ans de moins que moi .")

evaluateAndShowAttention("elle est trop petite .")

evaluateAndShowAttention("je ne crains pas de mourir .")

evaluateAndShowAttention("c est un jeune directeur plein de talent .")
```

上面的代码调用了函数 evaluateAndShowAttention()四次，并针对不同的输入句子进行评估和可视化。每次调用函数 evaluateAndShowAttention()都会生成一幅图像，因此总共会生成四幅图像，每幅图像显示了输入句子、翻译结果以及对应的注意力权重图。具体说明如下。

- Age Difference(年龄差异)的可视化结果如图 9-12 所示，描述了句子"elle a cinq ans de moins que moi."的翻译结果和注意力权重。
- Size Matters(尺寸重要)的可视化结果如图 9-13 所示，描述了句子"elle est trop petite."的翻译结果和注意力权重。
- Facing Fear(面对恐惧)的可视化结果如图 9-14 所示，描述了句子"je ne crains pas de mourir."的翻译结果和注意力权重。
- Young and Talented(年轻而有才华)的可视化结果如图 9-15 所示，描述了句子"c est un jeune directeur plein de talent."的翻译结果和注意力权重。

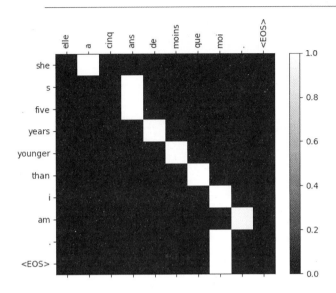

图 9-12　Age Difference(年龄差异)的可视化结果

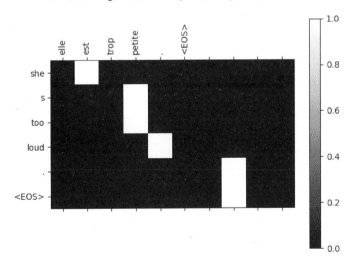

图 9-13　Size Matters(尺寸重要)的可视化结果

并且会输出文本翻译结果：

```
input = elle a cinq ans de moins que moi .
output = she s five years younger than i am . <EOS>
input = elle est trop petite .
output = she s too little . <EOS>
input = je ne crains pas de mourir .
```

```
output = i m not scared to die . <EOS>
input = c est un jeune directeur plein de talent .
output = he s a talented young writer . <EOS>
```

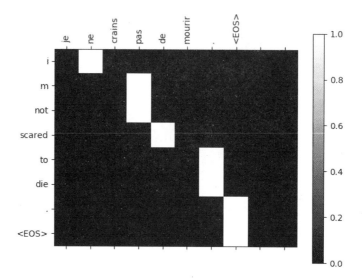

图 9-14　Facing Fear(面对恐惧)的可视化结果

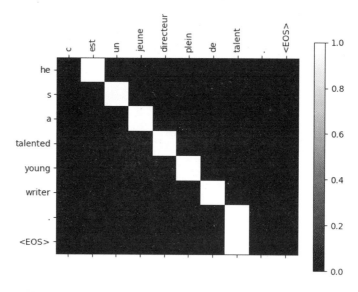

图 9-15　Young and Talented(年轻而有才华)的可视化结果

第 10 章

强化推荐学习

强化学习(Reinforcement Learning，RL)，又称再励学习、评价学习或增强学习，是机器学习的范式和方法论之一，用于描述和解决智能体(agent)在与环境的交互过程中，通过学习策略以完成回报最大化或实现特定目标的问题。本章将详细讲解基于强化学习的推荐系统的知识和用法。

10.1 强化学习的基本概念

强化学习是一种机器学习方法，旨在让智能体通过与环境的交互来学习最佳行动策略。与其他机器学习方法不同，强化学习中的智能体(agent)并不依赖于标记的训练数据集，而是通过不断尝试与环境的交互进行学习。

扫码看视频

10.1.1 基本模型和原理

强化学习是从动物学习、参数扰动自适应控制等理论发展而来的，其基本原理是：如果 agent 的某个行为策略导致环境正的奖赏(强化信号)，那么 agent 以后产生这个行为策略的趋势便会加强。agent 的目标是在每个离散状态发现最优策略，以使期望的折扣奖赏最大化。

强化学习是智能体(agent)以"试错"的方式进行学习，通过与环境进行交互获得的奖赏指导行为，目标是使智能体获得最大的奖赏。强化学习把学习看作一个试探评价的过程，Agent 选择一个动作用于环境，环境接受该动作后状态发生变化，同时产生一个强化信号(奖或惩)反馈给 agent，agent 根据强化信号和环境当前状态再选择下一个动作，选择的原则是使受到正强化(奖)的概率增大。选择的动作不仅影响立即强化值，而且影响环境下一时刻的状态及最终的强化值。

强化学习不同于联结主义学习中的监督学习，主要表现在教师信号上。强化学习中由环境提供的强化信号是 agent 对所产生动作的好坏所做的一种评价(通常为标量信号)，而不是告诉 agent 如何去产生正确的动作。由于外部环境提供了很少的信息，agent 必须依靠自身的经历进行学习。通过这种方式，agent 在环境中通过行动和接收相应的评价来学习知识，并据此改进行动策略，以更好地适应环境。

强化学习系统学习的目标是动态地调整参数，以达到最大化强化信号。若已知 r/A 梯度信息，则可直接可以使用监督学习算法。因为强化信号 r 与 agent 产生的动作 A 没有明确的函数形式描述，所以梯度信息 r/A 无法得到。因此，在强化学习系统中，需要引入某种随机单元。使用这种随机单元，agent 会在可能动作空间中进行搜索，以发现正确的动作。

强化学习的常见模型包括标准的马尔可夫决策过程(Markov Decision Process，MDP)。按给定条件，强化学习可分为基于模式的强化学习(model-based RL)和无模式强化学习(model-free RL)，以及主动强化学习(active RL)和被动强化学习(passive RL)。强化学习的变体包括逆向强化学习、阶层强化学习和部分可观测系统的强化学习。求解强化学习问题所使用的算法可分为策略搜索算法和值函数(value function)算法两类。深度学习模型可以在强化学习中得到使用，形成深度强化学习。

10.1.2 强化学习中的要素

强化学习中的要素如下。
- 状态(state)：环境的特征或观测，用于描述智能体所处的情境。
- 动作(action)：智能体可以选择的行动或决策。
- 奖励(reward)：智能体从环境中接收到的反馈信号，用于评估动作的好坏。奖励可以是即时的，也可以是延迟的，取决于任务的性质。
- 策略(policy)：策略定义了智能体在给定状态下选择动作的方式。它可以是确定性策略(确定选择一个动作)或概率性策略(选择一个动作的概率分布)。
- 值函数(value function)：值函数估计了在给定状态下执行策略的预期回报或价值。它用于指导智能体在不同状态下如何选择最优动作。
- 环境模型(environment model)：环境模型描述了环境的动态特性，包括状态转移概率和奖励分布。它可以用于模拟环境的演化过程和生成样本数据。
- 强化学习算法：强化学习算法用于学习最佳策略，根据智能体与环境的交互数据来更新策略或值函数。

强化学习可以应用于各种问题，如机器人控制、游戏策略、自动驾驶、资源管理等。它强调通过尝试和错误的交互学习，以获得长期的累积奖励。强化学习的关键挑战之一是在探索和利用之间进行权衡，以找到最佳策略。

10.1.3 网络模型设计

在强化学习的网络模型中，每一个自主体由两个神经网络模块组成，即行动网络和评估网络。

行动网络是根据当前的状态而决定下一个时刻施加到环境上去的最佳动作。强化学习算法允许行动网络的输出节点进行随机搜索，当行动网络接收到来自评估网络的内部强化信号后，其输出节点即可有效地完成随机搜索，并且大大提高了选择好动作的可能性，同时可以在线训练整个行动网络。评估网络作为一个辅助网络，用于模拟环境，并根据当前状态预测标量值的外部强化信号。这样，评估网络可单步或多步预报当前由行动网络施加到环境上的动作强化信号，提前向动作网络提供有关候选动作的强化信号，以及更多的奖惩信息(内部强化信号)，以减少不确定性并提高学习效率。

强化学习在评估网络时使用时序差分(TD)预测方法和反向传播(BP)算法进行学习，在行动网络上则采用遗传算法进行优化，并将内部强化信号作为行动网络的适应度函数。网络运算分成两个部分，即前向信号计算和遗传强化计算。在前向信号计算阶段，评估网络采用时序差分预测方法来对环境进行建模，并进行外部强化信号的多步预测。评估网络向行动网络提供更有效的内部强化信号，以促使行动网络产生更恰当的行动。内部强化信号允许行动网络和评估网络在每一步都可以进行学习，而不必等待外部强化信号的到来，从而大大地提高了两个网络的学习效率。

10.1.4 强化学习和深度强化学习

强化学习(RL)是一种机器学习方法，旨在通过智能体与环境的交互学习最优的决策策略。在强化学习中，智能体根据环境的反馈(奖励信号)调整其行为，以最大化长期累积的奖励。常用的强化学习算法有值迭代、策略迭代、Q-learning、蒙特卡洛方法、时序差分学习等。

深度强化学习(Deep Reinforcement Learning)是强化学习与深度学习相结合的一种方法。它使用深度神经网络作为函数逼近器，可以直接从原始输入数据(如图像或传感器数据)中学习高级特征表示，并通过这些特征来指导决策过程。

下面是强化学习和深度强化学习的主要区别。

- 函数逼近器：传统的强化学习通常使用表格或线性函数来表示值函数或策略。而深度强化学习使用深度神经网络作为函数逼近器，能够处理高维、复杂的输入数据，并能学习更复杂的策略。
- 特征表示学习：传统的强化学习通常需要手动设计特征表示。而深度强化学习能够通过神经网络自动地从原始输入数据中学习特征表示，无需手动设计特征。
- 数据效率：传统的强化学习通常需要大量的样本和迭代才能学到良好的策略。而深度强化学习可以从海量数据中进行学习，并利用深度神经网络的参数化能力，更高效地学习到复杂的策略。
- 探索与利用：强化学习中的探索与利用问题是指在探索未知领域和利用已知知识之间的权衡。传统的强化学习通常使用ε-greedy等简单策略来平衡探索和利用。深度强化学习可以使用更复杂的探索策略，如使用随机噪声或基于不确定性的探索方法。
- 样本效率：深度强化学习通常需要大量的样本来进行训练，这可能导致对环境的过度依赖。传统的强化学习通常在样本效率上更加高效。

总而言之，深度强化学习通过使用深度神经网络作为函数逼近器和自动学习特征表示，可以处理更复杂的任务和输入数据，并在一定程度上提高了学习效率。然而，深度强化学习也面临着样本效率和训练不稳定等挑战，需要更多的经验和技巧来处理。

10.2 强化学习算法

本节将详细讲解常用的强化学习算法的知识。

10.2.1 值迭代算法

扫码看视频

值迭代算法(value iteration)是强化学习中一种用于求解马尔可夫决策过程(MDP)中最优值函数的经典算法，它通过迭代更新值函数来逼近最优值函数，进而得到最优策略。

值迭代算法的目标是求解状态值函数或动作值函数的最优值。在值迭代算法中，假设已知环境的状态转移概率和奖励函数，适用于具有有限状态和有限动作的离散空间问题。

值迭代算法的基本步骤如下。

(1) 初始化值函数：将所有状态的值函数初始值设为 0 或其他任意值。

(2) 迭代更新值函数：重复以下步骤直到值函数收敛。

- 对于每个状态 s，根据当前值函数计算出所有可能的动作 a 的价值 Q(s,a)。这可以通过状态转移概率和奖励函数来计算，即利用贝尔曼方程。
- 更新状态 s 的值函数为当前状态下所有动作的最大价值：V(s) = max[Q(s,a)]，其中 a 表示所有可能的动作。

(3) 输出最优策略：根据最终收敛的值函数，选择每个状态下具有最大值的动作作为最优策略。

值迭代算法的核心思想是通过迭代更新值函数来逐步逼近最优值函数。在每次迭代中，算法通过选择当前状态下具有最大价值的动作来更新值函数。通过不断迭代更新，值函数最终收敛到最优值函数，从而得到最优策略。

值迭代算法是一种基于模型的强化学习算法，因此需要对环境的状态转移概率和奖励函数有所了解。它适用于离散状态和离散动作空间的问题，并且能够找到全局最优解。

值迭代算法是强化学习中重要的基础算法之一，是其他高级算法的基础。它的主要优点是简单直观且易于理解和实现，但对于大规模问题，由于需要遍历所有状态和动作的组合，计算复杂度较高。

在实际应用中，如果将推荐系统建模为一个强化学习问题，可以使用值迭代算法来学习用户的偏好和优化推荐策略。下面是一个基于值迭代算法的简化推荐系统的例子，假设有一个简单的推荐系统，其中包含 3 件物品(物品 A、物品 B、物品 C)和 1 位用户。我们将每件物品的特征表示为一个向量，用户的偏好表示为一个值，目标是通过值迭代算法学习最优的推荐策略。

源码路径：daima/10/jia.py

```python
import numpy as np

# 物品特征向量
item_features = {
    'A': np.array([1, 0, 0]),
    'B': np.array([0, 1, 0]),
    'C': np.array([0, 0, 1])
}

# 用户偏好
user_preferences = {
    'A': 5,
    'B': 3,
    'C': 1
}

# 定义值迭代算法函数
def value_iteration(item_features, user_preferences, num_iterations, discount_factor):
    # 初始化值函数
    values = {item: 0 for item in item_features}

    for _ in range(num_iterations):
        # 迭代更新值函数
        for item in item_features:
            best_value = 0
            for next_item in item_features:
                # 计算当前动作的奖励
                reward = user_preferences[next_item]
                # 根据马尔可夫决策过程的贝尔曼方程更新值函数
                value = reward + discount_factor * values[next_item]
                if value > best_value:
                    best_value = value
            values[item] = best_value

    return values

# 使用值迭代算法求解最优推荐策略
optimal_values = value_iteration(item_features, user_preferences, num_iterations=100, discount_factor=0.9)

# 根据最优值函数进行推荐
best_item = max(optimal_values, key=optimal_values.get)
print("最优推荐物品:", best_item)
```

上述代码中首先定义了物品的特征向量和用户的偏好,然后创建了函数 value_iteration() 执行值迭代算法。在每次迭代中,会计算每件物品的最优值,并通过迭代更新值函数来逐步逼近最优值函数。最后,根据最优值函数选择具有最高值的物品作为推荐。执行代码后会输出:

最优推荐物品:B

注意: 这只是一个简化的例子,仅用于展示如何使用值迭代算法实现一个基本的推荐系统。在实际应用中,推荐系统往往需要考虑更复杂的因素,将用户行为数据、物品的上下文信息以及其他推荐算法组合使用。因此,在实际情况中,通常会使用其他更为有效的推荐系统算法来处理推荐问题。

10.2.2　蒙特卡洛方法

蒙特卡洛方法是一种基于随机采样的数值计算方法,常用于估计无法通过解析方式得到的数值。蒙特卡洛方法可以用来解决很多复杂的计算问题,其中一个典型应用就是估计数学常数π的值。

蒙特卡洛方法的基本思想是通过随机采样和概率统计来近似计算一个问题的解。具体而言,在估计π的例子中,我们可以将一个单位正方形内部嵌入一个单位圆,并通过随机均匀分布的点的采样来估计圆的面积与正方形的面积之比。由于圆的面积是π,正方形的面积是1,因此我们可以用采样点在圆内的数量与总采样点的数量的比例来估计π的值。

使用蒙特卡洛方法解决问题的步骤如下。
(1) 定义问题:明确要解决的问题和需要估计的量。
(2) 设定采样空间:确定采样点的范围和分布,通常通过随机数生成来实现。
(3) 进行随机采样:根据设定的采样空间和分布进行随机采样,生成一组样本。
(4) 计算结果:根据问题的定义和采样得到的样本,计算结果。
(5) 重复采样和计算:重复步骤(3)和(4),生成多组样本并计算结果。
(6) 统计估计:根据采样的结果,进行统计分析和估计,得到最终的结果。

蒙特卡洛方法的优点是简单易懂,适用于各种问题,而且可以通过增加采样数量来提高估计的准确性。然而,它也存在着随机误差,即估计结果的精确度受到采样数量的影响。

蒙特卡洛方法是一种基于随机采样和概率统计的数值计算方法,通过大量的随机采样和统计估计来解决各种计算问题。在实际应用中,蒙特卡洛方法被广泛用于金融、物理、计算机图形、统计等领域。在推荐系统中,可以通过蒙特卡洛方法来模拟用户行为,评估推荐策略的性能。下面是一个简单的例子,演示了使用蒙特卡洛方法评估推荐系统的用法。

假设有一个简单的推荐系统,其中包含3件物品(物品A、物品B、物品C)和1位用户。其中用户的评分是随机的,希望使用蒙特卡洛方法来估计不同推荐策略的平均得分。

源码路径: daima/10/mengte.py

```python
import numpy as np

# 物品列表
items = ['A', 'B', 'C']

# 用户行为模拟函数
def simulate_user_action(item):
    # 模拟用户行为,返回对物品的评分
    return np.random.randint(1, 6)

# 蒙特卡洛方法评估推荐策略
def evaluate_policy(policy, num_episodes):
    total_reward = 0

    for _ in range(num_episodes):
        # 随机选择一件物品
        item = np.random.choice(items)
        # 模拟用户行为
        reward = simulate_user_action(item)
        # 根据策略计算推荐得分
        recommendation = policy(item)
        # 累积总奖励
        total_reward += reward * recommendation

    average_reward = total_reward / num_episodes
    return average_reward

# 随机推荐策略
def random_policy(item):
    # 随机返回一个推荐得分
    return np.random.randint(0, 2)

# 评估随机推荐策略
num_episodes = 1000
average_reward = evaluate_policy(random_policy, num_episodes)
print("随机推荐策略的平均得分:", average_reward)
```

上述代码中分别定义了物品列表和用于模拟用户行为的函数 simulate_user_action()。然后,实现了一个蒙特卡洛方法的评估函数 evaluate_policy(),该函数接收一个推荐策略函数作为参数,并使用模拟用户行为函数来评估策略的性能。最后,定义了一个随机推荐策略

random_policy，并使用蒙特卡洛方法评估该策略的平均得分。执行后会输出：

随机推荐策略的平均得分：1.463

10.3 深度确定性策略梯度算法

深度确定性策略梯度算法(Deep Deterministic Policy Gradient，DDPG)是一种用于解决连续动作空间问题的强化学习算法。它是对确定性策略梯度算法(deterministic policy gradient，DPG)的扩展，结合了深度神经网络和经验回放缓冲区的思想。

扫码看视频

10.3.1 DDPG 算法的核心思想和基本思路

DDPG 算法的核心思想是通过 Actor 网络学习最优的确定性策略(直接输出动作)，通过 Critic 网络学习最优的动作值函数(评估策略的好坏)。通过联合训练这两个网络，agent 可以逐步改进策略并学习到在连续动作空间中做出更优决策的能力。DDPG 算法由两个主要组件组成：一个用于学习策略的 Actor 网络和一个用于学习动作值函数的 Critic 网络，这两个网络都是基于深度神经网络的。

DDPG 算法的基本思路如下。

(1) 初始化 Actor 网络和 Critic 网络，以及它们对应的目标网络(用于稳定训练)。
(2) 定义经验回放缓冲区，用于存储 agent 的经验样本。
(3) 在每个时间步骤中，根据当前状态从 Actor 网络中选择一个动作。
(4) 执行选择的动作，并观察下一个状态和获得的奖励。
(5) 将当前状态、动作、奖励、下一个状态存储到经验回放缓冲区中。
(6) 从经验回放缓冲区中随机采样一批样本。
(7) 使用目标 Critic 网络计算目标 Q 值。
(8) 使用当前 Critic 网络计算当前 Q 值。
(9) 计算 Critic 损失，通过最小化损失更新 Critic 网络参数。
(10) 使用当前 Actor 网络计算动作梯度。
(11) 计算 Actor 损失，通过优化损失更新 Actor 网络参数。
(12) 更新目标网络的参数。
(13) 重复步骤(3)~(12)，直到达到预定的训练步数或达到收敛条件。

总结起来，DDPG 算法结合了深度神经网络的表示能力和确定性策略梯度算法的优化思想，使得在连续动作空间中进行强化学习成为可能。它已经被广泛应用于各种连续控制问题，如机器人控制、自动驾驶、游戏玩法等领域。

10.3.2 使用 DDPG 算法实现推荐系统

深度确定性策略梯度算法是一种强化学习算法，常用于解决连续动作空间的问题，我们可以使用它优化推荐策略。下面是一个使用 DDPG 算法实现推荐系统的例子。

源码路径： daima/10/dd.py

本实例通过训练 Actor 和 Critic 模型学习推荐系统的动作选择策略，并在推荐系统环境中进行训练和评估。具体实现流程如下。

(1) 构建 Actor 模型，对应代码如下：

```
class ActorModel(tf.keras.Model):
    def __init__(self, num_items):
        super(ActorModel, self).__init__()
        self.dense1 = tf.keras.layers.Dense(64, activation='relu')
        self.dense2 = tf.keras.layers.Dense(64, activation='relu')
        self.dense3 = tf.keras.layers.Dense(num_items, activation='tanh')

    def call(self, inputs):
        x = self.dense1(inputs)
        x = self.dense2(x)
        output = self.dense3(x)
        return output
```

这是一个继承自 tf.keras.Model 的 Actor 模型类。它使用 3 个全连接层来构建模型，并在最后一层使用 tanh 激活函数。call 方法定义了模型的前向传播过程。

(2) 构建 Critic 模型，对应代码如下：

```
class CriticModel(tf.keras.Model):
    def __init__(self):
        super(CriticModel, self).__init__()
        self.dense1 = tf.keras.layers.Dense(64, activation='relu')
        self.dense2 = tf.keras.layers.Dense(64, activation='relu')
        self.dense3 = tf.keras.layers.Dense(1, activation='linear')

    def call(self, inputs):
        x = self.dense1(inputs)
        x = self.dense2(x)
        output = self.dense3(x)
        return output
```

这是一个继承自 tf.keras.Model 的 Critic 模型类。与 Actor 模型类似，它也使用了 3 个全连接层。不同的是，最后一层使用 linear 激活函数。

(3) 创建类 DDPG Recommender，对应代码如下：

```python
class DDPGRecommender:
    def __init__(self, num_items, actor_learning_rate=0.001, critic_learning_rate=0.001,
                 discount_factor=0.99):
        self.num_items = num_items
        self.discount_factor = discount_factor
        self.actor = ActorModel(num_items)
        self.critic = CriticModel()
        self.actor_optimizer = tf.keras.optimizers.Adam(actor_learning_rate)
        self.critic_optimizer = tf.keras.optimizers.Adam(critic_learning_rate)

    def get_action(self, state):
        action = self.actor(state)
        return action

    def train(self, state, action, reward, next_state, done):
        with tf.GradientTape() as actor_tape:
            actor_action = self.actor(state)
            actor_loss = -tf.reduce_mean(self.critic(tf.concat([state, actor_action],
                        axis=-1)))

        actor_gradients = actor_tape.gradient(actor_loss,
self.actor.trainable_variables)
        self.actor_optimizer.apply_gradients(zip(actor_gradients,
self.actor.trainable_variables))

        with tf.GradientTape() as critic_tape:
            target_q = reward + self.discount_factor *
self.critic(tf.concat([next_state, self.actor(next_state)], axis=-1))
            critic_loss = tf.keras.losses.MSE(target_q, self.critic(tf.concat
                        ([state, action], axis=-1)))

        critic_gradients = critic_tape.gradient(critic_loss,
                        self.critic.trainable_variables)
        self.critic_optimizer.apply_gradients(zip(critic_gradients,
                    self.critic.trainable_variables))
```

这是 DDPG 推荐系统的主要类。在初始化方法中，分别创建了 Actor 模型、Critic 模型以及用于优化模型的优化器。其中方法 get_action() 用于接收一个状态作为输入，并使用 Actor 模型预测选择的动作。方法 train() 根据 DDPG 算法的训练步骤进行训练。它使用了两个 tf.GradientTape 上下文管理器，用于计算 Actor 模型和 Critic 模型的梯度，并根据优化器进行更新。

(4) 创建一个简单的推荐系统环境，对应代码如下：

```python
class RecommendationEnvironment:
    def __init__(self, num_items):
```

```
        self.num_items = num_items

    def get_state(self):
        return np.zeros((1, self.num_items))

    def take_action(self, action):
        return np.random.randint(0, 10)

    def is_done(self):
        return False
```

这是一个简单的推荐系统环境类,它包含了获取状态、执行动作、检查是否结束的方法。在这个例子中,get_state 方法返回一个全零的状态表示,take_action 方法返回一个随机奖励,is_done 方法始终返回 False。

(5) 定义训练参数,创建推荐系统实例和环境实例,然后开始训练。在主代码部分定义了训练的参数,创建了 DDPG 推荐系统实例和推荐系统环境实例。然后使用循环执行训练过程,并打印每个回合的总奖励。对应代码如下:

```
num_episodes = 10
num_items = 10

recommender = DDPGRecommender(num_items)
env = RecommendationEnvironment(num_items)

for episode in range(num_episodes):
    state = env.get_state()
    done = False

    while not done:
        action = recommender.get_action(state)
        reward = env.take_action(action)
        next_state = env.get_state()
        done = env.is_done()
        recommender.train(state, action, reward, next_state, done)
        state = next_state

    print("Episode:", episode, "Total Reward:", reward)
```

执行代码后,会打印输出每个回合(episode)的索引以及该回合的总奖励(reward),结果如下:

```
Episode: 0 Total Reward: 4
Episode: 1 Total Reward: 6
Episode: 2 Total Reward: 2
...
Episode: 9 Total Reward: 8
```

这样的输出可以用于跟踪训练过程中每个回合的奖励表现。

10.4 双重深度 Q 网络算法

双重深度 Q 网络(Double Deep Q-Network，DDQN)算法是一种强化学习算法，是对深度 Q 网络(DQN)算法的改进和扩展。DDQN 算法旨在解决 DQN 算法中的过估计(overestimation)问题，提高在强化学习任务中的性能和稳定性。

扫码看视频

10.4.1 双重深度 Q 网络介绍

DQN 在训练过程中存在一些问题，其中一个主要问题是对目标 Q 值的估计过于乐观。DQN 使用同一个神经网络进行当前状态的 Q 值估计和目标 Q 值的估计，这会导致估计的 Q 值偏高，因为在更新 Q 值时使用了同一个网络的输出。

DDQN 通过引入目标网络(target network)来解决这个问题。目标网络是一个与主网络(policy network)相互独立的网络，用于计算目标 Q 值。在训练过程中，目标网络的参数是固定的，而主网络的参数进行更新。这样可以减少估计目标 Q 值时的过高估计问题。

具体来说，使用 DDQN 算法的基本步骤如下。
(1) 初始化主网络和目标网络，两个网络具有相同的结构。
(2) 在每个时间步，根据当前状态使用主网络选择一个动作。
(3) 执行选择的动作，观察下一个状态和即时奖励。
(4) 使用目标网络计算下一个状态的最大 Q 值动作。
(5) 使用主网络计算当前状态的 Q 值。
(6) 使用下一个状态的最大 Q 值动作的目标 Q 值更新当前状态的 Q 值。
(7) 使用均方差损失函数更新主网络的参数。
(8) 定期更新目标网络的参数。

通过引入目标网络，DDQN 能够减少过高估计的问题，提高训练的稳定性和性能。它在许多强化学习任务中取得了很好的结果，并且被广泛应用于各种领域，例如游戏玩法、机器人控制和自动驾驶等。

10.4.2 基于双重深度 Q 网络的歌曲推荐系统

下面是一个使用双重深度 Q 网络(DDQN)算法实现的推荐系统示例，其中使用了自定义的中文歌曲数据集实现，具体实现流程如下。

源码路径：daima/10/shuang.py

(1) 定义一个中文歌曲数据集，并对数据进行预处理。假设数据集包含歌曲的特征和用户的评分，以下是一个简化的例子，其中每首歌曲有 3 个特征(歌曲类型、歌手和时长)，并且每位用户对每首歌曲给出了一个评分。对应的实现代码如下：

```python
# 自定义歌曲数据集
song_data = pd.DataFrame({
    '歌曲': ['歌曲1', '歌曲2', '歌曲3', '歌曲4', '歌曲5'],
    '类型': ['摇滚', '流行', '摇滚', '流行', '嘻哈'],
    '歌手': ['歌手A', '歌手B', '歌手A', '歌手C', '歌手D'],
    '时长': [180, 200, 220, 190, 210]
})

# 用户评分数据
user_ratings = pd.DataFrame({
    '用户ID': [1, 1, 2, 2, 3, 3],
    '歌曲': ['歌曲1', '歌曲2', '歌曲3', '歌曲4', '歌曲4', '歌曲5'],
    '评分': [4, 5, 3, 2, 4, 1]
})
```

(2) 使用库 TensorFlow 构建 DDQN 模型。将歌曲数据和用户评分数据转换为适合模型的格式，并进行特征归一化处理。对应的实现代码如下：

```python
# 使用 LabelEncoder 对字符串类型的特征进行编码
label_encoders = {}
for feature in ['类型', '歌手']:
    label_encoders[feature] = LabelEncoder()
    song_data[feature] = label_encoders[feature].fit_transform(song_data[feature])

# 使用 StandardScaler 对数值类型的特征进行归一化
scaler = StandardScaler()
song_data['时长'] = scaler.fit_transform(song_data['时长'].values.reshape(-1, 1))

# 将歌曲特征和评分进行合并
merged_data = pd.merge(user_ratings, song_data, on='歌曲')
```

(3) 继续构建 DDQN 模型。定义一个包含两个隐藏层的全连接神经网络模型，每个隐藏层有 64 个神经元，激活函数使用 ReLU 实现。最后的输出层是一个单一神经元，用于预测评分。对应的实现代码如下：

```python
class DDQNModel(tf.keras.Model):
    def __init__(self):
        super(DDQNModel, self).__init__()
```

```
        self.dense1 = tf.keras.layers.Dense(64, activation='relu')
        self.dense2 = tf.keras.layers.Dense(64, activation='relu')
        self.dense3 = tf.keras.layers.Dense(1)

    def call(self, inputs):
        x = self.dense1(inputs)
        x = self.dense2(x)
        x = self.dense3(x)
        return x


# 创建 DDQN 模型实例
model = DDQNModel()
```

(4) 定义训练逻辑,并使用歌曲数据集进行模型训练。对应的实现代码如下:

```
# 定义损失函数和优化器
loss_fn = tf.keras.losses.MeanSquaredError()
optimizer = tf.keras.optimizers.Adam(learning_rate=0.001)

@tf.function
def train_step(inputs, targets):
    with tf.GradientTape() as tape:
        predictions = model(inputs)
        loss_value = loss_fn(targets, predictions)
    gradients = tape.gradient(loss_value, model.trainable_variables)
    optimizer.apply_gradients(zip(gradients, model.trainable_variables))
    return loss_value
```

(5) 进行模型训练,并在每个训练周期结束后绘制损失函数的变化曲线。对应的实现代码如下:

```
num_epochs = 10
batch_size = 32

loss_history = []   # 存储每个训练周期的损失值

for epoch in range(num_epochs):
    for batch_start in range(0, len(merged_data), batch_size):
        batch_end = batch_start + batch_size
        batch_data = merged_data[batch_start:batch_end]
        inputs = batch_data[['类型', '歌手', '时长']].values
        targets = batch_data['评分'].values
        loss = train_step(inputs, targets)
        loss_history.append(loss.numpy())
        print(f"Epoch: {epoch+1}/{num_epochs}, Batch: {batch_start}-{batch_end}, Loss: {loss.numpy()}")
```

```
# 绘制损失函数变化曲线
plt.plot(loss_history)
plt.title('Loss History')
plt.xlabel('Iteration')
plt.ylabel('Loss')
plt.show()
```

(6) 定义函数 recommend_songs(user_id, num_recommendations=3),这个函数用于为指定用户推荐歌曲。其中参数 user_id 表示用户的 ID,参数 num_recommendations 表示要推荐的歌曲数量。此函数的具体实现流程如下。

- 从数据集中获取用户数据:根据给定的用户 ID,从合并的数据集 merged_data 中筛选出该用户的数据。
- 获取用户已评分的歌曲:从用户数据中提取出用户已评分的歌曲列表,并使用 unique()方法去除重复的歌曲。
- 获取所有歌曲列表:从歌曲数据集 song_data 中提取出所有的歌曲列表,并使用 unique()方法去除重复的歌曲。
- 获取未被用户评分过的歌曲:通过将所有歌曲列表减去用户已评分的歌曲列表,得到未被用户评分过的歌曲列表。
- 使用模型预测评分:将所有歌曲的特征输入到模型中进行预测,得到预测的评分结果。模型的输出是预测的评分值。
- 获取未被用户评分过的歌曲的推荐评分:从预测的评分结果中筛选出未被用户评分过的歌曲对应的评分。
- 获取推荐评分最高的歌曲:对推荐评分进行排序,选取评分最高的几首歌曲作为推荐结果。
- 返回推荐的歌曲列表:将推荐的歌曲列表作为函数的返回值。
- 设置用户 ID 并调用函数:在代码中设置用户 ID 为 1,并调用 recommend_songs()函数进行歌曲推荐。
- 打印推荐结果:打印推荐结果,展示为用户 1 推荐的歌曲列表。

函数 recommend_songs()的具体实现代码如下:

```
def recommend_songs(user_id, num_recommendations=3):
    user_data = merged_data[merged_data['用户ID'] == user_id]
    user_songs = user_data['歌曲'].unique()
    all_songs = song_data['歌曲'].unique()
    non_user_songs = list(set(all_songs) - set(user_songs))

    # 使用模型预测评分
    inputs = song_data[['类型', '歌手', '时长']].values
    predicted_ratings = model(inputs).numpy().flatten()
```

```
# 获取未被用户评分过的歌曲的推荐评分
recommended_ratings = predicted_ratings[song_data['歌曲'].isin(non_user_songs)]

# 获取推荐评分最高的歌曲
top_indices = recommended_ratings.argsort()[-num_recommendations:][::-1]
recommended_songs = song_data[song_data.index.isin(top_indices)]['歌曲'].values

return recommended_songs

user_id = 1
recommendations = recommend_songs(user_id, num_recommendations=3)
print(f"为用户 {user_id} 推荐的歌曲: {recommendations}")
```

(7) 在每个批次的训练过程中记录损失值,并绘制训练过程的曲线图。对应的实现代码如下:

```
import matplotlib.pyplot as plt

# 创建空列表以保存损失值
loss_history = []

# 进行模型训练
num_epochs = 10
batch_size = 32

for epoch in range(num_epochs):
    for batch_start in range(0, len(merged_data), batch_size):
        batch_end = batch_start + batch_size
        batch_data = merged_data[batch_start:batch_end]
        inputs = batch_data[['类型', '歌手', '时长']].values
        targets = batch_data['评分'].values
        loss = train_step(inputs, targets)
        loss_history.append(loss.numpy())

        print(f"Epoch: {epoch+1}/{num_epochs}, Batch: {batch_start}-{batch_end},
            Loss: {loss.numpy()}")

# 绘制损失曲线图
plt.plot(loss_history)
plt.title('Training Loss')
plt.xlabel('Batch')
plt.ylabel('Loss')
plt.show()
```

执行代码后,输出如下所示的为用户 1 推荐的歌曲,并绘制可视化的模型训练过程中的损失值变化曲线图，如图 10-1 所示。

为用户 1 推荐的歌曲：['歌曲1' '歌曲2' '歌曲3']

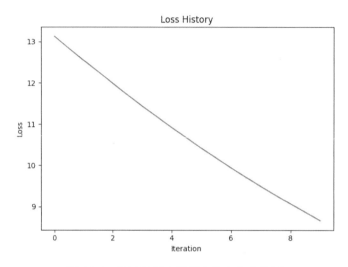

图 10-1　训练过程中的损失值变化曲线图

曲线图通常用于展示随着训练的进行，损失函数的值是如何逐渐减小的，从而反映模型的学习进展和收敛情况。在训练过程中，每个批次的损失值被记录下来，并用于绘制曲线图。这样的曲线图可以帮助我们判断模型的训练情况，看到是否出现过拟合或欠拟合的现象，以及是否需要调整模型的超参数等。

10.5　PPO 策略优化算法

PPO(Proximal Policy Optimization)是一种策略优化算法，它将深度学习和强化学习相结合。PPO 使用深度神经网络来近似策略函数，并通过多次迭代更新策略参数来提高性能。PPO 算法通过优化策略的目标函数来实现策略的改进。

扫码看视频

10.5.1　PPO 策略优化算法介绍

PPO 的核心思想是通过近端策略优化来更新策略，同时保持更新幅度的控制，以避免因策略更新过大出现不稳定的问题。具体来说，PPO 引入了两个重要的概念：概率比率和剪切范围，具体说明如下。

- 概率比率(ratio)：概率比率表示新策略相对于旧策略的改进程度。在 PPO 中，概率比率定义为新策略下采取某个动作的概率与旧策略下采取同样动作的概率之比。
- 剪切范围(clipping)：剪切范围用于限制策略更新的幅度。在 PPO 中，通过引入一个剪切函数，将概率比率限制在一个预定义的范围内，从而保证策略更新的稳定性。

PPO 算法的主要实现步骤如下。

(1) 收集数据：通过与环境交互收集一批经验数据，包括状态、动作和对应的回报。

(2) 计算优势估计：使用价值函数估计每个"状态-动作"对的优势值，它表示相对于基准策略的优势程度。

(3) 计算概率比率：根据收集的数据计算新旧策略之间的概率比率，衡量新策略相对于旧策略的改进。

(4) 计算剪切函数：通过剪切函数将概率比率限制在一个预定义的范围内，以控制策略更新的幅度。

(5) 计算策略损失函数：使用概率比率和剪切函数构建策略损失函数，用于优化策略网络。

(6) 更新策略：使用优化算法(如随机梯度下降)最小化策略损失函数，然后更新策略网络的参数。

PPO 算法的优点在于其相对简单的实现和良好的收敛性质。通过引入概率比率和剪切范围，PPO 能够在一定程度上平衡探索和利用，并且能够在实践中表现出较好的性能。

10.5.2 使用 PPO 策略优化算法实现推荐系统

下面的实例实现了一个简单的基于 PPO 算法的推荐系统训练过程，其中包括策略网络的建立、动作选择和训练循环。大家可以根据自己项目的需要进一步扩展和优化该算法，以适应更复杂的推荐系统任务。

> 源码路径：daima/10/shuang1.py

```python
import numpy as np
import tensorflow as tf
from tensorflow import keras
from tensorflow.keras import layers

# 定义PPO策略优化算法
class PPO:
    def __init__(self):
        self.policy_network = self.build_policy_network()

    def build_policy_network(self):
```

```python
        inputs = layers.Input(shape=(1,))
        x = layers.Dense(64, activation='relu')(inputs)
        x = layers.Dense(64, activation='relu')(x)
        outputs = layers.Dense(2, activation='softmax')(x)
        model = keras.Model(inputs=inputs, outputs=outputs)
        return model

    def get_action(self, state):
        state = np.expand_dims(state, axis=0)
        probs = self.policy_network.predict(state)[0]
        action = np.random.choice([0, 1], p=probs)
        return action

    def train_recommendation_system(self, num_episodes, num_steps):
        for episode in range(num_episodes):
            for step in range(num_steps):
                state = np.random.choice([0, 1])
                action = self.get_action(state)
                print("State:", state, "Action:", action)

# 创建 PPO 实例并训练推荐系统
ppo = PPO()
ppo.train_recommendation_system(num_episodes=3, num_steps=5)
```

上述代码的具体说明如下。

- 首先引入了必要的库，包括 NumPy 和 TensorFlow。然后定义了一个名为 PPO 的类，代表 PPO 策略优化算法。
- 在类 PPO 的初始化方法中，创建了一个策略网络(policy_network)，用于调用 build_policy_network()函数。这个策略网络是一个简单的前馈神经网络，包含两个隐藏层，每个隐藏层有 64 个神经元，激活函数为 ReLU。输出层是一个包含两个节点的 softmax 层，表示采取两种不同的动作的概率。
- 函数 get_action()用于根据当前状态(state)选择一个动作(action)。它首先将状态展开成一个数组，并通过策略网络预测动作的概率分布(probs)。然后使用 np.random.choice()函数根据概率分布随机选择一个动作。
- 函数 train_recommendation_system()用于训练推荐系统。它包含两个嵌套的循环，外层循环用于控制训练的总轮数(num_episodes)，内层循环用于控制每轮训练的步数(num_steps)。在每个步骤中，随机选择一个状态(state)，然后调用 get_action()函数获取对应的动作(action)，并将状态和动作打印输出。
- 最后，创建了一个 PPO 实例(ppo)，并调用函数 train_recommendation_system()进行训练。训练过程将执行 3 轮训练，每轮训练包含 5 个步骤。

执行代码后，会输出每个步骤的状态和对应的动作，结果如下：

```
1/1 [==============================] - 0s 268ms/step
State: 0 Action: 0
1/1 [==============================] - 0s 46ms/step
State: 0 Action: 0
1/1 [==============================] - 0s 51ms/step
State: 0 Action: 1
1/1 [==============================] - 0s 53ms/step
State: 1 Action: 1
1/1 [==============================] - 0s 47ms/step
State: 1 Action: 1
1/1 [==============================] - 0s 53ms/step
State: 0 Action: 0
1/1 [==============================] - 0s 49ms/step
State: 0 Action: 0
1/1 [==============================] - 0s 44ms/step
State: 1 Action: 0
1/1 [==============================] - 0s 52ms/step
State: 1 Action: 1
1/1 [==============================] - 0s 47ms/step
State: 1 Action: 1
1/1 [==============================] - 0s 68ms/step
State: 1 Action: 0
1/1 [==============================] - 0s 44ms/step
State: 1 Action: 1
1/1 [==============================] - 0s 51ms/step
State: 0 Action: 0
1/1 [==============================] - 0s 45ms/step
State: 0 Action: 0
1/1 [==============================] - 0s 49ms/step
State: 1 Action: 0
```

其中 State 表示当前步骤的状态，可以是 0 或 1。Action 表示根据策略网络选择的动作，可以是 0 或 1。输出的内容会根据训练的轮数(num_episodes)和每轮训练的步数(num_steps)进行迭代，每个步骤都会有相应的状态和动作输出。注意，每次运行代码，输出的具体内容可能会有所不同，因为动作的选择是基于概率分布进行的随机抽样。

10.6 TRPO 算法

TRPO(Trust Region Policy Optimization)是一种用于强化学习的优化算法，它旨在通过迭代优化策略函数来最大化累积奖励。TRPO 是一种基于策略的方法，适用于连续动作空间的问题。

扫码看视频

10.6.1 TRPO 算法介绍

TRPO 算法的核心思想是通过最大化策略的预期累积奖励，来更新策略函数的参数。为了确保更新过程的稳定性，TRPO 引入了一个重要的概念：信任区域(trust region)。信任区域定义了策略更新的边界，保证更新幅度不会过大，以防止策略函数的性能下降。

TRPO 算法的主要实现步骤如下。

(1) 收集样本数据：使用当前策略函数与环境进行交互，收集一定数量的样本轨迹。

(2) 计算优势函数：计算每个时间步的优势函数，衡量策略相对于平均奖励的改进程度。

(3) 计算策略梯度：使用采样数据和优势函数计算策略梯度，即策略函数关于参数的梯度。

(4) 计算自然梯度：将策略梯度转换为自然梯度，通过对参数变化的比例进行调整，确保更新幅度在信任区域内。

(5) 进行策略优化：使用自然梯度来更新策略函数的参数，以最大化预期累积奖励。

(6) 重复执行上述步骤，直到达到预定的训练迭代次数或收敛条件。

TRPO 算法的优势在于它能够在保证策略的稳定性和收敛性的同时，实现较高的样本利用效率。它通过限制策略更新的幅度，确保每次更新都是小幅度的，从而避免了策略崩溃或性能下降的风险。

总而言之，TRPO 算法是一种用于强化学习的优化算法，通过信任区域的限制来确保策略更新的稳定性。它是一种有效的算法，适用于解决连续动作空间的强化学习问题。

10.6.2 使用 TRPO 算法实现商品推荐系统

下面的实例使用 TRPO 算法实现了一个简易商品推荐系统，其中使用的是自定义的商品数据集。

> 源码路径：daima/10/shuang.py

```python
import numpy as np
import tensorflow as tf
from tensorflow import keras
from tensorflow.keras import layers
from tensorforce import Agent, Environment

# 自定义商品数据集
dataset = [
    {"user": "张三", "items": ["商品A", "商品B", "商品C"], "rating": 5},
    {"user": "李四", "items": ["商品B", "商品D"], "rating": 4},
    {"user": "王五", "items": ["商品C", "商品E"], "rating": 3},
```

```python
    # ... 其他用户的数据
]

# 定义推荐系统环境
class RecommendationEnvironment(Environment):
    def __init__(self):
        super().__init__()
        self.current_user = None

    def states(self):
        return dict(type='float', shape=(len(dataset[0]['items']),))

    def actions(self):
        return dict(type='int', num_values=len(dataset[0]['items']))

    def reset(self):
        # 随机选择一位用户
        self.current_user = np.random.choice(dataset)

        # 返回用户对应的商品特征作为初始状态
        return self.current_user['items']

    def execute(self, actions):
        # 获取用户选择的动作(商品索引)
        action = actions[0]

        # 获取用户对应的真实评分
        rating = self.current_user['rating']

        # 计算奖励(推荐的商品与用户真实评分的相关性)
        reward = self.calculate_reward(action, rating)

        # 返回下一个状态(在这个例子中，下一个状态仍然是当前用户的商品特征)
        next_state = self.current_user['items']

        return next_state, reward, False, {}

    def calculate_reward(self, action, rating):
        # 在这个例子中，简化奖励的计算方式，假设用户选择的商品与真实评分的相关性为正相关
        selected_item = self.current_user['items'][action]
        reward = rating * (selected_item == '商品A')  # 假设只有商品A与评分相关

        return reward

# 使用TRPO算法训练推荐系统
def train_recommendation_system():
    # 创建推荐系统环境实例
    env = RecommendationEnvironment()
```

```python
# 定义策略网络模型
inputs = layers.Input(shape=(len(dataset[0]['items']),))
x = layers.Dense(64, activation='relu')(inputs)
x = layers.Dense(64, activation='relu')(x)
outputs = layers.Dense(len(dataset[0]['items']), activation='softmax')(x)
model = keras.Model(inputs=inputs, outputs=outputs)

# 创建 TRPO 代理
agent = Agent.create(
    agent='trpo',
    environment=env,
    network=model
)

# 训练推荐系统
agent.initialize()
agent.train(steps=1000)

return agent

# 创建并训练推荐系统
agent = train_recommendation_system()

# 使用训练好的策略进行推荐
state = dataset[0]['items']   # 使用第一个用户的商品特征作为初始状态
action = agent.act(states=state)
selected_item = dataset[0]['items'][action]
print("推荐给用户的商品:", selected_item)
```

上述代码的具体说明如下。

- 首先定义一个自定义的商品数据集 dataset，其中包含了每个用户的商品数据和对应的评分。
- 然后，定义了一个推荐系统环境类 RecommendationEnvironment，它继承自 tensorforce.Environment，并实现了必要的方法，包括 states、actions、reset 和 execute。在 reset 方法中随机选择一位用户，并返回该用户对应的商品特征作为初始状态。在 execute 方法中，获取用户选择的动作(商品索引)，计算奖励(这里简化为与用户真实评分的相关性)，并返回下一个状态和奖励。
- 接下来，使用 TRPO 算法进行训练。首先创建了一个推荐系统环境实例 env，然后定义了策略网络模型，包括输入层、隐藏层和输出层。最后，使用 tensorforce.Agent 的 create 方法创建了一个 TRPO 代理，并传入环境实例和策略网络模型。在训练过程中，调用了函数 agent.initialize()来初始化代理，然后调用函数 agent.train()进行训练，指定训练的步数。
- 最后，使用训练好的策略进行推荐。我们选择了第一个用户的商品特征作为初始状态，然后使用 agent.act()方法获取代理选择的动作(商品索引)，并根据索引获取对应的商品，即推荐给用户的商品。

执行代码后会输出：

推荐给用户的商品：商品 A

这表示根据训练好的 TRPO 代理模型，针对第一位用户的商品特征，推荐给用户的是"商品 A"。

10.7 A3C 算法

A3C(asynchronous advantage actor-critic)是一种结合了深度学习和强化学习的算法，用于解决连续动作空间的强化学习问题。A3C 算法使用深度神经网络同时估计策略和值函数，并通过异步训练多个并行智能体来提高学习效率和稳定性。

扫码看视频

10.7.1 A3C 算法介绍

A3C 算法的核心思想是通过并行化多个工作线程，使每个线程在不同的环境状态下进行交互，从而增加样本的多样性和数据的利用效率。每个工作线程根据当前状态选择动作，并将状态、动作和奖励发送到全局 Critic 网络进行更新。这样，每个线程都可以独立地学习，并根据自己的经验来改善策略。

在 A3C 算法中，每个工作线程都可以异步地更新 Critic 网络的参数，这种异步性有助于避免梯度下降过程中的竞争条件，并可以提高算法的效率和收敛性。此外，A3C 还引入了一个优势函数(advantage function)，用于评估每个动作相对于平均动作的优势，以进一步优化策略更新。

A3C 算法的优点包括高效的并行化训练、对大规模环境和复杂任务的适应性，以及对连续时间和状态空间的支持。它已经在各种任务上取得了显著的成果，包括游戏玩法、机器人控制和自动驾驶等领域。

总之，A3C 是一种并行化的强化学习算法，通过多个工作线程的异步交互和参数更新，能够有效地训练深度神经网络来学习在连续时间和状态空间中进行决策的任务。

10.7.2 使用 A3C 算法训练推荐系统

下面实例的功能是使用 A3C 算法训练一个简单的推荐系统代理，并通过与环境的交互和优化来提高推荐系统的性能。

源码路径：daima/10/a3c.py

```python
# 定义A3C代理类
class A3CAgent:
    def __init__(self, num_actions, state_size):
        self.num_actions = num_actions
        self.state_size = state_size
        self.optimizer = Adam(learning_rate=0.001)

        self.actor, self.critic = self.build_models()

    def build_models(self):
        # 构建Actor模型
        actor_input = tf.keras.Input(shape=self.state_size)
        actor_dense1 = Dense(64, activation='relu')(actor_input)
        actor_dense2 = Dense(64, activation='relu')(actor_dense1)
        actor_output = Dense(self.num_actions, activation='softmax')(actor_dense2)
        actor = Model(inputs=actor_input, outputs=actor_output)

        # 构建Critic模型
        critic_input = tf.keras.Input(shape=self.state_size)
        critic_dense1 = Dense(64, activation='relu')(critic_input)
        critic_dense2 = Dense(64, activation='relu')(critic_dense1)
        critic_output = Dense(1)(critic_dense2)
        critic = Model(inputs=critic_input, outputs=critic_output)

        return actor, critic

    def get_action(self, state):
        probabilities = self.actor.predict(np.array([state]))[0]
        action = np.random.choice(self.num_actions, p=probabilities)
        return action

    def train(self, states, actions, rewards):
        discounted_rewards = self.calculate_discounted_rewards(rewards)

        with tf.GradientTape() as tape:
            actor_outputs = self.actor(states)
            critic_outputs = self.critic(states)
            advantages = discounted_rewards - critic_outputs

            actor_loss = tf.reduce_mean(tf.nn.sparse_softmax_cross_entropy_with_logits(
                labels=actions, logits=actor_outputs))
            critic_loss = tf.reduce_mean(tf.square(advantages))

            total_loss = actor_loss + critic_loss

        actor_gradients = tape.gradient(total_loss, self.actor.trainable_variables)
        self.optimizer.apply_gradients(zip(actor_gradients,
            self.actor.trainable_variables))
```

```python
    def calculate_discounted_rewards(self, rewards):
        discounted_rewards = np.zeros_like(rewards)
        running_reward = 0
        for t in reversed(range(len(rewards))):
            running_reward = rewards[t] + running_reward * 0.99  # discount factor: 0.99
            discounted_rewards[t] = running_reward
        return discounted_rewards


# 创建一个简单的推荐系统环境
class RecommendationEnv(gym.Env):
    def __init__(self):
        self.num_users = 10
        self.num_items = 5
        self.state_size = self.num_users + self.num_items
        self.action_space = gym.spaces.Discrete(self.num_items)
        self.observation_space = gym.spaces.Box(low=0, high=1, shape=(self.state_size,))

    def reset(self):
        state = np.zeros(self.state_size)
        state[:self.num_users] = np.random.randint(0, 2, size=self.num_users)
        # 用户兴趣
        self.current_user = np.random.randint(0, self.num_users)  # 当前用户
        return state

    def step(self, action):
        reward = 0
        if action == self.current_user:
            reward = 1  # 推荐正确的物品,奖励为1

        state = np.zeros(self.state_size)
        state[:self.num_users] = np.random.randint(0, 2, size=self.num_users)
        # 用户兴趣
        self.current_user = np.random.randint(0, self.num_users)  # 当前用户

        done = False  # 没有结束条件
        return state, reward, done, {}


# 训练A3C代理
def train_recommendation_system():
    env = RecommendationEnv()
    agent = A3CAgent(num_actions=env.num_items, state_size=env.state_size)

    episodes = 1000
    episode_rewards = []

    for episode in range(episodes):
        state = env.reset()
        done = False
        total_reward = 0
```

```
    while not done:
        action = agent.get_action(state)
        next_state, reward, done, _ = env.step(action)
        agent.train(np.array([state]), np.array([action]), np.array([reward]))

        state = next_state
        total_reward += reward

    episode_rewards.append(total_reward)
    print(f"Episode {episode + 1}: Reward = {total_reward}")

return agent, episode_rewards

# 运行训练过程
agent, episode_rewards = train_recommendation_system()

# 打印训练过程中每个 episode 的总奖励
print("Episode Rewards:", episode_rewards)
```

上述代码中首先定义了类 A3CAgent，其中包括构建 Actor 和 Critic 模型的方法，以及获取动作、训练和计算折扣奖励的方法。接下来，创建了一个简单的推荐系统环境，包括状态空间、动作空间和状态转移函数。最后，定义了训练推荐系统的函数，通过多个 episode 迭代训练代理，并打印每个 episode 的总奖励。在训练过程中，代理通过与环境交互获取状态，选择动作，并根据奖励信号更新模型参数。每个 episode 都会重置环境，并在每个时间步上执行动作选择、状态转移和训练操作。训练过程中的每个 episode 的总奖励被记录下来，并最终打印输出。执行代码后会输出以下内容：

```
Episode 1: Reward = <total_reward>
Episode 2: Reward = <total_reward>
...
Episode n: Reward = <total_reward>
```

其中，<total_reward>表示每个 episode 的总奖励，即代理在一个 episode 中完成推荐任务并获得的奖励。训练过程中每个 episode 的总奖励将被打印出来，以便观察代理的性能随着训练的进展如何变化。

第11章

电影推荐系统

推荐系统是指通过网站向用户提供商品、电影、新闻和音乐等信息的建议,能帮助用户尽快找到自己感兴趣的信息。本章将介绍使用深度学习框架 TensorFlow 开发一个电影推荐系统的过程,学习使用 TensorFlow 开发大型项目的知识。具体流程通过综合使用 TensorFlow+TensorFlow Recommenders+scikit-learn++Pandas 实现。

11.1 系统介绍

推荐系统最早源于电子商务，在电子商务网站中向客户提供商品信息和建议，帮助用户决定应该购买什么产品，模拟销售人员帮助客户完成购买过程。个性化推荐能够根据用户的兴趣特点和购买行为，向用户推荐感兴趣的信息和商品。

扫码看视频

11.1.1 背景介绍

随着电子商务规模的不断扩大，商品个数和种类快速增长，顾客需要花费大量的时间才能找到自己想买的商品。这种浏览大量无关信息和产品的过程无疑会使淹没在信息过载问题中的消费者不断流失。为了解决这些问题，推荐系统应运而生。推荐系统是建立在海量数据挖掘基础上的一种高级商务智能平台，能帮助电子商务网站为其顾客购物提供完全个性化的决策支持和信息服务。

互联网的出现和普及给用户带来了大量的信息，满足了用户在信息时代对信息的需求。但随着网络的迅速发展，网上信息量大幅增长，使得用户在面对大量信息时无法从中获得对自己真正有用的那部分信息，对信息的使用效率反而降低了，这就是所谓的信息超载(information overload)问题。

解决信息超载问题时，一个非常有潜力的办法是推荐系统。它是根据用户的信息需求、兴趣等，将用户感兴趣的信息、产品等推荐给用户的个性化信息推荐系统。和搜索引擎相比，推荐系统是通过研究用户的兴趣偏好进行个性化计算，由系统发现用户的兴趣点，从而引导用户发现自己的信息需求。一个好的推荐系统不仅能为用户提供个性化的服务，还能和用户建立密切关系，让用户对推荐产生依赖。

推荐系统本质上是一个旨在向用户提供相关物品建议的系统/模型/算法，这可以是电影、音乐等。一般而言，当用户与服务提供商或购买者与电子商务之间存在关系时，推荐将是非常必要的。最终，良好的推荐将是一种双赢的解决方案，使双方都受益，因为用户得到了想要的东西，而服务提供商获得了更多利润。您可能会问，这些推荐有多大影响力？事实上，它的影响力是巨大的。根据麦肯锡数据，推荐在以下方面发挥着至关重要的作用。

- ❑ 40%的 Google Play 应用安装。
- ❑ YouTube 上 60%的观看时间。
- ❑ Amazon 上 35%的购买行为。
- ❑ Netflix 上 75%的电影观看。

11.1.2 推荐系统和搜索引擎

当我们提到推荐引擎的时候，经常联想到的技术便是搜索引擎。不必惊讶，因为这两者是为了解决信息过载而提出的两种不同技术，是一个问题的两个出发点。推荐系统和搜索引擎有共同的目标，即解决信息过载问题，但具体的做法因人而异。

(1) 搜索引擎更倾向于人们有明确的目的，人们可以将对于信息的寻求转换为精确的关键字，然后由搜索引擎返回给用户一系列列表。用户可以对这些返回结果进行反馈，并且用户有主动意识，但这会存在马太效应的问题，即那些越流行的东西随着搜索过程的迭代会越流行，那些越不流行的东西则会石沉大海。

(2) 而推荐引擎更倾向于人们没有明确的目的，或者说他们的目的是模糊的。通俗来讲，用户连自己都不知道自己想要什么，这时候推荐系统通过用户的历史行为、用户的兴趣偏好或者用户的人口统计学特征找到推荐算法，再运用推荐算法来产生用户可能感兴趣的项目列表。其中长尾理论(人们只关注曝光率高的项目，而忽略曝光率低的项目)可以很好地解释推荐系统的存在价值。试验表明，位于长尾位置的曝光率低的项目产生的利润不低于只销售曝光率高的项目的利润。推荐系统正好可以给所有项目提供曝光的机会，以此来挖掘长尾项目的潜在利润。

如果说搜索引擎体现着马太效应的话，那么长尾理论则阐述了推荐系统所发挥的价值。

11.1.3 项目介绍

本项目旨在创建一个全面的电影推荐系统，其中结合了传统的基于统计的方法和最新的深度学习技术。本项目的主要实现步骤和亮点如下所示。

- 数据探索与可视化：通过对大规模的电影数据进行探索性分析，了解电影产业的发展趋势、不同类型的电影分布情况以及用户行为。
- 特征工程：在数据预处理阶段，提取了关键信息，包括电影的语言、演员、制片公司等，以便后续的建模和分析。
- 基于统计的推荐系统：使用基于统计的方法，如协同过滤和内容过滤，为用户提供了个性化的电影推荐。通过对用户历史行为和电影特征的分析，系统能够预测用户可能喜欢的电影。
- 深度学习推荐系统：利用 TensorFlow Recommenders(TFRS)构建了深度学习推荐系统。该系统不仅考虑了用户的评分历史，还结合了隐式信号(如电影观看记录)和显式信号(用户评分)进行预测。
- 综合推荐系统：通过混合多个推荐系统的输出，建立一个综合推荐系统。这个系统综合考虑了用户的不同偏好和行为，提供更全面、准确的推荐。

- 用户体验分析：对特定用户的历史观影记录进行分析，了解其喜好和评分习惯。通过深入挖掘用户信息，提供更加个性化的推荐解决方案。

通过这个项目，我们不仅实现了一系列推荐算法，还展示了如何通过结合传统方法和深度学习技术，构建出更为强大和准确的电影推荐系统。这个项目不仅适用于电影领域，还为其他推荐系统的设计提供了有益的经验。

11.2 系统模块

通过市场调研和需求分析设计，总结出本项目的功能模块，如下所示。

扫码看视频

1. 数据获取与清洗

- 从电影数据库中获取大规模电影数据，包括电影特征、用户评分等。
- 对数据进行清洗，处理缺失值和异常值，确保数据质量。

2. 数据分析与可视化

- 通过数据探索性分析，了解电影数据的分布、用户行为等。
- 使用可视化工具，如 Matplotlib 和 Seaborn，展示数据的统计信息和趋势。

3. 特征工程

提取关键特征，如电影语言、演员、制片公司等，用于后续建模和分析。

4. 基于统计的推荐系统

- 利用传统的协同过滤和内容过滤算法，为用户提供个性化的电影推荐。
- 考虑用户的历史行为和电影特征，预测用户可能喜欢的电影。

5. 深度学习推荐系统

- 使用 TensorFlow Recommenders (TFRS)构建深度学习推荐系统。
- 结合隐式信号(电影观看记录)和显式信号(用户评分)进行预测，提高推荐准确性。

6. 综合推荐系统

- 将基于统计和深度学习的推荐系统输出进行综合，构建更全面的推荐系统。
- 综合考虑用户的不同偏好和行为，提供更准确的推荐结果。

7. 用户体验分析

- 对特定用户的历史观影记录进行深入分析，了解其喜好和评分习惯。

❏ 通过挖掘用户信息，提供更个性化的推荐解决方案。

通过以上模块的设计和实现，该电影推荐系统实现了一套完整的推荐解决方案；结合传统的推荐算法和深度学习技术，为用户提供了更为准确和个性化的电影推荐服务。

11.3 探索性数据分析

探索性数据分析(EDA)是数据分析过程中的一个阶段，其目的是通过可视化和统计手段来探索数据集，以更好地了解数据的结构、模式、异常和关系。EDA 的主要目标是揭示数据的基本特征，为后续分析提供基础，并帮助研究人员提出假设。EDA 通常包括以下几个方面的工作。

扫码看视频

- ❏ 数据摘要：查看数据的基本统计信息，如均值、中位数、标准差等，以了解数据的聚集趋势和分散程度。
- ❏ 单变量分析：对单个变量进行分析，包括直方图、箱形图等，以了解单个变量的分布和特征。
- ❏ 双变量分析：分析两个变量之间的关系，可以通过散点图、相关性矩阵等方式来实现。
- ❏ 多变量分析：当涉及多个变量时，使用多变量分析方法，例如热图、散点矩阵等，以识别变量之间的复杂关系。
- ❏ 缺失值和异常值处理：检查数据中是否存在缺失值和异常值，并考虑如何处理这些情况。
- ❏ 数据可视化：使用图表、图形和其他可视化手段呈现数据，使得模式和趋势更加直观。

EDA 的结果可以帮助研究人员更好地理解数据，为进一步的建模、假设检验和特征工程提供指导。通过对数据的深入了解，研究人员能够发现数据中的规律、趋势和异常，从而更有针对性地制订后续分析和建模的计划。

11.3.1 导入库文件

导入一系列用于数据分析、深度学习和推荐系统的 Python 库，其中 Pandas 用于实现数据处理和分析，TensorFlow_recommenders 和 TensorFlow 用于实现深度学习和推荐系统。具体实现代码如下：

```
import string
import re
import pandas as pd
```

```python
import numpy as np
import seaborn as sns
import matplotlib.pyplot as plt
import tensorflow as tf
import tensorflow_recommenders as tfrs
from collections import Counter
from typing import Dict, Text
from ast import literal_eval
from datetime import datetime
from wordcloud import WordCloud
from sklearn.preprocessing import MinMaxScaler
from sklearn.feature_extraction.text import TfidfVectorizer
from sklearn.metrics.pairwise import cosine_similarity

import warnings
warnings.filterwarnings('ignore')
```

11.3.2 数据预处理

(1) 加载3个数据集文件,然后进行数据清理和合并操作,为后续的分析和建模做好准备。代码如下:

```python
credits = pd.read_csv('../input/the-movies-dataset/credits.csv')
keywords = pd.read_csv('../input/the-movies-dataset/keywords.csv')
movies = pd.read_csv('../input/the-movies-dataset/movies_metadata.csv').\
            drop(['belongs_to_collection', 'homepage', 'imdb_id',
                  'poster_path', 'status', 'title', 'video'], axis=1).\
            drop([19730, 29503, 35587]) # Incorrect data type

movies['id'] = movies['id'].astype('int64')

df = movies.merge(keywords, on='id').\
   merge(credits, on='id')

df['original_language'] = df['original_language'].fillna('')
df['runtime'] = df['runtime'].fillna(0)
df['tagline'] = df['tagline'].fillna('')

df.dropna(inplace=True)
```

上述代码的实现流程如下。

- 首先,加载了 3 个数据集,分别是演职人员信息(credits.csv)、关键词信息(keywords.csv)以及电影元数据(movies_metadata.csv)。
- 然后,对电影元数据进行一些清理操作。具体而言,删除了一些不需要的列,例如 belongs_to_collection、homepage、imdb_id 等。同时，删除了具有不正确数据类型的特定行(索引为 19730、29503、35587)。
- 接着，将电影元数据中 id 列的数据类型转换为 int64 类型，以便后续的数据合并。
- 通过 id 列将 3 个数据集进行了合并。这一步骤创建了一个新的数据框 df，其中包含了电影元数据、关键词信息和演职人员信息。
- 对 df 数据框进行了缺失值处理。具体来说，对 original_language 列的缺失值使用空字符串进行填充，对 runtime 列的缺失值使用 0 进行填充，对 tagline 列的缺失值同样使用空字符串进行填充。
- 最后，删除了 df 中包含任何缺失值的行，以确保数据集的完整性。

(2) 下面的代码实现了一系列对 DataFrame 中特定列进行处理的操作，这些操作有助于从原始的字符串表示中提取有用的信息，使得 DataFrame 更易于理解和使用：

```
def get_text(text, obj='name'):
    text = literal_eval(text)

    if len(text) == 1:
        for i in text:
            return i[obj]
    else:
        s = []
        for i in text:
            s.append(i[obj])
        return ', '.join(s)

df['genres'] = df['genres'].apply(get_text)
df['production_companies'] = df['production_companies'].apply(get_text)
df['production_countries'] = df['production_countries'].apply(get_text)
df['crew'] = df['crew'].apply(get_text)
df['spoken_languages'] = df['spoken_languages'].apply(get_text)
df['keywords'] = df['keywords'].apply(get_text)

# New columns
df['characters'] = df['cast'].apply(get_text, obj='character')
df['actors'] = df['cast'].apply(get_text)

df.drop('cast', axis=1, inplace=True)
df = df[~df['original_title'].duplicated()]
df = df.reset_index(drop=True)
```

上述代码的实现流程如下所示。
- 首先，定义了函数 get_text，用于处理列中的文本数据。该函数接收两个参数——text 和 obj，其中 text 是包含文本信息的字符串，obj 是表示要提取的对象(例如 name 表示提取名称)。

- 然后，对以下列应用了 get_text 函数：
  - genres。
  - production_companies。
  - production_countries。
  - crew。
  - spoken_languages。
  - keywords。

对上面的这些列应用 get_text 函数的目的是将原始的字符串表示(通常是包含多个字典的字符串)转换为更容易处理的文本格式。具体而言，对于每一行，如果字典列表的长度为 1，直接提取该字典中指定对象的值。如果字典列表的长度大于 1，则提取所有字典中指定对象的值，并以逗号分隔。

- 接着，创建新列。
  - characters：从 cast 列中提取演员的角色。
  - actors：从 cast 列中提取演员的名称。
- 最后，删除 cast 列，并确保 original_title 列中的重复值被删除。再将 DataFrame 重置索引，以确保索引的一致性。

(3) 使用 df.head()命令查看数据框的前几行内容，以便了解处理后的数据结构和内容。

```
df.head()
```

执行命令后会输出：

```
0,False,30000000,"Animation, Comedy, Family",862,en,Toy Story,"Led by Woody, Andy's toys live happily in his ...",21.946943,Pixar Animation Studios,United States of America,...,373554033.0,81.0,English,"",7.7,5415.0,"jealousy, toy, boy, friendship, friends, rival...","John Lasseter, Joss Whedon, Andrew Stanton, Jo...","Woody (voice), Buzz Lightyear (voice), Mr. Pot...","Tom Hanks, Tim Allen, Don Rickles, Jim Varney,..."
#####省略中间的输出
4,False,0,Comedy,11862,en,Father of the Bride Part II,Just when George Banks has recovered from his ...,8.387519,"Sandollar Productions, Touchstone Pictures",United States of America,...,76578911.0,106.0,English,Just When His World Is Back To Normal... He's ...,5.7,173.0,"baby, midlife crisis, confidence, aging, daugh...","Alan Silvestri, Elliot Davis, Nancy Meyers, Na...","George Banks, Nina Banks, Franck Eggelhoffer, ...","Steve Martin, Diane Keaton, Martin Short, Kimb..."
```

(4) 使用 df.info()获取关于 DataFrame 的基本信息，检查数据框中每列的非空值的数量、数据类型以及内存占用情况等：

```
df.info()
```

执行命令后会输出：

```
Data columns (total 21 columns):
 #   Column                Non-Null Count  Dtype
---  ------                --------------  -----
 0   adult                 42373 non-null  object
 1   budget                42373 non-null  object
 2   genres                42373 non-null  object
 3   id                    42373 non-null  int64
 4   original_language     42373 non-null  object
 5   original_title        42373 non-null  object
 6   overview              42373 non-null  object
 7   popularity            42373 non-null  object
 8   production_companies  42373 non-null  object
 9   production_countries  42373 non-null  object
 10  release_date          42373 non-null  object
 11  revenue               42373 non-null  float64
 12  runtime               42373 non-null  float64
 13  spoken_languages      42373 non-null  object
 14  tagline               42373 non-null  object
 15  vote_average          42373 non-null  float64
 16  vote_count            42373 non-null  float64
 17  keywords              42373 non-null  object
 18  crew                  42373 non-null  object
 19  characters            42373 non-null  object
 20  actors                42373 non-null  object
dtypes: float64(4), int64(1), object(16)
memory usage: 6.8+ MB
```

（5）对 DataFrame 中的几列进行数据类型的转换，这些转换通常是在进行数据分析或建模之前进行的预处理步骤，以确保数据的一致性和准确性。代码如下：

```
df['release_date'] = pd.to_datetime(df['release_date'])
df['budget'] = df['budget'].astype('float64')
df['popularity'] = df['popularity'].astype('float64')
```

上述代码的实现流程如下。

- df['release_date'] = pd.to_datetime(df['release_date'])：将 release_date 列的数据类型转换为 datetime 类型。这样能够对日期进行更方便的处理和分析。
- df['budget'] = df['budget'].astype('float64')：将 budget 列的数据类型转换为 float64。这可能是因为原始数据中 budget 列的数据被解释为字符串，所以进行转换，以便进行数值计算。
- df['popularity'] = df['popularity'].astype('float64')：将 popularity 列的数据类型转换为 float64。同样，这是为了确保 popularity 列中的数据被正确地解释为浮点数。

11.3.3 数据可视化

在计算机科学、数据分析和数据科学中，可视化是指通过图形、图表、地图等视觉元素呈现数据的过程。可视化有助于将复杂的数据变得更加直观和易于理解，使人们能够更容易地发现模式、趋势和关系。

(1) 使用 Matplotlib 库创建一个散点图，表示成年和非成年电影的分布，展示成年和非成年电影的数量分布，并通过颜色、大小和文本标签直观地传达信息。代码如下：

```
plt.figure(figsize=(8,4))
plt.scatter(x=[0.5, 1.5], y=[1,1], s=15000, color=['#06837f', '#fdc100'])
plt.xlim(0,2)
plt.ylim(0.9,1.2)

plt.title('Distribution of Adult and Non Adult Movies', fontsize=18, weight=600,
color='#333d29')
plt.text(0.5, 1, '{}\nMovies'.format(str(len(df[df['adult']=='True']))),
va='center', ha='center', fontsize=18, weight=600, color='white')
plt.text(1.5, 1, '{}\nMovies'.format(str(len(df[df['adult']=='False']))),
va='center', ha='center', fontsize=18, weight=600, color='white')
plt.text(0.5, 1.11, 'Adult', va='center', ha='center', fontsize=17, weight=500,
color='#1c2541')
plt.text(1.5, 1.11, 'Non Adult', va='center', ha='center', fontsize=17, weight=500,
color='#1c2541')

plt.axis('off')
```

上述代码的实现流程如下。

- 首先，通过 plt.figure(figsize=(8,4)) 创建一个图形对象，设置图形的大小为 8 英寸×4 英寸。
- 接着，使用 plt.scatter() 绘制两个点的散点图，表示成年和非成年电影，并设置点的大小(s)和颜色(color)。
- 然后，通过 plt.xlim() 和 plt.ylim() 分别设置 x 轴和 y 轴的显示范围，以确保图形的呈现效果。
- 使用 plt.title() 设置图形的标题，包括标题文本、字号大小、文字粗细和文字颜色等。
- 通过 plt.text 在图形中添加文本标签，显示成年和非成年电影的数量，以及标识成年和非成年电影的文本标签。
- 最后，通过 plt.axis('off') 关闭坐标轴的显示，以便图形更清晰。

执行代码后会绘制一个简单的文本可视化图，其中的两个大圆点表示成年和非成年电影的分布情况，如图 11-1 所示。这种类型的可视化图通常用于强调两个类别之间的数量差异或某种二元关系。在这里，大圆点的大小和颜色被用来传达有关成年和非成年电影的信息。

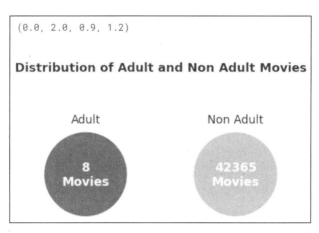

图 11-1　成年和非成年电影的分布情况

通过上面的可视化图可以看出，在这个特定的数据集中，这两种类型的电影在数量方面存在着巨大的差异。

（2）使用库 Matplotlib 和库 Seaborn 绘制一个包含两个子图的图形。这是一个以预算和票房为 x 轴，以电影受欢迎程度为 y 轴的散点图，同时在每个子图中添加了回归线，这有助于探索这些变量之间的关系。代码如下：

```
df_plot = df[(df['budget'] != 0) & (df['revenue'] != 0)]

fig, axes = plt.subplots(nrows=1, ncols=2, figsize=(10, 4))

plt.suptitle('The Influence of Budget and Revenue\non Popularity of Movies',
fontsize=18, weight=600, color='#333d29')
for i, col in enumerate(['budget', 'revenue']):
    sns.regplot(data=df_plot, x=col, y='popularity',
            scatter_kws={"color": "#06837f", "alpha": 0.6}, line_kws={"color": "#fdc100"}, ax=axes[i])

plt.tight_layout()
```

执行代码后会绘制两个图：预算对电影受欢迎程度的影响和票房对电影受欢迎程度的影响，如图 11-2 所示。这两个子图共同构成了一个图形，描述了预算和票房对电影受欢迎程度的影响及关系。

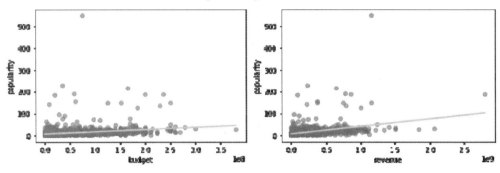

图 11-2 两个子图

（3）使用 Seaborn 库绘制一个散点图和边际分布图，用于描述电影预算和票房之间的关系，同时通过边际分布图展示每个变量的分布情况。代码如下：

```
ax = sns.jointplot(data=df[(df['budget'] != 0) & (df['revenue'] != 0)], x='budget',
y='revenue', marker="+", s=100, marginal_kws=dict(bins=20, fill=False),
color='#06837f')
ax.fig.suptitle('Budget vs Revenue', fontsize=18, weight=600, color='#333d29')
ax.ax_joint.set_xlim(0, 1e9)
ax.ax_joint.set_ylim(0, 3e9)
ax.ax_joint.axline((1,1), slope=1, color='#fdc100')
```

上述代码的实现流程如下。

- 首先，通过 sns.jointplot 创建了一个散点图和边际分布图，其中 x 轴是电影预算 (budget)，y 轴是电影票房 (revenue)。同时，选择了数据中 budget 和 revenue 均不为零的记录。
- 设置散点的标记样式、大小以及边际分布图的参数，包括直方图的箱数和是否填充。
- 通过 ax.fig.suptitle 添加总标题，描述了"预算与票房之间的关系"。
- 通过 ax.ax_joint.set_xlim 和 ax.ax_joint.set_ylim 分别设置了 x 轴和 y 轴的显示范围，以确保图形的展示效果。
- 最后，通过 ax.ax_joint.axline 添加一条斜率为 1 的对角线，强调 x 和 y 值的分布关系。

执行代码后，会绘制一个包含散点图和边际分布图的可视化图，如图 11-3 所示。这有助于探索电影预算和票房之间的关系，并同时展示了两个变量的分布情况。

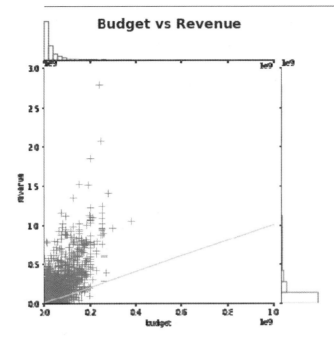

图 11-3　散点图和边际分布图的可视化

通过上面的可视化图可以看出,大多数电影位于倾斜直线的上方,表明这些电影是盈利的。

(4) 使用 WordCloud 和 Matplotlib 库创建一个词云图,展示电影概览中最常见的单词。代码如下:

```
plt.figure(figsize=(20,20))
plt.title('The Most Common Word in Movie Overviews\n', fontsize=30, weight=600,
          color='#333d29')
wc = WordCloud(max_words=1000, min_font_size=10, height=800,
    width=1600, background_color="white").generate(' '.join(df['overview']))
plt.imshow(wc)
```

上述代码的实现流程如下。

❑ 首先,通过 plt.figure(figsize=(20,20)) 创建一个大图形对象,设置图形的大小为 20 英寸×20 英寸。
❑ 通过 plt.title 添加图形标题,描述了"电影概览中最常见的单词"。
❑ 使用 WordCloud 创建一个词云对象 wc,其中包含了电影概览(overview)中的最常见的单词。在创建词云对象时,设置了一些参数,如 max_words 限制了词云中最大显示的单词数量,min_font_size 设置了最小的字体大小,height 和 width

分别设置了词云图的高度和宽度，background_color 设置了词云的背景颜色。
- 最后，通过 plt.imshow(wc) 显示了词云图，将单词按照它们在电影概览中出现的频率和重要性进行了可视化呈现。

执行代码后会绘制词云图，它以词云的形式呈现了电影概览中最常见的单词，并通过字号大小和排列方式传达了单词的相对频率和重要性，如图 11-4 所示。

图 11-4　词云图

(5) 使用库 Matplotlib 和 Seaborn 创建一个包含两个子图的图形，通过条形图和饼图的形式展示了电影中最常见的电影类别及其百分比。代码如下：

```
genres_list = []
for i in df['genres']:
    genres_list.extend(i.split(', '))

fig, axes = plt.subplots(nrows=1, ncols=2, figsize=(14,6))

df_plot = pd.DataFrame(Counter(genres_list).most_common(5), columns=['genre', 'total'])
ax = sns.barplot(data=df_plot, x='genre', y='total', ax=axes[0],
palette=['#06837f', '#02cecb', '#b4ffff', '#f8e16c', '#fed811'])
ax.set_title('Top 5 Genres in Movies', fontsize=18, weight=600, color='#333d29')
sns.despine()

df_plot_full = pd.DataFrame([Counter(genres_list)]).transpose().sort_values(by=0,
ascending=False)
```

```
df_plot.loc[len(df_plot)] = {'genre': 'Others', 'total':df_plot_full[6:].sum()[0]}
plt.title('Percentage Ratio of Movie Genres', fontsize=18, weight=600, color='#333d29')
wedges, texts, autotexts = axes[1].pie(x=df_plot['total'], labels=df_plot['genre'],
autopct='%.2f%%', textprops=dict(fontsize=14), explode=[0,0,0,0,0,0.1],
colors=['#06837f', '#02cecb', '#b4ffff', '#f8e16c', '#fed811', '#fdc100'])

for autotext in autotexts:
    autotext.set_color('#1c2541')
    autotext.set_weight('bold')

axes[1].axis('off')
```

上述代码的实现流程如下。

- 首先，通过循环遍历电影数据中的 genres 列，将每个电影的类别拆分成单独的列表，并将这些列表合并为一个总的类别列表 genres_list。
- 通过 plt.subplots 创建了一个包含两个子图的图形对象，其中 nrows=1 和 ncols=2 指定了子图的行数和列数，figsize=(14,6) 设置了整个图形的大小。
- 通过 sns.barplot 绘制了一个条形图，显示电影中前五个最常见的电影类别。数据框 df_plot 包含了每个类别及其出现的次数，颜色使用了预定义的调色板。
- 创建了一个新的数据框 df_plot_full，其中包含了所有电影类别的出现次数，并将其中排名第六及以下的类别合并成一个名为 Others 的类。
- 最后，通过 axes[1].pie 绘制一个饼图，展示了电影类别的百分比。饼图中的 Others 部分使用了稍微突出的效果(explode)。

执行代码后，会绘制展示电影类别的百分比的饼形图，如图 11-5 所示。

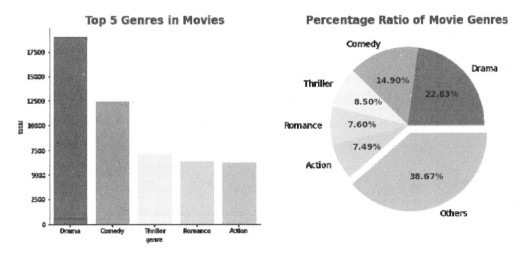

图 11-5　电影类别的百分比的饼形图

通过上面的饼形图可以看出：
- 戏剧(Drama)是最主要的电影类别，超过 18000 部电影属于这一类别。
- 除五大电影类别外，数据集中仍然包含许多其他类别，它们占据了电影中总类别的 38.67%。

(6) 使用 Seaborn 库创建一个直方图(Histogram)和核密度估计图，展示电影按发布日期的分布情况。代码如下：

```
sns.displot(data=df, x='release_date', kind='hist', kde=True, color='#fdc100',
            facecolor='#06837f', edgecolor='#64b6ac', line_kws={'lw': 3}, aspect=3)
plt.title('Total Released Movie by Date', fontsize=18, weight=600, color='#333d29')
```

上述代码的实现流程如下。
- sns.displot()：通过 displot 函数创建直方图和核密度估计图，其中 data=df 指定了数据框，x='release_date' 设置了 x 轴的数据为电影的发布日期，kind='hist' 指定了图形类型为直方图，kde=True 添加了核密度估计，color='#fdc100' 设置了整体颜色，facecolor='#06837f' 设置了直方图的颜色，edgecolor='#64b6ac' 设置了直方图的边缘颜色，line_kws={'lw': 3} 设置了核密度估计曲线的线宽，aspect=3 设置了图形的纵横比。
- plt.title('Total Released Movie by Date', fontsize=18, weight=600, color='#333d29')：添加图形标题，描述了"按日期发布的电影总数"。

整体而言，这段代码绘制了一个直方图和核密度估计图，以直观地展示电影按照发布日期的分布情况，如图 11-6 所示。

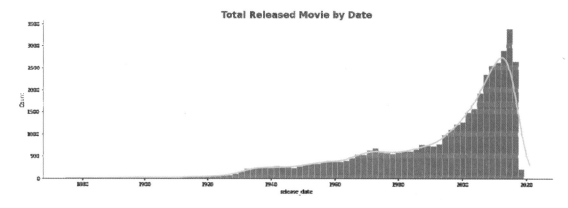

图 11-6　直方图和核密度估计图

通过上面的直方图和核密度估计图可以看出：
- 从 1930 年开始，电影产业在过去 50 年里取得了显著的增长。

❑ 在2020年左右，总发布电影数出现下降，这是因为数据集中在那些年份仅包含了少量数据。

(7) 通过循环遍历数据框中的多列，将包含多个值的字符串分割并扩展到相应的列表中。以下是代码中使用的列表以及它们对应的数据列。

❑ original_language_list：包含电影的原始语言。
❑ spoken_languages_list：包含电影的口语语言。
❑ actors_list：包含电影的演员列表。
❑ crew_list：包含电影的制作组成员列表。
❑ company_list：包含电影的制作公司列表。
❑ country_list：包含电影的制作国家列表。

这样的数据处理步骤通常用于将包含多个元素的字符串拆分成单独的项，以便更好地进行分析和可视化。代码如下：

```
original_language_list = []
for i in df['original_language']:
    original_language_list.extend(i.split(', '))

spoken_languages_list = []
for i in df['spoken_languages']:
    if i != '':
        spoken_languages_list.extend(i.split(', '))

actors_list = []
for i in df['actors']:
    if i != '':
        actors_list.extend(i.split(', '))

crew_list = []
for i in df['crew']:
    if i != '':
        crew_list.extend(i.split(', '))

company_list = []
for i in df['production_companies']:
    if i != '':
        company_list.extend(i.split(', '))

country_list = []
for i in df['production_countries']:
    if i != '':
        country_list.extend(i.split(', '))
```

上述代码的实现流程如下。

- 首先，对 original_language 列进行循环遍历，将包含多个语言的字符串分割并扩展到 original_language_list 中。
- 对 spoken_languages 列进行循环遍历，检查非空字符串，将包含多个口语语言的字符串分割并扩展到 spoken_languages_list 中。
- 对 actors 列进行循环遍历，检查非空字符串，将包含多个演员的字符串分割并扩展到 actors_list 中。
- 对 crew 列进行循环遍历，检查非空字符串，将包含多个制作组成员的字符串分割并扩展到 crew_list 中。
- 对 production_companies 列进行循环遍历，检查非空字符串，将包含多个制作公司的字符串分割并扩展到 company_list 中。
- 最后，对 production_countries 列进行循环遍历，检查非空字符串，将包含多个制作国家的字符串分割并扩展到 country_list 中。

(8) 使用 Matplotlib 和 Seaborn 库创建一个包含 6 个子图的图形，每个子图展示了不同方面的数据分布。代码如下：

```python
fig, axes = plt.subplots(nrows=3, ncols=2, figsize=(13, 10))

# Spoken language plot
df_plot1 = pd.DataFrame(Counter(spoken_languages_list).most_common(5),
         columns=['language', 'total']).sort_values(by='total', ascending=True)
         axes[0,0].hlines(y=df_plot1['language'], xmin=0, xmax=df_plot1['total'],
         color= '#06837f', alpha=0.7, linewidth=2)
axes[0,0].scatter(x=df_plot1['total'], y=df_plot1['language'], s = 75, color='#fdc100')
axes[0,0].set_title('\nTop 5 Spoken Languages\nin Movies\n', fontsize=15, weight=600,
color='#333d29')
for i, value in enumerate(df_plot1['total']):
    axes[0,0].text(value+1000, i, value, va='center', fontsize=10, weight=600,
             color='#1c2541')

# Original Language plot
df_plot2 = pd.DataFrame(Counter(original_language_list).most_common(5),
columns=['language', 'total']).sort_values(by='total', ascending=True)
axes[0,1].hlines(y=df_plot2['language'], xmin=0, xmax=df_plot2['total'],
            color= '#06837f', alpha=0.7, linewidth=2)
axes[0,1].scatter(x=df_plot2['total'], y=df_plot2['language'], s = 75,
            color='#fdc100')
axes[0,1].set_title('\nTop 5 Original Languages\nin Movies\n', fontsize=15,
            weight=600, color='#333d29')
for i, value in enumerate(df_plot2['total']):
    axes[0,1].text(value+1000, i, value, va='center', fontsize=10, weight=600,
             color='#1c2541')
```

```python
# Actor plot
df_plot3 = pd.DataFrame(Counter(actors_list).most_common(5), columns=['actor',
            'total']).sort_values(by='total', ascending=True)
axes[1,0].hlines(y=df_plot3['actor'], xmin=0, xmax=df_plot3['total'], color= '#06837f',
                alpha=0.7, linewidth=2)
axes[1,0].scatter(x=df_plot3['total'], y=df_plot3['actor'], s = 75, color='#fdc100')
axes[1,0].set_title('\nTop 5 Actors in Movies\n', fontsize=15, weight=600, color='#333d29')
for i, value in enumerate(df_plot3['total']):
    axes[1,0].text(value+10, i, value, va='center', fontsize=10, weight=600,
                color='#1c2541')

# Crew plot
df_plot4 = pd.DataFrame(Counter(crew_list).most_common(5), columns=['name',
            'total']).sort_values(by='total', ascending=True)
axes[1,1].hlines(y=df_plot4['name'], xmin=0, xmax=df_plot4['total'], color= '#06837f',
                alpha=0.7, linewidth=2)
axes[1,1].scatter(x=df_plot4['total'], y=df_plot4['name'], s = 75, color='#fdc100')
axes[1,1].set_title('\nTop 5 Crews in Movies\n', fontsize=15, weight=600, color='#333d29')
for i, value in enumerate(df_plot4['total']):
    axes[1,1].text(value+10, i, value, va='center', fontsize=10, weight=600,
                color='#1c2541')

# Company plot
df_plot5 = pd.DataFrame(Counter(company_list).most_common(5), columns=['name',
            'total']).sort_values(by='total', ascending=True)
axes[2,0].hlines(y=df_plot5['name'], xmin=0, xmax=df_plot5['total'], color=
                '#06837f', alpha=0.7, linewidth=2)
axes[2,0].scatter(x=df_plot5['total'], y=df_plot5['name'], s = 75, color='#fdc100')
axes[2,0].set_title('\nTop 5 Production Companies\n', fontsize=15, weight=600,
                color='#333d29')
for i, value in enumerate(df_plot5['total']):
    axes[2,0].text(value+50, i, value, va='center', fontsize=10, weight=600,
                color='#1c2541')

# Country plot
df_plot6 = pd.DataFrame(Counter(country_list).most_common(5), columns=['name',
            'total']).sort_values(by='total', ascending=True)
axes[2,1].hlines(y=df_plot6['name'], xmin=0, xmax=df_plot6['total'], color=
                '#06837f', alpha=0.7, linewidth=2)
axes[2,1].scatter(x=df_plot6['total'], y=df_plot6['name'], s = 75, color='#fdc100')
axes[2,1].set_title('\nTop 5 Production Countries\n', fontsize=15, weight=600,
                color='#333d29')
for i, value in enumerate(df_plot6['total']):
    axes[2,1].text(value+900, i, value, va='center', fontsize=10, weight=600,
                color='#1c2541')

sns.despine()
plt.tight_layout()
```

上述代码的实现流程如下。

- 首先，通过 plt.subplots() 创建一个包含三行两列的子图集，设置了整个图形的大小为 (13, 10)。
- 接着，通过对不同的数据进行处理和计数，生成了 6 个数据框 df_plot1～df_plot6，每个数据框包含了不同类别的计数信息，例如口语语言、原始语言、演员、制作组成员、制作公司和制作国家。
- 然后，对每个子图以 axes[i, j]的方式绘制了横向条形图和散点图，显示了每个类别中前 5 个最常见的元素。条形图上的水平线表示元素的计数，散点图上的点表示计数的具体值，并通过文字标签显示了具体的计数值。
- 最后，通过 sns.despine()和 plt.tight_layout()进行样式调整，确保图形的美观性和可读性。

整体而言，这段代码创建了一个包含 6 个子图的可视化图，每个子图分别展示了不同类别中前 5 个最常见的元素，并以条形图和散点图的形式呈现，如图 11-7 所示。

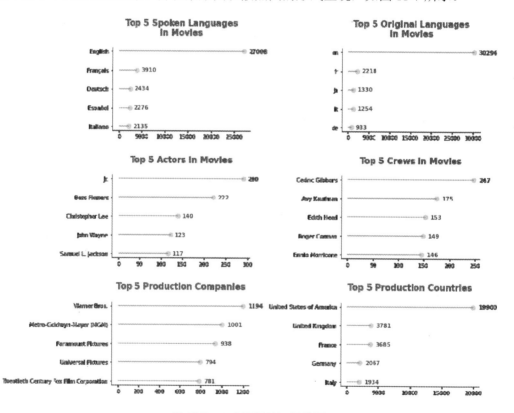

图 11-7　6 个子图的可视化图

通过上面的 6 个可视化子图可以看出：
- 在这个特定的数据集中，英语是电影中最常见的原始语言和口语语言。
- Jr. 和 Cedric Gibbons 分别是电影中涉及最多的演员和制作组成员。
- Warner Bros. 以 1194 部电影的数量成为列表中排名第一的制作公司。

(9) 使用 Seaborn 库创建一个关系图，展示电影评分(vote_average)和流行度(popularity)之间的关系。代码如下：

```
sns.relplot(data=df, x='vote_average', y='popularity', size='vote_count',
            sizes=(20, 200), alpha=.5, aspect=2, color='#06837f')
plt.title('The Relationship Between Rating and Popularity', fontsize=15, weight=600,
          color='#333d29')
```

上述代码的实现流程如下。
- 首先，通过 sns.relplot 函数设置数据框为 df，并指定 x 轴为电影评分 (vote_average)，y 轴为电影流行度 (popularity)。同时，通过 size='vote_count' 设置数据点的大小基于电影的投票数量，sizes=(20, 200)指定了数据点的大小范围，alpha=.5 设置了数据点的透明度，aspect=2 设置了图形的纵横比，color='#06837f' 设置了整体颜色。
- 最后，通过 plt.title 函数添加图形标题，描述了"评分与流行度之间的关系"。整个图形能帮助观察者直观地了解电影评分与流行度之间的关联关系，以及投票数量的影响。

整体而言，这段代码创建了一个关系图，通过点的位置(评分和流行度)和大小(投票数量)直观地展示了电影评分与流行度之间的关系，如图 11-8 所示。

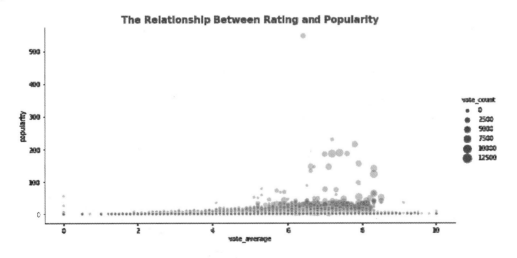

图 11-8　电影评分与流行度之间的关系图

(10) 对电影数据中的流派进行计数,并选择前 5 个最常见的流派,然后创建一个子图集,分别展示这些流派在 4 个不同的数据属性(时长、流行度、预算、收入)上的分布情况。代码如下:

```
df_plot = pd.DataFrame(Counter(genres_list).most_common(5), columns=['genre', 'total'])
df_plot = df[df['genres'].isin(df_plot['genre'].to_numpy())]

fig, axes = plt.subplots(nrows=2, ncols=2, figsize=(10,6))

plt.suptitle('Data Distribution Across Top 5 Genres', fontsize=18, weight=600,
color='#333d29')
for i, y in enumerate(['runtime', 'popularity', 'budget', 'revenue']):
    sns.stripplot(data=df_plot, x='genres', y=y, ax=axes.flatten()[i],
                  palette=['#06837f', '#02cecb', '#b4ffff', '#f8e16c', '#fed811'])

plt.tight_layout()
```

上述代码的实现流程如下。

- 首先,通过 Counter(genres_list).most_common(5)统计了电影数据中流派的频次,并创建了一个包含前 5 个最常见流派的数据框 df_plot,其中包含两列,一列是流派名称(genre),另一列是该流派出现的总次数(total)。
- 接着,通过 df[df['genres'].isin(df_plot['genre'].to_numpy())]从原始数据框中选择了前 5 个最常见流派的子集,并存储在 df_plot 中。
- 然后,通过 plt.subplots 创建了一个包含两行两列的子图集,总共 4 个子图,设置了整个图形的大小为(10, 6)。
- 在每个子图中,通过 sns.stripplot 函数绘制了散点图,横坐标是电影的流派,纵坐标分别是电影的时长(runtime)、流行度(popularity)、预算(budget)、收入(revenue)。使用不同颜色的散点表示不同的流派,以增加可视化的区分度。
- 最后,通过 plt.tight_layout()进行样式调整,确保图形的美观性和可读性。

整体而言,这段代码创建了一个包含 4 个子图的可视化图形,展示了前 5 个最常见流派在不同数据属性上的分布情况,如图 11-9 所示。

通过上面的 4 个可视化子图可以看出:

- 电影流派中时长最长的是戏剧(Comedy)。
- 在前 5 名中,最不受欢迎的流派是浪漫片(Romance)。
- 动作电影(Action)的制作成本高于其他类型的电影。
- 其中一部动作电影相较于其他电影获得了巨大的利润。

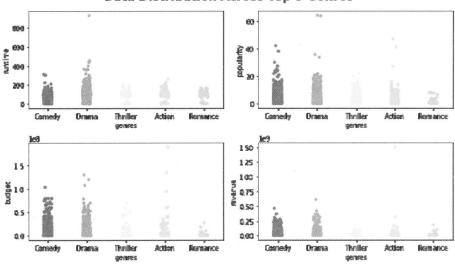

图 11-9　前 5 个最常见流派在不同数据属性上的分布情况

(11) 创建一个热力图，用于可视化电影数据框中各个特征之间的相关性。代码如下：

```
plt.figure(figsize=(12,10))
plt.title('Correlation of Movie Features\n', fontsize=18, weight=600, color='#333d29')
sns.heatmap(df.corr(), annot=True, cmap=['#004346', '#036666', '#06837f', '#02cecb',
'#b4ffff', '#f8e16c', '#fed811', '#fdc100'])
```

上述代码的实现流程如下。

❑ 首先，通过 plt.figure(figsize=(12,10)) 设置了图形的大小为(12, 10)。
❑ 接着，通过 plt.title 添加了图形标题，描述了"电影特征的相关性"。
❑ 然后，使用 sns.heatmap(df.corr(), annot=True, cmap=['#004346', '#036666', '#06837f', '#02cecb', '#b4ffff', '#f8e16c', '#fed811', '#fdc100']) 创建了热力图。其中 df.corr()计算了数据框中各个特征的相关系数，并通过 annot=True 在图形中显示了相关系数的数值。cmap 参数指定了颜色映射，使用多种颜色来表示不同的相关性程度。
❑ 最后，整个图形被渲染出来，呈现了电影数据中各个特征之间的相关性。热力图的颜色深浅表示相关性的强弱，数值标注在图中，展示了具体的相关系数信息。

整体而言，这段代码创建了一个热力图，可用于观察电影数据中特征之间的相互关系，如图 11-10 所示。

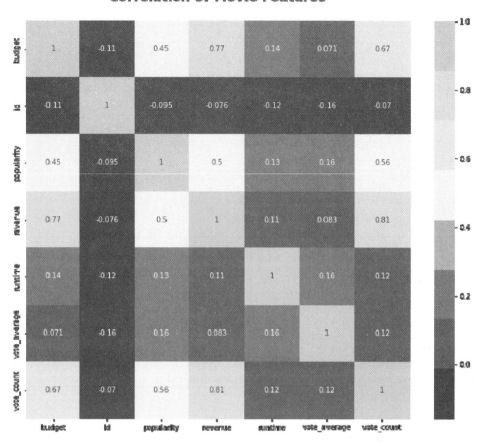

图 11-10 热力图

通过上面的热力图可以看出，投票数量、预算和流行度是决定电影收入的 3 个主要特征。

11.4 推荐系统

在实际应用中，很多方法可以用来构建推荐系统。在本项目中，我们将使用两种方法实现电影推荐：混合推荐和基于深度学习的推荐。然后根据不同的特征向用户推荐电影。

扫码看视频

11.4.1 混合推荐系统

对于那些学习过推荐系统的人来说,可能熟悉加权平均的概念,其背后的想法是为每部电影给出一个"公平"的评分。在本项目中,将通过词袋(Bag of Words)将其提升到一个更高的水平。如果分析我们的数据集会发现,其中有大量有价值的信息,比如流派、概述等。我们可提取这些信息并放入词袋中,然后结合加权平均得到电影的最终相似度。下面的这个公式中,结合了加权平均和词袋模型相似度的方法,其中 C 是一个常数,用于平衡两者的影响:

w=R*v+C*m/v+m

这个公式可以在推荐系统中用于计算电影之间的相似度或用户对电影的兴趣度。
- w:最终相似度。
- R:词袋模型的相似度。
- v:加权平均的相似度。
- C:一个常数。
- m:其他可能的特征。

制作混合推荐系统的过程如下。

(1) 计算每部电影的加权平均评分(weighted_average),其中 R 是电影的平均投票评分(vote_average);v 是电影的投票次数(vote_count);m 是数据集中投票次数的阈值,只考虑超过至少 80%的电影投票次数的电影;C 是整个数据集的平均评分(vote_average)。代码如下:

```
R = df['vote_average']
v = df['vote_count']

m = df['vote_count'].quantile(0.8)
C = df['vote_average'].mean()

df['weighted_average'] = (R*v + C*m)/(v+m)
```

这个公式考虑了电影的平均评分、投票次数以及数据集中电影的投票次数阈值。通过这个公式,可以得到更具代表性的评分,而不仅仅是平均投票评分。

(2) 使用 MinMaxScaler 对 popularity 和 weighted_average 两列进行了"最小-最大"缩放,这样的缩放操作能将原始数据缩放到指定的范围(通常是[0, 1])。代码如下:

```
scaler = MinMaxScaler()
scaled = scaler.fit_transform(df[['popularity', 'weighted_average']])
weighted_df = pd.DataFrame(scaled, columns=['popularity', 'weighted_average'])

weighted_df.index = df['original_title']
```

上述代码中，weighted_df 包含了经过"最小-最大"缩放后的 popularity 和 weighted_average 列，并以电影标题作为索引。这种缩放操作通常用于将不同特征放在相同的尺度上，以便更好地适应某些机器学习模型。

（3）在现实中，人们观看电影可能并非仅仅因为他们看到该电影有很高的评分，还可能因为某些电影进行的炒作。在这种情况下，考虑电影的受欢迎程度是一个明智的选择。比如，为加权平均分配 40%的权重，为受欢迎程度分配 60%的权重，也可以根据需要调整这个比例。接下来，创建一个名为 score 的新列，用于存储计算结果。下面的代码计算了一个新列 score，其值为 weighted_average 列乘以 0.4 加上 popularity 列乘以 0.6 的结果：

```
weighted_df['score'] = weighted_df['weighted_average']*0.4 +
                       weighted_df['popularity'].astype('float64')*0.6
```

上述代码的具体说明如下。
- weighted_df['weighted_average']*0.4：计算每部电影的加权平均评分乘以 0.4 的结果。
- weighted_df['popularity'].astype('float64')*0.6：计算每部电影的受欢迎程度乘以 0.6 的结果。
- 这两个结果相加得到了新列 score 的值。

这种组合方式给了加权平均评分更多的权重，但也考虑了电影的受欢迎程度。这样的分数计算方法可以更全面地考虑观众对电影的兴趣，平衡了评论和评分与炒作的影响。

（4）对计算得到的 score 列进行降序排序，并选择前 10 部最高分数的电影。代码如下：

```
weighted_df_sorted = weighted_df.sort_values(by='score', ascending=False)
weighted_df_sorted.head(10)
```

上述代码的实现流程如下。
- 首先，通过 sort_values 函数处理 DataFrame weighted_df 数据，根据 score 列的值进行降序排列。
- 然后，使用 head(10) 选择排序后的前 10 行，即得分最高的前 10 部电影。
- 最后，将结果存储在名为 weighted_df_sorted 的新 DataFrame 中，其中包含了按照得分降序排列的前 10 部电影的信息。

执行代码后会输出：

```
                        popularity  weighted_average  score
original_title
Minions                  1.000000   0.603532         0.841413
Big Hero 6               0.390602   0.827561         0.565386
Baby Driver              0.416507   0.727736         0.540998
Guardians of the Galaxy Vol. 2    0.338511   0.794867   0.521054
Pulp Fiction             0.257449   0.908395         0.517827
```

```
Deadpool        0.343132  0.764657  0.511742
Gone Girl       0.282748  0.843413  0.507014
The Dark Knight 0.224968  0.909123  0.498630
Avatar          0.338036  0.732643  0.495879
John Wick       0.335843  0.699476  0.481297
```

(5) 创建一个名为 hybrid_df 的新 DataFrame，其中包含了原始 DataFrame df 中的特定列，具体如下。

- original_title：电影的原始标题。
- adult：一个指示电影是否为成人内容的标志。
- genres：电影的类型。
- overview：电影概述。
- production_companies：制片公司。
- tagline：电影的标语。
- keywords：关键词。
- crew：电影的制作组。
- characters：电影中的角色。
- actors：演员。

这个新 DataFrame 将用于后续构建混合推荐系统的输入。代码如下：

```
hybrid_df = df[['original_title', 'adult', 'genres', 'overview',
'production_companies', 'tagline', 'keywords', 'crew', 'characters', 'actors']]
```

(6) 编写两个函数 separate(text)和 remove_punc(text)，用于对电影数据中的文本信息(例如关键词、演员、制作公司等)进行预处理，以便后续在构建混合推荐系统时使用。代码如下：

```python
def separate(text):
    clean_text = []
    for t in text.split(','):
        cleaned = re.sub('\(.*\)', '', t) # Remove text inside parentheses
        cleaned = cleaned.translate(str.maketrans('','', string.digits))
        cleaned = cleaned.replace(' ', '')
        cleaned = cleaned.translate(str.maketrans('','', string.punctuation)).lower()
        clean_text.append(cleaned)
    return ' '.join(clean_text)

def remove_punc(text):
    cleaned = text.translate(str.maketrans('','', string.punctuation)).lower()
    clean_text = cleaned.translate(str.maketrans('','', string.digits))
    return clean_text
```

上述代码的具体说明如下。
- separate(text)：该函数接收一个文本字符串作为输入，并将其分割成多个部分。具体来说，它遍历文本中的每个部分，删除括号内的文本，去除空格、数字、标点符号，并将每个部分转换为小写。最后，将清理后的部分连接成一个字符串返回。
- remove_punc(text)：该函数接收一个文本字符串作为输入，将其转换为小写，并删除其中的标点符号和数字。清理后的文本字符串被返回。

(7) 对 hybrid_df 中的各个列进行文本清理和处理操作。具体实现代码如下：

```
hybrid_df['adult'] = hybrid_df['adult'].apply(remove_punc)
hybrid_df['genres'] = hybrid_df['genres'].apply(remove_punc)
hybrid_df['overview'] = hybrid_df['overview'].apply(remove_punc)
hybrid_df['production_companies'] = hybrid_df['production_companies'].apply(separate)
hybrid_df['tagline'] = hybrid_df['tagline'].apply(remove_punc)
hybrid_df['keywords'] = hybrid_df['keywords'].apply(separate)
hybrid_df['crew'] = hybrid_df['crew'].apply(separate)
hybrid_df['characters'] = hybrid_df['characters'].apply(separate)
hybrid_df['actors'] = hybrid_df['actors'].apply(separate)

hybrid_df['bag_of_words'] = ''
hybrid_df['bag_of_words'] = hybrid_df[hybrid_df.columns[1:]].apply(lambda x:
                            ' '.join(x), axis=1)
hybrid_df.set_index('original_title', inplace=True)

hybrid_df = hybrid_df[['bag_of_words']]
hybrid_df.head()
```

上述代码的实现流程如下。
- 首先，对 hybrid_df 中的文本列进行清理和处理。分别对 adult、genres、overview、production_companies、tagline、keywords、crew、characters、actors 列应用 remove_punc 和 separate 函数，去除标点符号、数字，并进行一些额外的处理。
- 接着，将处理后的文本信息合并为一个字符串，创建一个新的列 bag_of_words，其中包含了所有清理后的文本信息。
- 最后，将 bag_of_words 列设置为 DataFrame 的索引，并保留该列，得到处理后的 hybrid_df，它现在只包含 bag_of_words 一列，用于后续构建混合推荐系统。

执行代码后会输出：

```
bag_of_words
original_title
```

```
Toy Story false animation comedy family led by woody and...
Jumanji false adventure fantasy family when siblings j...
Grumpier Old Men false romance comedy a family wedding reignite...
Waiting to Exhale false comedy drama romance cheated on mistreat...
Father of the Bride Part II false comedy just when george banks has recove...
```

上述文本描述了计算两部电影之间相似性的一种常见方法，即计算余弦相似度。当然，还有一些其他方法可供尝试，例如计算欧氏距离和 sigmoid，以确定哪一种方法的性能最佳。然而，对所有电影计算相似性需要大量资源。因此，基于有限的内存，我们只从 weighted_df_sorted 中选择了前 10000 部电影进行计算。代码如下：

```
hybrid_df = weighted_df_sorted[:10000].merge(hybrid_df, left_index=True,
            right_index=True, how='left')

tfidf = TfidfVectorizer(stop_words='english', min_df=5)
tfidf_matrix = tfidf.fit_transform(hybrid_df['bag_of_words'])
tfidf_matrix.shape
```

上述代码的实现流程如下。

- 首先，将 weighted_df_sorted 中的前 10000 部电影与 hybrid_df 合并，通过电影名称进行左连接。
- 接着，使用 TfidfVectorizer 对 bag_of_words 列进行处理，该列包含了每部电影的文本信息。这个向量化器考虑了英语停用词，并设置了一个文档频率的下限，最终得到一个 TF-IDF 矩阵。
- 最后，通过 tfidf_matrix.shape 查看得到的 TF-IDF 矩阵的形状。这个矩阵将用于计算电影之间的余弦相似性，从而构建混合推荐系统。

执行代码后会输出：

```
(10000, 28645)
```

(8) 计算 TF-IDF 矩阵的余弦相似度，结果存储在 cos_sim 中。再通过 cos_sim.shape 查看计算得到的余弦相似性矩阵的形状。代码如下：

```
cos_sim = cosine_similarity(tfidf_matrix)
cos_sim.shape
```

执行代码后会输出：

```
(10000, 10000)
```

这个矩阵将用于后续的混合推荐系统，以衡量电影之间的相似性。

(9) 定义函数 predict()，用于预测给定电影标题的混合推荐结果。代码如下：

```
def predict(title, similarity_weight=0.7, top_n=10):
    data = hybrid_df.reset_index()
    index_movie = data[data['original_title'] == title].index
    similarity = cos_sim[index_movie].T

    sim_df = pd.DataFrame(similarity, columns=['similarity'])
    final_df = pd.concat([data, sim_df], axis=1)
    # You can also play around with the number
    final_df['final_score'] = final_df['score']*(1-similarity_weight) +
                              final_df['similarity']*similarity_weight

    final_df_sorted = final_df.sort_values(by='final_score', ascending=False).head(top_n)
    final_df_sorted.set_index('original_title', inplace=True)
    return final_df_sorted[['score', 'similarity', 'final_score']]

predict('Toy Story', similarity_weight=0.7, top_n=10)
```

上述代码的实现流程如下。

- 首先，通过 reset_index()方法将 hybrid_df 重置索引并保存到 data 中。然后，找到输入电影标题在 data 中的索引，通过 cos_sim 获取该电影的余弦相似性。
- 接着，创建一个包含相似性信息的数据框 sim_df，并将其与 data 合并。计算最终评分时，根据输入的 similarity_weight 权重，将得分和相似性进行线性组合。按最终得分降序排序，选择前 top_n 部电影，并设置电影标题为索引。
- 最终，调用 predict 函数，以 Toy Story 为例，传递相似性权重 similarity_weight 和返回的电影数量 top_n 参数。函数返回了包含评分、相似性和最终得分的数据框。

执行代码后会输出：

```
                   score    similarity  final_score
original_title
Toy Story          0.348515 1.000000 0.804555
Toy Story 2        0.317785 0.537320 0.471460
Toy Story 3        0.336500 0.274778 0.293295
Toy Story of Terror! 0.282269 0.294860 0.291082
Small Fry          0.256223 0.271028 0.266586
Hawaiian Vacation       0.266277 0.263819 0.264556
Minions   0.841413 0.005376 0.256187
Finding Nemo 0.346185 0.203631 0.246397
WALL·E    0.348682 0.196733 0.242317
A Bug's Life 0.284638 0.215011 0.235899
```

11.4.2 深度学习推荐系统

在本项目中，将使用 TensorFlow Recommenders 实现一个基于深度学习的推荐系统。它采用多目标方法，同时应用了隐式信号(电影观看)和显式信号(评分)。最终，通过这种方式，系统不仅能够预测用户可能对哪些电影感兴趣，还能根据用户的历史评分数据给出相应的评分预测。

TensorFlow Recommenders(TFRS)是由 TensorFlow 提供的一个库，专门用于构建推荐系统。它建立在 Keras 之上，并结合了深度学习的强大功能，旨在为用户提供构建个性化推荐模型的灵活性。TensorFlow Recommenders 的关键特点和功能如下所示。

- 集成性：TFRS 是基于 Keras 构建的，这使得它与 TensorFlow 深度集成，充分利用了 TensorFlow 的强大功能。
- 多目标学习：TFRS 支持多目标学习，能够同时处理隐式信号(如用户的观看历史)和显式信号(如用户的评分)，从而提高推荐系统的效果。
- 灵活性：TFRS 提供了灵活的 API，使用户能够轻松定义和训练各种推荐模型，包括基于神经网络的模型。
- 简化模型开发：TFRS 通过提供高级组件和预建层，简化了推荐模型的开发过程，使用户能够更专注于模型的设计和调整。
- 深度学习模型：通过结合深度学习技术，TFRS 能够捕捉数据中的复杂关系，从而更好地理解用户和物品之间的隐含特征。

深度学习推荐系统的创建过程如下。

(1) 将电影评分数据与电影信息数据进行合并，生成包含评分、电影信息，以及评分日期等综合信息的新数据集 ratings_df。代码如下：

```
ratings_df = pd.read_csv('../input/the-movies-dataset/ratings_small.csv')

ratings_df['date'] = ratings_df['timestamp'].apply(lambda x:
datetime.fromtimestamp(x))
ratings_df.drop('timestamp', axis=1, inplace=True)

ratings_df = ratings_df.merge(df[['id', 'original_title', 'genres', 'overview']],
left_on='movieId',right_on='id', how='left')
ratings_df = ratings_df[~ratings_df['id'].isna()]
ratings_df.drop('id', axis=1, inplace=True)
ratings_df.reset_index(drop=True, inplace=True)

ratings_df.head()
```

上述代码主要完成以下任务。

- 读取名为 ratings_small.csv 的电影评分数据，该数据包含有关用户对电影的评分信息。
- 通过 timestamp 列创建一个新的 date 列，表示评分的日期，并将 timestamp 列删除。
- 将评分数据与之前准备的电影数据集(df)合并，以获取有关电影的更多信息，如电影 ID、原始标题、流派和概述等。
- 删除合并后，数据中不包含电影信息的行。重新设置索引并删除无关列，最终生成名为 ratings_df 的新数据集。
- 数据集 ratings_df 包含了用户对电影的评分以及与每个评分相关的电影信息，这对于构建推荐系统是非常有用的。

执行代码后会输出：

```
userId  movieId rating  date original_title   genres   overview
0   1    1371 2.5 2009-12-14 02:52:15   Rocky III    Drama   Now the world champion, Rocky Balboa is living...
1   1    1405 1.0 2009-12-14 02:53:23   Greed    Drama, History  Greed is the classic 1924 silent film by Erich...
2   1    2105 4.0 2009-12-14 02:52:19   American Pie Comedy, Romance   At a high-school party, four friends find that...
3   1    2193 2.0 2009-12-14 02:53:18   My Tutor Comedy, Drama, Romance    High school senior Bobby Chrystal fails his Fr...
4   1    2294 2.0 2009-12-14 02:51:48   Jay and Silent Bob Strike Back    Comedy  When Jay and Silent Bob learn that their comic...
```

(2) 创建一个包含电影 ID(movieId) 和电影原始标题(original_title) 的新数据集 movies_df，将电影信息数据中的 id 列重命名为 movieId。代码如下：

```
movies_df = df[['id', 'original_title']]
movies_df.rename(columns={'id':'movieId'}, inplace=True)
movies_df.head()
```

执行代码后会输出：

```
movieId original_title
0   862 Toy Story
1   8844 Jumanji
2   15602   Grumpier Old Men
3   31357   Waiting to Exhale
4   11862   Father of the Bride Part II
```

(3) 将评分和电影数据转换为 TensorFlow 数据集。首先，将用户 ID(userId)、电影标题(original_title)和评分(rating)信息转换为 TensorFlow 数据集 ratings。接着，将电影标题数据转换为 TensorFlow 数据集 movies。最后，对评分数据集进行映射，以确保评分数据的正确格式。代码如下：

```
ratings_df['userId'] = ratings_df['userId'].astype(str)

ratings = tf.data.Dataset.from_tensor_slices(dict(ratings_df[['userId',
'original_title', 'rating']]))
movies = tf.data.Dataset.from_tensor_slices(dict(movies_df[['original_title']]))

ratings = ratings.map(lambda x: {
    "original_title": x["original_title"],
    "userId": x["userId"],
    "rating": float(x["rating"])
})

movies = movies.map(lambda x: x["original_title"])
```

(4) 首先，输出数据集的总数量。然后，通过设置随机种子，对评分数据进行洗牌，并将数据集划分为训练集 train 和测试集 test。其中训练集包含前 35000 条数据，测试集包含剩余的 8188 条数据。代码如下：

```
print('Total Data: {}'.format(len(ratings)))

tf.random.set_seed(42)
shuffled = ratings.shuffle(100_000, seed=42, reshuffle_each_iteration=False)

train = ratings.take(35_000)
test = ratings.skip(35_000).take(8_188)
```

执行代码后会输出：

```
Total Data: 43188
```

(5) 首先，将电影标题和用户 ID 按批次处理，并获取唯一的电影标题和用户 ID。然后，通过 np.unique 函数获取唯一电影标题和用户 ID 的数量，并输出这两个唯一值的数量。代码如下：

```
movie_titles = movies.batch(1_000)
user_ids = ratings.batch(1_000).map(lambda x: x["userId"])

unique_movie_titles = np.unique(np.concatenate(list(movie_titles)))
unique_user_ids = np.unique(np.concatenate(list(user_ids)))

print('Unique Movies: {}'.format(len(unique_movie_titles)))
print('Unique users: {}'.format(len(unique_user_ids)))
```

执行代码后会输出：

```
Unique Movies: 42373
Unique users: 671
```

(6) 定义一个 TensorFlow 推荐系统模型(TFRS)，通过使用用户和电影嵌入、多层评分模型以及排名和检索任务，结合用户的电影评分和电影的观看历史，进行电影推荐。代码如下：

```python
class MovieModel(tfrs.models.Model):
    def __init__(self, rating_weight: float, retrieval_weight: float) -> None:
        # 在构造函数中接收损失权重，实例化具有不同损失权重的多个模型对象
        super().__init__()

        embedding_dimension = 64

        # 用户和电影模型
        self.movie_model: tf.keras.layers.Layer = tf.keras.Sequential([
            tf.keras.layers.StringLookup(
                vocabulary=unique_movie_titles, mask_token=None),
            tf.keras.layers.Embedding(len(unique_movie_titles) + 1, embedding_dimension)
        ])
        self.user_model: tf.keras.layers.Layer = tf.keras.Sequential([
            tf.keras.layers.StringLookup(
                vocabulary=unique_user_ids, mask_token=None),
            tf.keras.layers.Embedding(len(unique_user_ids) + 1, embedding_dimension)
        ])

        # 一个小模型，用于接收用户和电影嵌入并预测评分
        # 我们可以将其设计得非常复杂，只要最终输出标量作为我们的预测即可
        self.rating_model = tf.keras.Sequential([
            tf.keras.layers.Dense(256, activation="relu"),
            tf.keras.layers.Dense(128, activation="relu"),
            tf.keras.layers.Dense(1),
        ])

        # 任务
        self.rating_task: tf.keras.layers.Layer = tfrs.tasks.Ranking(
            loss=tf.keras.losses.MeanSquaredError(),
            metrics=[tf.keras.metrics.RootMeanSquaredError()],
        )
        self.retrieval_task: tf.keras.layers.Layer = tfrs.tasks.Retrieval(
            metrics=tfrs.metrics.FactorizedTopK(
                candidates=movies.batch(128).map(self.movie_model)
            )
```

```python
    )
    
    # 损失权重
    self.rating_weight = rating_weight
    self.retrieval_weight = retrieval_weight

def call(self, features: Dict[Text, tf.Tensor]) -> tf.Tensor:
    # 提取用户特征并传递给用户模型
    user_embeddings = self.user_model(features["userId"])
    # 提取电影特征并传递给电影模型
    movie_embeddings = self.movie_model(features["original_title"])
    
    return (
        user_embeddings,
        movie_embeddings,
        # 将用户和电影嵌入的串联应用于多层评分模型
        self.rating_model(
            tf.concat([user_embeddings, movie_embeddings], axis=1)
        ),
    )

def compute_loss(self, features: Dict[Text, tf.Tensor], training=False) -> tf.Tensor:
    ratings = features.pop("rating")
    
    user_embeddings, movie_embeddings, rating_predictions = self(features)
    
    # 计算每个任务的损失
    rating_loss = self.rating_task(
        labels=ratings,
        predictions=rating_predictions,
    )
    retrieval_loss = self.retrieval_task(user_embeddings, movie_embeddings)
    
    # 使用损失权重组合它们
    return (self.rating_weight * rating_loss
        + self.retrieval_weight * retrieval_loss)
```

上述代码中，首先在模型的构造函数中，通过 StringLookup 层和嵌入层定义了用户和电影的模型。接着，定义了一个小型的神经网络模型，该模型接收用户和电影的嵌入，并输出电影评分的预测。最后，通过 Ranking 和 Retrieval 任务以及相应的损失函数，设置了模型的两个目标：电影评分预测和电影检索任务。在 call 方法中，将用户和电影的特征传递给模型，获取嵌入并进行评分预测。在 compute_loss 方法中，计算了评分任务和检索任务的损失，并通过损失权重进行组合，得到最终的训练损失。

(7) 首先，创建了 MovieModel 的实例，并设置了评分和检索任务的损失权重。接着，使用 Adagrad 优化器对模型进行编译。然后，通过对训练数据进行随机洗牌和批处理，对训练数据和测试数据进行了缓存。最后，通过 fit 方法对模型进行了 3 个周期的训练。代码如下：

```
model = MovieModel(rating_weight=1.0, retrieval_weight=1.0)
model.compile(optimizer=tf.keras.optimizers.Adagrad(0.1))

cached_train = train.shuffle(100_000).batch(1_000).cache()
cached_test = test.batch(1_000).cache()

model.fit(cached_train, epochs=3)
```

执行代码后会输出训练过程：

```
Epoch 1/3
35/35 [==============================] - 60s 2s/step - root_mean_squared_error: 1.5516 - factorized_top_k/top_1_categorical_accuracy: 4.8571e-04 - factorized_top_k/top_5_categorical_accuracy: 0.0076 - factorized_top_k/top_10_categorical_accuracy: 0.0181 - factorized_top_k/top_50_categorical_accuracy: 0.1027 - factorized_top_k/top_100_categorical_accuracy: 0.1715 - loss: 6811.1486 - regularization_loss: 0.0000e+00 - total_loss: 6811.1486
Epoch 2/3
35/35 [==============================] - 58s 2s/step - root_mean_squared_error: 1.0156 - factorized_top_k/top_1_categorical_accuracy: 0.0011 - factorized_top_k/top_5_categorical_accuracy: 0.0194 - factorized_top_k/top_10_categorical_accuracy: 0.0449 - factorized_top_k/top_50_categorical_accuracy: 0.2020 - factorized_top_k/top_100_categorical_accuracy: 0.3214 - loss: 6450.4905 - regularization_loss: 0.0000e+00 - total_loss: 6450.4905
Epoch 3/3
35/35 [==============================] - 57s 2s/step - root_mean_squared_error: 0.9882 - factorized_top_k/top_1_categorical_accuracy: 6.8571e-04 - factorized_top_k/top_5_categorical_accuracy: 0.0257 - factorized_top_k/top_10_categorical_accuracy: 0.0568 - factorized_top_k/top_50_categorical_accuracy: 0.2430 - factorized_top_k/top_100_categorical_accuracy: 0.3784 - loss: 6186.2205 - regularization_loss: 0.0000e+00 - total_loss: 6186.2205
<keras.callbacks.History at 0x7fe8752d4710>
```

(8) 首先，使用 evaluate 方法对测试数据进行评估，并获取评估结果的字典。接着，输出了检索任务的 Top100 准确度和排名任务的均方根误差(RMSE)。代码如下：

```
metrics = model.evaluate(cached_test, return_dict=True)
```

```
print(f"\nRetrieval top-100 accuracy: 
{metrics['factorized_top_k/top_100_categorical_accuracy']:.3f}")
print(f"Ranking RMSE: {metrics['root_mean_squared_error']:.3f}")
```

执行代码，模型在测试数据上进行评估，得到多个指标的数值，包括均方根误差(RMSE)和检索任务的 Top100 准确度。然后将这些指标显示在屏幕上，其中检索任务的 Top100 准确度为 0.086，而排名任务的均方根误差为 1.095。结果如下：

```
9/9 [==============================] - 12s 1s/step - root_mean_squared_error: 
1.0954 - factorized_top_k/top_1_categorical_accuracy: 0.0011 - 
factorized_top_k/top_5_categorical_accuracy: 0.0050 - 
factorized_top_k/top_10_categorical_accuracy: 0.0101 - 
factorized_top_k/top_50_categorical_accuracy: 0.0459 - 
factorized_top_k/top_100_categorical_accuracy: 0.0859 - loss: 5724.6355 - 
regularization_loss: 0.0000e+00 - total_loss: 5724.6355

Retrieval top-100 accuracy: 0.086
Ranking RMSE: 1.095
```

(9) 创建函数 predict_movie()，利用建立的模型(model.user_model)创建一个新模型，该模型通过 BruteForce()方法从整个电影数据集中推荐电影。然后，从包含电影嵌入向量的数据集中构建索引。接着使用用户 ID 进行查询，获取推荐的电影。最后，输出前 N 个推荐给用户的电影。代码如下：

```
def predict_movie(user, top_n=3):
  # Create a model that takes in raw query features, and
  index = tfrs.layers.factorized_top_k.BruteForce(model.user_model)
  # recommends movies out of the entire movies dataset.
  index.index_from_dataset(
    tf.data.Dataset.zip((movies.batch(100), movies.batch(100).map(model.movie_model)))
  )

  # Get recommendations.
  _, titles = index(tf.constant([str(user)]))

  print('Top {} recommendations for user {}:\n'.format(top_n, user))
  for i, title in enumerate(titles[0, :top_n].numpy()):
      print('{}. {}'.format(i+1, title.decode("utf-8")))
```

(10) 创建函数 predict_rating，功能是利用训练好的模型进行电影和用户嵌入向量的预测，并打印输出给定用户对于给定电影的预测评分。代码如下：

```
def predict_rating(user, movie):
    trained_movie_embeddings, trained_user_embeddings, predicted_rating = model({
        "userId": np.array([str(user)]),
        "original_title": np.array([movie])
```

```
    })
    print("Predicted rating for {}: {}".format(movie,
predicted_rating.numpy()[0][0]))
```

(11) 调用函数 predict_movie(123, 5)，输出用户 ID 为 123 的用户的前 5 部推荐电影，具体实现代码如下：

```
predict_movie(123, 5)
```

执行代码后会输出：

```
Top 5 recommendations for user 123:

1. Scary Movie
2. Anatomie de l'enfer
3. The Greatest Story Ever Told
4. Un long dimanche de fiançailles
5. Jezebel
```

(12) 用函数 predict_rating(123, 'Minions') 输出用户 ID 为 123 的用户对电影 Minions 的预测评分，具体实现代码如下：

```
predict_rating(123,'Minions')
```

执行代码后会输出：

```
Predicted rating for Minions: 3.088733196258545
```

从历史数据中检查用户 123，代码如下：

```
ratings_df[ratings_df['userId'] == '123']
```

执行代码后，会打印输出用户 123 的历史数据，结果如下：

```
       userId movieId rating date         original_title   genres     overview
8053   123    233     4.0    2001-07-01 20:57:06  The Wanderers      Drama      The streets of 
the Bronx are owned by 60's you...
8054   123    288     5.0    2001-07-01 19:32:47  High Noon       Western    High Noon is about a 
recently freed leader of ...
8055   123    407     5.0    2001-07-01 20:57:57  Kurz und schmerzlos  Drama, Thriller  
       Three friends get caught in a life of major cr...
8056   123    968     3.0    2001-07-01 20:59:01  Dog Day Afternoon   Crime, Drama, 
Thriller A man robs a bank to pay for his lover's opera...
8057   123    1968    4.0    2001-07-01 19:30:36  Fools Rush In     Drama, Comedy, Romance  
       Alex Whitman (Matthew Perry) is a designer fro...
8058   123    1976    4.0    2001-07-01 19:31:51  Jezebel  Drama, Romance    In 1850s 
Louisiana, the willfulness of a tempe...
8059   123    2003    4.0    2001-07-01 19:31:51  Anatomie de l'enfer  Drama     A man 
rescues a woman from a suicide attempt i...
```

```
8060 123  2428 5.0  2001-07-01 20:57:06  The Greatest Story Ever Told  Drama,
History  All-star epic retelling of Christ's life.
8061 123  2502 5.0  2001-07-01 20:59:01  The Bourne Supremacy  Action, Drama,
Thriller When a CIA operation to purchase classified Ru...
8062 123  2762 5.0  2001-07-01 20:59:54  Young and Innocent     Drama, Crime Derrick
De Marney finds himself in a 39 Steps ...
8063 123  2841 5.0  2001-07-01 20:59:54  Un long dimanche de fiançailles    Drama
     In 1919, Mathilde was 19 years old. Two years ...
8064 123  2959 4.0  2001-07-01 20:57:18  License to Wed   Comedy   Newly engaged,
Ben and Sadie can't wait to sta...
8065 123  4228 5.0  2001-07-01 19:31:05  La révolution française   Drama, War,
History, Thriller    A history of the French Revolution from the de...
```

(13) 创建一个 BruteForce 模型,用于获取用户嵌入并推荐电影。然后,通过对电影数据集进行批处理和映射,建立索引,以便在推荐时使用。代码如下:

```
# 获取预测电影的元数据
index = tfrs.layers.factorized_top_k.BruteForce(model.user_model)
# 从整个电影数据集中推荐电影
index.index_from_dataset(
  tf.data.Dataset.zip((movies.batch(100),
movies.batch(100).map(model.movie_model)))
)

# 获取推荐结果
_, titles = index(tf.constant(['123']))
pred_movies = pd.DataFrame({'original_title': [i.decode('utf-8') for i in
             titles[0,:5].numpy()]})

# 将预测的电影与历史数据中的元数据合并
pred_df = pred_movies.merge(ratings_df[['original_title', 'genres', 'overview']],
on='original_title', how='left')
pred_df = pred_df[~pred_df['original_title'].duplicated()]
pred_df.reset_index(drop=True, inplace=True)
pred_df.index = np.arange(1, len(pred_df)+1)
```

上述代码的实现流程如下。

- 首先,创建一个 BruteForce 模型,用于获取用户嵌入,并从整个电影数据集中推荐电影。
- 其次,将电影数据集划分为批次,并将其映射到电影模型中,从而建立索引,以便在推荐时使用。
- 接着,使用 ID 为 123 的用户获取了电影推荐结果。
- 最后,将推荐的电影与历史数据中的元数据进行合并,去除重复项,并重新设置索引,得到了一个包含推荐电影信息的 DataFrame。

执行代码后会输出：

```
  original_title   genres   overview
1 Scary Movie   Comedy   Following on the heels of popular teen-scream ...
2 Anatomie de l'enfer   Drama   A man rescues a woman from a suicide attempt i...
3 The Greatest Story Ever Told   Drama, History   All-star epic retelling of Christ's life.
4 Un long dimanche de fiançailles   Drama   In 1919, Mathilde was 19 years old. Two years ...
5 Jezebel   Drama, Romance   In 1850s Louisiana, the willfulness of a tempe...
```

此时可以看到用户 123 大部分时间喜欢观看戏剧电影，并且通常为该类型电影给出较高评分。在我们的推荐中，为他/她提供了 5 部戏剧电影，预计他/她会以类似的方式喜欢这些电影，就像之前观看的电影一样。

第12章 动漫推荐系统

本章将详细介绍实现一个动漫推荐系统的过程。本项目结合了数据探索、可视化、统计分析、推荐系统技术,为动漫爱好者提供了全面的动漫推荐服务。用户可以通过不同的方式(基于协同过滤或基于内容)获取个性化的动漫推荐,从而更好地发现和享受自己喜欢的动漫。具体流程通过结合使用 Matplotlib+scikit-learn+Pandas 实现。

12.1 背景介绍

动漫在全球范围内拥有庞大的粉丝群体,各类动漫作品层出不穷。然而,由于动漫的多样性和数量庞大,用户可能面临挑选困难,不知道从何开始寻找符合自己口味的作品。为了解决这一问题,我们创建了一个动漫推荐系统,旨在为用户提供个性化、精准的动漫推荐服务。

扫码看视频

12.1.1 动漫发展现状

- 全球市场扩大:动漫已经成为全球文化产业的重要组成部分,各国都在不断引入和发展动漫产业。
- 数字平台兴起:随着数字平台的兴起,观众可以通过在线流媒体服务轻松访问各种动漫内容,而不仅仅局限于传统的电视广播。
- IP 价值:动漫 IP(知识产权)的价值逐渐凸显,动漫作品不仅仅存在于动画,还包括漫画、小说、游戏等多个领域的跨界发展。
- 技术创新:动漫制作技术不断创新,采用了更加先进的计算机图形学、动态渲染等技术,提高了画面质量和制作效率。
- 国际化:一些日本的经典动漫作品在全球范围内取得了极大的成功,同时,其他国家的动漫产业也在国际市场上崭露头角。

12.1.2 动漫未来的发展趋势

- 虚拟现实和增强现实:随着虚拟现实(VR)和增强现实(AR)技术的发展,动漫产业有望更深入地融入虚拟和增强的体验。
- 人工智能:人工智能技术的应用将促使动漫制作更加智能化,从剧本创作到角色设计都可能受益于 AI 技术。
- 交互体验:未来的动漫作品可能会更加注重观众的参与感,可能会出现更多的互动式动漫体验。
- 持续国际合作:各国动漫产业之间的合作将更加密切,创作者和制作公司可能会更加国际化。
- 深度学习和自动化:深度学习技术的发展将使动漫制作中的某些重复性工作更容易自动化,从而提高制作效率。

总体而言,动漫产业在数字化、国际化和技术创新的推动下,将持续向前发展。未来,人们可以期待更多样化、个性化、技术化和国际化的动漫作品涌现。

12.2 系统分析

系统分析是一种以系统论为理论基础，通过对系统内部各种组成要素及其相互关系进行全面细致的研究和解析的过程。系统分析旨在深入了解一个系统的结构、功能和行为，以便为改进或优化系统提供有力的支持。本节将详细讲解本项目的基本知识，介绍项目的基本功能。

扫码看视频

12.2.1 需求分析

在当今市场下，动漫多样性的特点非常显著，动漫领域涵盖了各种题材和类型，从奇幻冒险到校园爱情，满足了不同观众的口味。另外，动漫用户的需求复杂多样，观众的口味千差万别，有些人喜欢搞笑轻松的作品，有些人追求有深度和复杂的剧情，因此个性化推荐变得尤为重要。在这种市场特性下，开发一个动漫推荐系统势在必行。通过动漫推荐系统，可以让用户更轻松地发现符合其兴趣的动漫作品，为广大动漫爱好者提供更愉悦的观影体验。

12.2.2 系统目标分析

该项目旨在通过数据分析和推荐算法为动漫爱好者提供个性化的动漫推荐服务。通过综合考虑用户的动漫评分、喜好和观看历史，项目将利用协同过滤和基于内容的推荐算法，从海量的动漫数据库中挑选出与用户兴趣相符的动漫作品。本项目的主要目标如下。

- ❑ 个性化推荐：通过分析用户的动漫评分和观看历史，系统将为用户提供个性化的动漫推荐，以满足其独特的兴趣和喜好。
- ❑ 数据可视化：通过图表和统计信息，系统将向用户展示动漫数据库的各种特征，例如不同类别的动漫数量分布、用户评分分布等，以便用户更好地了解动漫世界。
- ❑ 流行趋势分析：系统将分析动漫作品的流行趋势，显示最受欢迎和高评分的动漫，帮助用户及时发现热门作品。
- ❑ 基于内容的推荐：利用动漫的分类、类型等内容信息，系统将提供基于内容的推荐服务，推荐与用户喜好相符的动漫。

通过实现上述目标，本系统旨在为用户提供更丰富、更个性化的动漫观看体验，帮助他们发现新的精彩作品，并深入了解动漫世界的各种流派和类型。

12.2.3 系统功能分析

本项目实现了一个完整的动漫推荐系统,主要包括如下功能。

- 数据加载与清理:通过加载两个主要数据集(动漫信息和用户评分信息),清理并处理缺失值和重复值。
- 数据探索与可视化:使用图表和可视化工具,深入了解动漫的各种属性,包括评分分布、不同类型的动漫数量等。
- 用户与动漫数据合并:将动漫信息和用户评分信息合并,创建一个包含用户评分的完整数据集。
- 动漫社区统计:基于成员数量,展示动漫社区的排名,并使用条形图展示拥有社区成员最多的前几部动漫。
- 动漫类型分析:分析不同动漫类型的分布情况,通过饼图和计数图清晰地呈现动漫的种类。
- 动漫评分分布:通过直方图展示动漫评分和用户评分的分布情况,以及两者之间的关系。
- 顶级动漫排名:展示基于平均评分的顶级动漫,以及它们的社区成员数量。
- 动漫类型词云:使用词云图展示动漫的类型分布。
- 最终数据预处理:进一步处理数据,剔除用户评分中的异常值。
- 协同过滤推荐:使用协同过滤技术,计算动漫之间的相似性,并生成基于相似性的动漫推荐列表。
- 内容推荐:基于动漫的内容特征,使用 TF-IDF 和 sigmoid kernel 计算动漫之间的相似性,并生成基于内容的动漫推荐列表。
- 推荐功能验证:针对特定动漫(如 Death Note 和 Mogura no Motoro),演示推荐功能,生成相应的推荐列表。

总体而言,本项目结合了数据探索、可视化、统计分析、推荐系统技术,为动漫爱好者提供了全面的动漫推荐服务。用户可以通过不同的方式(基于协同过滤或基于内容)获取个性化的动漫推荐,从而更好地发现和享受自己喜欢的动漫。

12.3 准备数据集

本项目使用的是开源数据集,这个数据集包含了 73516 位用户对 12294 部动漫的偏好数据。每位用户可以将动漫添加到他们的已完成列表并为其评分,这个数据集则是这些评分的汇总。

扫码看视频

12.3.1 动漫信息数据集

在数据集文件 anime.csv 中包含了关于动漫的信息，其中每一行表示一部动漫。该数据集中各个列的具体说明如下。

- anime_id：该列包含 myanimelist.net 对每部动漫的唯一标识符。
- name：包含动漫的全名，提供有关每部动漫的名称信息。
- genre：一个逗号分隔的字符串，表示该动漫的类型，包括多个不同的类型。
- type：表示动漫的类型，可能是电影(movie)、电视剧(TV)、OVA 等。
- episodes：表示该动漫有多少集，对于电影而言，此值通常为 1。
- rating：表示该动漫的平均评分，以 10 分制进行评分。
- members：表示参与该动漫小组的社区成员数量，反映动漫的社区受欢迎程度。

文件 anime.csv 中的这些信息使得用户可以了解每部动漫的基本信息、类型、评分以及社区参与情况等。

12.3.2 评分信息数据集

在数据集文件 rating.csv 中包含了关于用户对动漫的评分信息，其中每一行表示一个用户对一部动漫的评分。该数据集中各个列的具体说明如下。

- user_id：该列包含一个非可识别的、随机生成的用户 ID，用于标识不同的用户。
- anime_id：该列表示用户给予评分的动漫的唯一标识符，对应 anime.csv 数据集中的 anime_id。
- rating：表示用户对动漫的评分，以 10 分制进行评分。如果用户观看了动漫但没有给出评分，则该值为-1。

数据集文件 rating.csv 的目的是记录每位用户对每部动漫的评分，以便进行进一步的分析和构建推荐系统。通过这些数据，可以了解用户对不同动漫的个人喜好，为推荐系统提供基础支持。

12.3.3 导入数据集

使用 Pandas 读取上面介绍的两个数据集文件 anime.csv 和 rating.csv，具体实现代码如下：

```
anime = pd.read_csv("anime-recommendations-database/anime.csv")
rating = pd.read_csv("anime-recommendations-database/rating.csv")
```

12.4 数据分析

接下来将分析数据集中的信息,了解动漫信息和对应的用户评分信息,为实现后面的推荐系统打下基础。

扫码看视频

12.4.1 基础数据探索方法

在数据分析的初期,我们需要采取一些基础的探索方法,以了解数据的整体情况、结构和特点。这包括:

- 查看前几行数据,以了解数据的格式和结构。
- 统计数据集的基本信息,包括数据类型、非空值数量等。
- 查看描述性统计信息,了解数值列的分布情况。

(1) 打印输出动漫数据集的形状(shape)和前几行内容,并通过样式设置使输出结果更具可读性。代码如下:

```
# 输出动漫数据集的形状
print(f"Shape of The Anime Dataset: {anime.shape}")

# 输出动漫数据集前几行的内容,通过样式设置使输出结果更具可读性
print("\nGlimpse of The Dataset:")
anime.head().style.set_properties(**{"background-color": "#2a9d8f", "color":
                                     "white", "border": "1.5px solid black"})
```

上述代码的具体说明如下。

- anime.shape:输出数据集的形状,即行数和列数。
- anime.head():获取数据集的前几行。
- style.set_properties():通过样式设置,将输出结果的背景颜色、文字颜色和边框进行调整。

这样的输出方式使得查看数据集的形状和前几行内容时更加清晰,背景颜色、文字颜色的设定进一步增强了输出结果的可读性。运行这段代码,将看到一个带有样式的表格,展示了动漫数据集的形状和前几行内容,如图12-1所示。

(2) 打印输出有关动漫数据集的信息,anime.info()提供了有关数据集的详细信息,包括每列的非空值数量、数据类型等。代码如下:

```
# 输出有关动漫数据集的信息
print("Informations About Anime Dataset :\n")
print(anime.info())
```

```
Shape of The Anime Dataset : (12294, 7)

Glimpse of The Dataset :
```

	count	mean	std	min	25%	50%	75%	max
anime_id	12294.000000	14058.221653	11455.294701	1.000000	3484.250000	10260.500000	24794.500000	34527.000000
rating	12064.000000	6.473902	1.026746	1.670000	5.880000	6.570000	7.180000	10.000000
members	12294.000000	18071.338864	54820.676925	5.000000	225.000000	1550.000000	9437.000000	1013917.000000

图 12-1 动漫数据集的形状和前几行内容

运行这段代码后，将得到有关动漫数据集的详细信息，如每列的数据类型、非空值数量等，这对于初步了解数据的结构和特性非常有用。代码如下：

```
Informations About Anime Dataset :

<class 'pandas.core.frame.DataFrame'>
RangeIndex: 12294 entries, 0 to 12293
Data columns (total 7 columns):
 #   Column    Non-Null Count  Dtype
---  ------    --------------  -----
 0   anime_id  12294 non-null  int64
 1   name      12294 non-null  object
 2   genre     12232 non-null  object
 3   type      12269 non-null  object
 4   episodes  12294 non-null  object
 5   rating    12064 non-null  float64
 6   members   12294 non-null  int64
dtypes: float64(1), int64(2), object(4)
memory usage: 672.5+ KB
None
```

（3）打印输出评分数据集的形状和前几行的内容，并通过样式设置使输出结果更具可读性。代码如下：

```
# 输出评分数据集的形状
print(f"Shape of The Rating Dataset: {rating.shape}")

# 输出评分数据集前几行的内容，通过样式设置使输出结果更具可读性
print("\nGlimpse of The Dataset:")
rating.head().style.set_properties(**{"background-color": "#2a9d8f", "color":
"white", "border": "1.5px solid black"})
```

上述代码的具体说明如下。

❑ rating.shape：输出数据集的形状，即行数和列数。
❑ rating.head()：获取数据集的前几行。

- style.set_properties()：通过样式设置，对输出结果的背景颜色、文字颜色和边框进行调整。

运行这段代码后，将看到一个带有样式的表格，展示了评分数据集的形状和前几行内容，如图12-2所示。这样的输出方式使得查看数据集形状和前几行内容更加清晰。

```
Shape of The Rating Dataset : (7813737, 3)

Glimpse of The Dataset :
```

	count	unique	top	freq
name	12294	12292	Shi Wan Ge Leng Xiaohua	2
genre	12232	3264	Hentai	823
type	12269	6	TV	3787
episodes	12294	187	1	5677

图12-2 评分数据集的形状和前几行内容

(4) 打印输出有关评分数据集的信息，其中rating.info()提供了有关数据集的详细信息，包括每列的非空值数量、数据类型等。代码如下：

```
# 输出有关评分数据集的信息
print("Informations About Rating Dataset :\n")
print(rating.info())
```

通过运行这段代码，将得到有关评分数据集的详细信息，如每列的数据类型、非空值数量等，这对于初步了解数据的结构和特性非常有用。请注意，使用info()方法输出的信息会包含每列的非空值数量，以及数据类型，这有助于对数据进行进一步的理解和处理。代码如下：

```
Informations About Rating Dataset :

<class 'pandas.core.frame.DataFrame'>
RangeIndex: 7813737 entries, 0 to 7813736
Data columns (total 3 columns):
 #   Column    Dtype
---  ------    -----
 0   user_id   int64
 1   anime_id  int64
 2   rating    int64
dtypes: int64(3)
memory usage: 178.8 MB
None
```

12.4.2 数据集摘要

在数据分析或项目报告中，数据集摘要通常是对整个数据集的简要总结，包括数据集的形状、列的含义、数据类型、缺失值情况等基本信息。这个部分有助于用户快速了解数据集的概况，为后续的分析和解释提供背景。

(1) 生成动漫数据集的统计摘要，并通过样式设置使输出结果更具可读性。代码如下：

```
# 生成动漫数据集的统计摘要，使用 .T 进行转置
summary_anime = anime.describe().T

# 设置样式，通过样式设置使输出结果更具可读性
styled_summary_anime = summary_anime.style.set_properties(**{"background-color":
                        "#2a9d8f", "color": "white", "border": "1.5px solid black"})

# 输出摘要
print("Summary of The Anime Dataset:")
styled_summary_anime
```

上述代码的具体说明如下。

- anime.describe()：生成动漫数据集的统计摘要，包括均值、标准差、最小值，以及25%、50%、75%分位数等统计信息。
- .T：进行转置，以便更好地查看摘要信息。
- style.set_properties()：通过样式设置，对输出结果的背景颜色、文字颜色和边框进行调整。

运行这段代码后，将看到一个带有样式的表格，显示了动漫数据集的统计摘要信息，如图 12-3 所示。

Summary of The Anime Dataset :

	count	mean	std	min	25%	50%	75%	max
anime_id	12294.000000	14058.221653	11455.294701	1.000000	3484.250000	10260.500000	24794.500000	34527.0
rating	12064.000000	6.473902	1.026746	1.670000	5.880000	6.570000	7.180000	10.0000
members	12294.000000	18071.338864	54820.676925	5.000000	225.000000	1550.000000	9437.000000	101391

图 12-3　动漫数据集的统计摘要信息

(2) 使用 describe(include=object) 生成关于动漫数据集中包含对象类型(字符串等)的列的统计摘要，并通过样式设置使输出结果更具可读性。代码如下：

```
anime.describe(include=object).T.style.set_properties(**{"background-color":
"#2a9d8f","color":"white","border": "1.5px solid black"})
```

执行代码后，输出动漫数据集中包含对象类型(字符串等)的列的统计摘要信息，如图 12-4 所示。

	count	unique	top	freq
name	12294	12292	Shi Wan Ge Leng Xiaohua	2
genre	12232	3264	Hentai	823
type	12269	6	TV	3787
episodes	12294	187	1	5677

图 12-4　动漫数据集中包含对象类型的列的统计摘要信息

(3) 生成动漫数据集中的缺失值情况，并通过样式设置使输出结果更具可读性。代码如下：

```
# 生成动漫数据集中的缺失值情况，使用 isna() 和 sum()
null_values_anime = anime.isna().sum().to_frame().T

# 设置样式，通过样式设置使输出结果更具可读性
styled_null_values_anime = 
null_values_anime.style.set_properties(**{"background-color": "#2a9d8f", "color": 
                                          "white", "border": "1.5px solid black"})

# 输出缺失值情况
print("Null Values of Anime Dataset:")
styled_null_values_anime
```

运行这段代码后，将看到一个带有样式的表格，其中显示了动漫数据集中每列的缺失值数量。

(4) 删除动漫数据集中的缺失值，并生成删除后的数据集中的缺失值情况。代码如下：

```
# 删除动漫数据集中的缺失值，使用 dropna() 方法
anime.dropna(axis=0, inplace=True)

# 生成删除缺失值后的动漫数据集中的缺失值情况，使用 isna() 和 sum()
null_values_after_drop_anime = anime.isna().sum().to_frame().T

# 设置样式，通过样式设置使输出结果更具可读性
styled_null_values_after_drop_anime = 
null_values_after_drop_anime.style.set_properties(**{"background-color": 
           "#2a9d8f", "color": "white", "border": "1.5px solid black"})

# 输出删除缺失值后的数据集中的缺失值情况
print("After Dropping, Null Values of Anime Dataset:")
styled_null_values_after_drop_anime
```

上述代码的具体说明如下。
- anime.dropna(axis=0, inplace=True)：删除数据集中包含缺失值的行。
- anime.isna().sum().to_frame().T：生成删除缺失值后的数据集中的缺失值情况。
- style.set_properties()：通过样式设置，对输出结果的背景颜色、文字颜色和边框进行调整。

运行这段代码后，将看到一个带有样式的表格，显示了删除缺失值后的动漫数据集中每列的缺失值数量，如图 12-5 所示。

	count	mean	std	min	25%	50%	75%	max
user_id	7813737.000000	36727.956745	20997.946119	1.000000	18974.000000	36791.000000	54757.000000	73516.000000

图 12-5　删除缺失值后的动漫数据集中每列的缺失值数量

(5) 检测并计算动漫数据集中的重复条目数量，具体实现代码如下：

```
# 使用duplicated()方法检测重复条目，并使用 shape[0] 获取重复条目的数量
dup_anime = anime[anime.duplicated()].shape[0]

# 输出重复条目的数量和总条目数
print(f"There are {dup_anime} duplicate entries among {anime.shape[0]} entries in 
    the anime dataset.")
```

其中，anime[anime.duplicated()]用于选择包含重复值的行，shape[0] 用于获取重复行的数量。最后的 print 语句用于输出包含重复值的行的数量以及总行数。运行这段代码后，将得到一条消息，提示在动漫数据集中有多少重复的条目。如果 dup_anime 的值为 0，说明数据集中没有重复的条目。结果如下：

```
There are 0 duplicate entries among 12017 entries in anime dataset.
```

(6) 生成关于评分数据集的统计摘要，并通过样式设置使输出结果更具可读性。代码如下：

```
# 生成评分数据集的统计摘要，使用 .T 进行转置
summary_rating = rating.describe().T

# 设置样式，通过样式设置使输出结果更具可读性
styled_summary_rating = 
summary_rating.style.set_properties(**{"background-color": "#2a9d8f", "color":
                                        "white", "border": "1.5px solid black"})

# 输出摘要
print("Summary of The Rating Dataset:")
styled_summary_rating
```

上述代码的具体说明如下。
- rating.describe()：生成评分数据集的统计摘要，包括均值、标准差、最小值，以及25%、50%、75% 分位数等统计信息。
- .T：进行转置，以便更好地查看摘要信息。
- style.set_properties()：通过样式设置，对输出结果的背景颜色、文字颜色和边框进行调整。

运行这段代码后，将看到一个带有样式的表格，其中显示了评分数据集的统计摘要信息，如图 12-6 所示。

| rating | 7813737.000000 | 6.144030 | 3.727800 | -1.000000 | 6.000000 | 7.000000 | 9.000000 | 10.000000 |

图 12-6　评分数据集的统计摘要信息

（7）生成评分数据集中的缺失值情况，并通过样式设置使输出结果更具可读性。代码如下：

```
# 生成评分数据集中的缺失值情况，使用 isna() 和 sum()
null_values_rating = rating.isna().sum().to_frame().T

# 设置样式，通过样式设置使输出结果更具可读性
styled_null_values_rating = 
null_values_rating.style.set_properties(**{"background-color": "#2a9d8f",
                            "color": "white", "border": "1.5px solid black"})

# 输出缺失值情况
print("Null Values of Rating Dataset:")
styled_null_values_rating
```

运行这段代码后，将看到一个带有样式的表格，其中显示了评分数据集中每列的缺失值数量，如图 12-7 所示。

	anime_id	name	genre	type	episodes	rating	members	user_id	user_rating
0	32281	Kimi no Na wa.	Drama, Romance, School, Supernatural	Movie	1	9.370000	200630	99	5

图 12-7　评分数据集中每列的缺失值数量

（8）检测并计算评分数据集中的重复条目数量，然后在删除重复条目后输出数据集中的新条目数量。代码如下：

```
# 使用 duplicated() 方法检测重复条目，并使用 shape[0] 获取重复条目的数量
dup_rating = rating[rating.duplicated()].shape[0]
```

```
# 输出重复条目的数量和总条目数
print(f"There are {dup_rating} duplicate entries among {rating.shape[0]} entries
in the rating dataset.")

# 使用 drop_duplicates() 方法删除重复条目, keep='first' 表示保留第一次出现的重复条目
rating.drop_duplicates(keep='first', inplace=True)

# 输出删除重复条目后的新条目数量
print(f"\nAfter removing duplicate entries, there are {rating.shape[0]} entries in
this dataset.")
```

上述代码的具体说明如下。

- rating[rating.duplicated()]：选择包含重复值的行。
- shape[0]：获取重复行的数量。
- print 语句：输出包含重复值的行的数量和总行数。
- rating.drop_duplicates(keep='first', inplace=True)：删除数据集中的重复行，保留第一次出现的重复行。
- print 语句：输出删除重复行后的新条目数量。

运行这段代码后，将得到两条消息，一条指示数据集中有多少重复的条目，另一条指示删除重复条目后的新条目数量。结果如下：

```
There are 1 duplicate entries among 7813737 entries in rating dataset.
After removing duplicate entries there are 7813736 entries in this dataset.
```

12.4.3 深入挖掘

在数据分析或项目报告中，深入挖掘通常表示进一步研究和分析数据，寻找隐藏的信息、模式或趋势。这一步可能包括更复杂的统计分析、机器学习建模、特征工程等，旨在深入了解数据集，为更深层次的理解和决策提供支持。在这一部分，我们将深入挖掘数据，通过更复杂的分析方法来发现一些潜在的关系和模式，主要包括用户评分与动漫类型的相关性和社区互动与动漫热门程度的关系。

(1) 执行两个数据集(anime 和 rating)的合并操作，通过它们的共同列 anime_id 进行连接，并更改一些列名，最终生成一个合并后的数据集 fulldata。代码如下：

```
# 合并两个数据集, 使用 pd.merge() 方法, 通过 anime_id 列进行连接
fulldata = pd.merge(anime, rating, on="anime_id", suffixes=[None, "_user"])

# 重命名合并后的数据集的列名
fulldata = fulldata.rename(columns={"rating_user": "user_rating"})

# 输出合并后数据集的形状
```

```
print(f"Shape of The Merged Dataset: {fulldata.shape}")

# 输出合并后数据集的前几行,通过样式设置使输出结果更具可读性
print("\nGlimpse of The Merged Dataset:")
fulldata.head().style.set_properties(**{"background-color": "#2a9d8f", "color":
                                        "white", "border": "1.5px solid black"})
```

对上述代码的具体说明如下。

- pd.merge(anime, rating, on="anime_id", suffixes=[None, "_user"]):使用 Pandas 的 merge()方法,通过 anime_id 列将两个数据集进行连接,其中 suffixes 参数指定了在列名相同时添加的后缀。
- fulldata.rename(columns={"rating_user": "user_rating"}):重命名合并后数据集的列名,此处将 rating_user 列改名为 user_rating。
- print(f"Shape of The Merged Dataset: {fulldata.shape}"):输出合并后数据集的形状(行数和列数)。
- fulldata.head().style.set_properties():输出合并后数据集的前几行,通过样式设置使输出结果更具可读性。

运行这段代码后,将看到一个带有样式的表格,显示了合并后数据集的形状和前几行内容,如图 12-8 所示。这有助于检查合并操作是否成功,并初步了解合并后数据集的结构。

```
Shape of The Merged Dataset : (7813610, 9)

Glimpse of The Merged Dataset :
```

2	32281	Kimi no Na wa.	Drama, Romance, School, Supernatural	Movie	1	9.370000	200630	244	10
3	32281	Kimi no Na wa.	Drama, Romance, School, Supernatural	Movie	1	9.370000	200630	271	10
4	32281	Kimi no Na wa.	Drama, Romance, School, Supernatural	Movie	1	9.370000	200630	278	-1

图 12-8 合并后数据集的形状和前几行内容

(2) 使用 Seaborn 库设置绘图的样式和调色板,这些设置将在后续的 Seaborn 绘图中生效,令图形有清晰的外观和自定义的颜色。代码如下:

```
# 设置绘图样式为white
sns.set_style("white")
# 设置绘图上下文为poster,同时调整字体比例
sns.set_context("poster", font_scale=0.7)
# 自定义调色板
palette = ["#1d7874", "#679289", "#f4c095", "#ee2e31", "#ffb563", "#918450",
           "#f85e00", "#a41623", "#9a031e", "#d6d6d6", "#ffee32", "#ffd100",
           "#333533", "#202020"]
```

12.4.4 热门动漫

使用 Seaborn 库绘制一个横向条形图,展示动漫社区中总会员数最多的前 14 部动漫。其中使用 sns.despine(left=True, bottom=True)移除了可视化图形中的轴线,使图形更清晰。代码如下:

```
# 复制合并后的数据集
top_anime = fulldata.copy()

# 根据动漫名称去除重复项,保留第一次出现的重复项
top_anime.drop_duplicates(subset="name", keep="first", inplace=True)

# 根据会员数降序排序
top_anime_temp1 = top_anime.sort_values(["members"], ascending=False)

# 绘制横向条形图
plt.subplots(figsize=(20, 8))
p = sns.barplot(x=top_anime_temp1["name"][:14], y=top_anime_temp1["members"],
                palette=palette, saturation=1, edgecolor="#1c1c1c", linewidth=2)

# 设置标题和轴标签
p.axes.set_title("\nTop Anime Community\n", fontsize=25)
plt.ylabel("Total Members", fontsize=20)
plt.xlabel("\nAnime Name", fontsize=20)

# 旋转 x 轴标签
plt.xticks(rotation=90)

# 在条形图上添加标签
for container in p.containers:
    p.bar_label(container, label_type="center", padding=6, size=15, color="black",
                rotation=90, bbox={"boxstyle": "round", "pad": 0.6, "facecolor":
                "orange", "edgecolor": "black", "alpha": 1})

# 移除图形中的轴线
sns.despine(left=True, bottom=True)

# 显示图形
plt.show()
```

执行效果如图 12-9 所示。

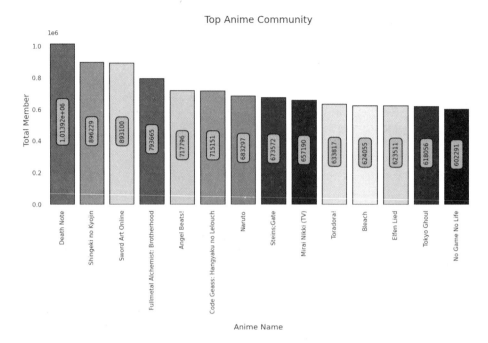

图 12-9 动漫社区中总会员数最多的前 14 部动漫

12.4.5 统计动漫类别

(1) 统计并显示动漫的类别(类型),其中 top_anime_temp1["type"].value_counts()用于统计动漫类别(类型)的数量;to_frame().T 用于将结果转换为 DataFrame 并进行转置,以便更好地查看;style.set_properties()用于通过样式设置,对输出的背景颜色、文字颜色和边框进行调整。代码如下:

```
# 统计动漫类别(类型)的数量,并对输出结果进行样式设置
top_anime_temp1["type"].value_counts().to_frame().T.style.set_properties
(**{"background-color": "#2a9d8f", "color": "white", "border": "1.5px solid black"})
```

运行这段代码后,将看到一个带有样式的表格,显示了不同类型的动漫及其数量,这有助于了解数据集中动漫类别的分布情况,如图 12-10 所示。

图 12-10 不同类型的动漫及其数量

(2) 使用 Matplotlib 库绘制一个饼图,展示动漫不同类别(类型)的分布情况。代码如下:

```python
# 设置图形大小
plt.subplots(figsize=(12, 12))

# 不同类别(类型)的标签
labels = "TV", "OVA", "Movie", "Special", "ONA", "Music"

# 饼图的内半径
size = 0.5

# 绘制饼图
wedges, texts, autotexts =
plt.pie([len(top_anime_temp1[top_anime_temp1["type"]=="TV"]["type"]),

len(top_anime_temp1[top_anime_temp1["type"]=="OVA"]["type"]),

len(top_anime_temp1[top_anime_temp1["type"]=="Movie"]["type"]),

len(top_anime_temp1[top_anime_temp1["type"]=="Special"]["type"]),

len(top_anime_temp1[top_anime_temp1["type"]=="ONA"]["type"]),

len(top_anime_temp1[top_anime_temp1["type"]=="Music"]["type"])],
                explode=(0, 0, 0, 0, 0, 0),
                textprops=dict(size=20, color="white"),
                autopct="%.2f%%",
                pctdistance=0.7,
                radius=.9,
                colors=palette,
                shadow=True,
                wedgeprops=dict(width=size, edgecolor="#1c1c1c", linewidth=4),
                startangle=0)

# 添加图例
plt.legend(wedges, labels, title="Category", loc="center left", bbox_to_anchor=
(1, 0, 0.5, 1))

# 添加标题
plt.title("\nAnime Categories Distribution", fontsize=20)

# 显示图形
plt.show()
```

在上述代码中，plt.legend()用于添加图例，plt.title()用于添加标题，plt.show()用于显示图形，这个图形展示了不同动漫类别的分布情况，如图12-11所示。

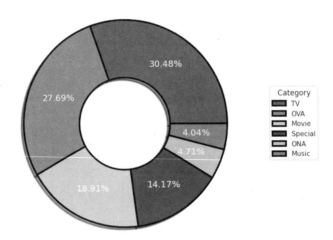

图 12-11　不同动漫类别的分布情况

(3) 使用 Seaborn 库绘制一个计数图,用于展示不同动漫类别的数量。代码如下:

```
# 设置图形大小
plt.subplots(figsize=(20, 8))

# 绘制计数图
p = sns.countplot(x=top_anime_temp1["type"],
order=top_anime_temp1["type"].value_counts().index, palette=palette,
saturation=1, edgecolor="#1c1c1c", linewidth=3)

# 设置标题和轴标签
p.axes.set_title("\nAnime Categories Hub\n", fontsize=25)
plt.ylabel("Total Anime", fontsize=20)
plt.xlabel("\nAnime Category", fontsize=20)

# 旋转 x 轴标签
plt.xticks(rotation=0)

# 在条形图上添加标签
for container in p.containers:
    p.bar_label(container, label_type="center", padding=10, size=25, color="black",
                rotation=0, bbox={"boxstyle": "round", "pad": 0.4, "facecolor":
                "orange", "edgecolor": "black", "linewidth": 3, "alpha": 1})

# 移除图形中的轴线
sns.despine(left=True, bottom=True)
```

```
# 显示图形
plt.show()
```

上述代码的具体说明如下。
- sns.countplot()：使用 Seaborn 库绘制计数图，展示不同动漫类别的数量。
- order=top_anime_temp1["type"].value_counts().index：按照类别数量降序排列条形。
- p.bar_label()：在条形图上添加标签。
- sns.despine(left=True, bottom=True)：移除图形中的轴线，使图形更清晰。
- plt.show()：显示可视化图形，这个图形展示了不同动漫类别的数量分布情况，如图 12-12 所示。

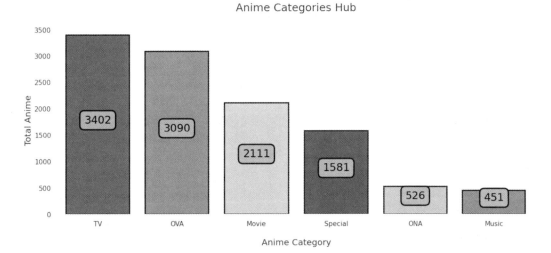

图 12-12　不同动漫类别的数量分布情况

从图 12-12 中可以得出如下结论。
- 有 3402 部动漫在电视上播出，占总动漫数量的 30.48%。
- 有 2111 部动漫作为电影上映，占总动漫数量的 18.91%。
- 有 3090 部动漫作为 OVA(original video animation)播出，占总动漫数量的 27.69%，这也超过了作为 ONA(original net animation)播出的 526 部动漫，占总动漫数量的 4.71%。

12.4.6　总体动漫评价

总体动漫评价是对动漫作品整体质量或受欢迎程度的综合评价，在数据分析或推荐系统中，这表示对所有动漫的平均评分、中位数评分或其他综合指标的分析。使用 Seaborn 库绘制两个子图，用于展示动漫评分的分布情况。代码如下：

```
# 根据动漫评分降序排序
top_anime_temp2 = top_anime.sort_values(["rating"], ascending=False)

# 创建包含两个子图的图形
_, axs = plt.subplots(2, 1, figsize=(20, 16), sharex=False, sharey=False)
plt.tight_layout(pad=6.0)

# 绘制第一个子图：动漫的平均评分分布
sns.histplot(top_anime_temp2["rating"], color=palette[11], kde=True, ax=axs[0],
bins=20, alpha=1, fill=True, edgecolor=palette[12])
axs[0].lines[0].set_color(palette[12])
axs[0].set_title("\nAnime's Average Ratings Distribution\n", fontsize=25)
axs[0].set_xlabel("Rating\n", fontsize=20)
axs[0].set_ylabel("Total", fontsize=20)

# 绘制第二个子图：用户对动漫的评分分布
sns.histplot(fulldata["user_rating"], color=palette[12], kde=True, ax=axs[1],
bins="auto", alpha=1, fill=True)
axs[1].lines[0].set_color(palette[11])
# axs[1].set_yscale("log")
axs[1].set_title("\n\n\nUsers Anime Ratings Distribution\n", fontsize=25)
axs[1].set_xlabel("Rating", fontsize=20)
axs[1].set_ylabel("Total", fontsize=20)

# 移除图形中的轴线
sns.despine(left=True, bottom=True)

# 显示图形
plt.show()
```

上述代码的具体说明如下。

- 首先，通过对动漫数据集进行降序排序，得到了 top_anime_temp2 数据集，该数据集按照动漫的平均评分进行排列。
- 然后，在一个包含两个子图的图形中，使用 Seaborn 库的 histplot()函数绘制了两个直方图，分别展示了动漫的平均评分分布和用户对动漫的评分分布。
- 接着，第一个子图展示了动漫的平均评分分布。使用 top_anime_temp2["rating"]作为数据源，设置了颜色、核密度估计和边框颜色，以及直方图的填充效果。标题、轴标签和其他样式设置都旨在提高子图的可读性。
- 第二个子图展示了用户对动漫的评分分布。我们使用了 fulldata["user_rating"]作为数据源，同样设置了颜色、核密度估计和边框颜色，以及直方图的填充效果。这个子图的标题、轴标签和样式设置也旨在清晰地传达信息。

❑ 最后，调用 sns.despine(left=True, bottom=True)，移除了图形中的左侧和底部轴线，以提升整体的外观效果。plt.show() 用于显示生成的可视化图形，展示动漫评分的整体分布情况，如图 12-13 所示。

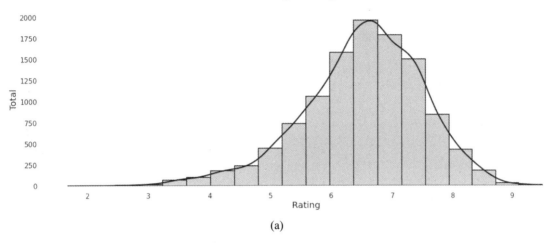

(a)

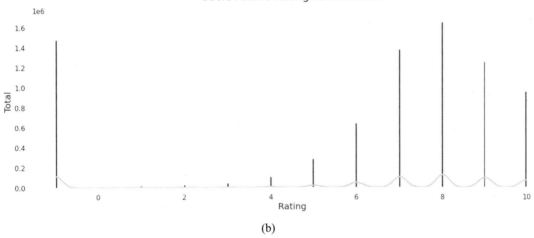

(b)

图 12-13　动漫评分的整体分布情况

此时可以得到如下结论。

❑ 大多数动漫评分分布在 5.5～8.0。
❑ 大多数用户评分分布在 6.0～10.0。
❑ 用户评分分布的众数在 7.0～8.0。

- 这两个分布都是左偏的，也就是大多数评分集中在数值较低的一端，而较少的评分分布在数值较高的一端。
- 用户评分中的值-1 是用户评分中的异常值，可以被丢弃。

12.4.7　基于评分的热门动漫

使用 Seaborn 库绘制一个横向条形图，展示基于评分的热门动漫。代码如下：

```
# 设置图形大小
plt.subplots(figsize=(20, 8))

# 绘制横向条形图
p = sns.barplot(x=top_anime_temp2["name"][:14], y=top_anime_temp2["rating"],
palette=palette, saturation=1, edgecolor="#1c1c1c", linewidth=2)

# 设置标题和轴标签
p.axes.set_title("\nTop Animes Based On Ratings\n", fontsize=25)
plt.ylabel("Average Rating", fontsize=20)
plt.xlabel("\nAnime Title", fontsize=20)

# 旋转 x 轴标签
plt.xticks(rotation=90)

# 在条形图上添加标签
for container in p.containers:
    p.bar_label(container, label_type="center", padding=10, size=15, color="black",
rotation=0,
            bbox={"boxstyle": "round", "pad": 0.6, "facecolor": "orange",
"edgecolor": "black", "alpha": 1})

# 移除图形中的轴线
sns.despine(left=True, bottom=True)

# 显示图形
plt.show()
```

上述代码的具体说明如下。

- sns.barplot()：使用 Seaborn 库绘制横向条形图，展示基于评分的热门动漫，其中包括 14 部动漫。
- p.bar_label()：在条形图上添加标签。
- sns.despine(left=True, bottom=True)：移除图形中的轴线，使图形更清晰。
- plt.show()：显示可视化图形，展示根据评分排序的热门动漫，如图 12-14 所示。

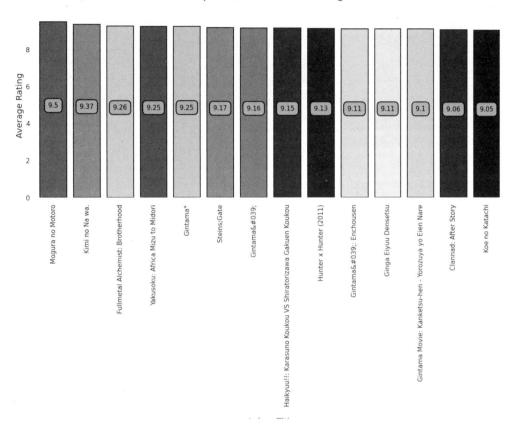

图 12-14 根据评分排序的热门动漫

12.4.8 按类别划分的动漫评分分布

(1) 探索 TV 类别中动漫的评分分布信息,展示 TV 类别中动漫的平均评分分布和用户对这些动漫的评分分布。代码如下:

```
# 创建包含两个子图的图形
_, axs = plt.subplots(1, 2, figsize=(20, 8), sharex=False, sharey=False)
plt.tight_layout(pad=4.0)

# 绘制第一个子图:TV 类别中动漫的平均评分分布
sns.histplot(top_anime_temp2[top_anime_temp2["type"]=="TV"]["rating"],
            color=palette[0], kde=True, ax=axs[0], bins=20, alpha=1, fill=True,
            edgecolor=palette[12])
axs[0].lines[0].set_color(palette[11])
```

```
axs[0].set_title("\nAnime's Average Ratings Distribution [Category : TV]\n",
                 fontsize=20)
axs[0].set_xlabel("Rating")
axs[0].set_ylabel("Total")

# 绘制第二个子图：TV 类别中用户对动漫的评分分布
sns.histplot(fulldata[fulldata["type"]=="TV"]["user_rating"], color=palette[0],
             kde=True, ax=axs[1], bins="auto", alpha=1, fill=True,
             edgecolor=palette[12])
axs[1].lines[0].set_color(palette[11])
# axs[1].set_yscale("log")
axs[1].set_title("\nUsers Anime Ratings Distribution [Category : TV]\n", fontsize=20)
axs[1].set_xlabel("Rating")
axs[1].set_ylabel("Total")

# 移除图形中的轴线
sns.despine(left=True, bottom=True)
plt.show()
```

上述代码绘制了两个子图，分别展示了 TV 类别中动漫的平均评分分布和用户对这些动漫的评分分布，如图 12-15 所示。其中左侧的子图展示了动漫的平均评分分布，右侧的子图展示了用户对这些动漫的评分分布。

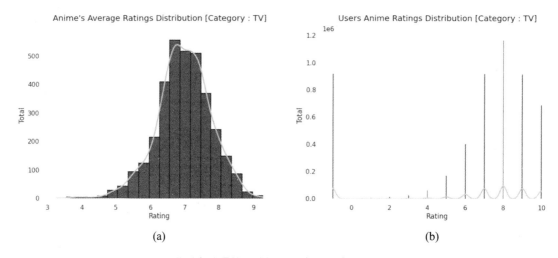

图 12-15　TV 类别中动漫的平均评分分布和用户对这些动漫的评分分布

此时可以得出如下结论。

- 大多数动漫评分分布在 6.0～8.0。
- 大多数用户评分分布在 6.0～10.0。
- 用户评分分布的众数在 7.0～9.0。

- 这两个分布都是左偏的，也就是大多数评分集中在数值较低的一端，而较少的评分分布在数值较高的一端。
- 用户评分中的值-1 是用户评分中的异常值，可以被丢弃。

(2) 探索 OVA 类别中动漫的评分分布信息。具体实现代码如下：

```
# 创建包含两个子图的图形
_, axs = plt.subplots(1, 2, figsize=(20, 8), sharex=False, sharey=False)
                    plt.tight_layout(pad=4.0)

# 绘制第一个子图：OVA 类别中动漫的平均评分分布
sns.histplot(top_anime_temp2[top_anime_temp2["type"]=="OVA"]["rating"],
             color=palette[1], kde=True, ax=axs[0], bins=20, alpha=1, fill=True,
             edgecolor=palette[12])
axs[0].lines[0].set_color(palette[11])
axs[0].set_title("\nAnime's Average Ratings Distribution [Category : OVA]\n",
                 fontsize=20)
axs[0].set_xlabel("Rating")
axs[0].set_ylabel("Total")

# 绘制第二个子图：OVA 类别中用户对动漫的评分分布
sns.histplot(fulldata[fulldata["type"]=="OVA"]["user_rating"], color=palette[1],
             kde=True, ax=axs[1], bins="auto", alpha=1, fill=True,
             edgecolor=palette[12])
axs[1].lines[0].set_color(palette[11])
# axs[1].set_yscale("log")
axs[1].set_title("\nUsers Anime Ratings Distribution [Category : OVA]\n", fontsize=20)
axs[1].set_xlabel("Rating")
axs[1].set_ylabel("Total")

# 移除图形中的轴线
sns.despine(left=True, bottom=True)
plt.show()
```

上述代码绘制了两个子图，分别展示了 OVA 类别中动漫的平均评分分布和用户对这些动漫的评分分布，如图 12-16 所示。其中左侧的子图展示了动漫的平均评分分布，右侧的子图展示了用户对这些动漫的评分分布。

此时可以得出如下结论：
- 大多数动漫评分分布在 5.5～7.5。
- 大多数用户评分分布在 5.5～10.0。
- 用户评分分布的众数在 7.0～8.0。
- 这两个分布都是左偏的，也就是大多数评分集中在数值较低的一端，而较少的评分分布在数值较高的一端。
- 用户评分中的值-1 是用户评分中的异常值，可以被丢弃。

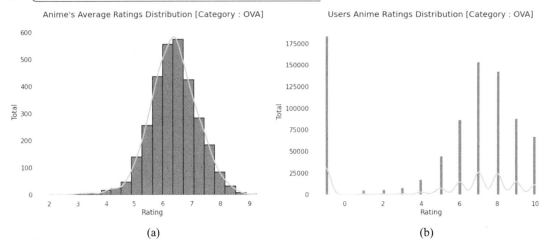

图 12-16　OVA 类别中动漫的平均评分分布和用户对这些动漫的评分分布

(3) 探索 MOVIE 类别中动漫的评分分布信息，具体实现代码如下：

```
# 创建包含两个子图的图形
_, axs = plt.subplots(1, 2, figsize=(20, 8), sharex=False, sharey=False)
                 plt.tight_layout(pad=4.0)

# 绘制第一个子图：MOVIE 类别中动漫的平均评分分布
sns.histplot(top_anime_temp2[top_anime_temp2["type"]=="Movie"]["rating"],
             color=palette[2], kde=True, ax=axs[0], bins=20, alpha=1, fill=True,
             edgecolor=palette[12])
axs[0].lines[0].set_color(palette[3])
axs[0].set_title("\nAnime's Average Ratings Distribution [Category : Movie]\n",
fontsize=20)
axs[0].set_xlabel("Rating")
axs[0].set_ylabel("Total")

# 绘制第二个子图：MOVIE 类别中用户对动漫的评分分布
sns.histplot(fulldata[fulldata["type"]=="Movie"]["user_rating"],
             color=palette[2], kde=True, ax=axs[1], bins="auto", alpha=1,
             fill=True, edgecolor=palette[12])
axs[1].lines[0].set_color(palette[3])
# axs[1].set_yscale("log")
axs[1].set_title("\nUsers Anime Ratings Distribution [Category : Movie]\n", fontsize=20)
axs[1].set_xlabel("Rating")
axs[1].set_ylabel("Total")

# 移除图形中的轴线
sns.despine(left=True, bottom=True)
plt.show()
```

上述代码绘制了两个子图，分别展示了 MOVIE 类别中动漫的平均评分分布和用户对这些动漫的评分分布，如图 12-17 所示。其中左侧的子图展示了动漫的平均评分分布，右侧的子图展示了用户对这些动漫的评分分布。

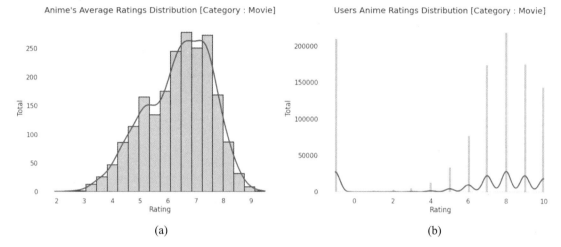

图 12-17　MOVIE 类别中动漫的平均评分分布和用户对这些动漫的评分分布

此时可以得出如下结论。

- 大多数动漫评分分布在 4.5～8.5。
- 大多数用户评分分布在 5.0～10.0。
- 用户评分分布的众数在 7.0～9.0。
- 这两个分布都是左偏的，也就是大多数评分集中在数值较低的一端，而较少的评分分布在数值较高的一端。
- 用户评分中的值-1 是用户评分中的异常值，可以被丢弃。

(4) 开始探索 SPECIAL 类别中动漫的评分分布信息，具体实现代码如下：

```
# 创建包含两个子图的图形
_, axs = plt.subplots(1, 2, figsize=(20, 8), sharex=False, sharey=False)
                    plt.tight_layout(pad=4.0)

# 绘制第一个子图：SPECIAL 类别中动漫的平均评分分布
sns.histplot(top_anime_temp2[top_anime_temp2["type"]=="Special"]["rating"],
            color=palette[3], kde=True, ax=axs[0], bins=20, alpha=1, fill=True,
            edgecolor=palette[12])
axs[0].lines[0].set_color(palette[11])
axs[0].set_title("\nAnime's Average Ratings Distribution [Category : Special]\n",
            fontsize=20)
axs[0].set_xlabel("Rating")
```

```
axs[0].set_ylabel("Total")

# 绘制第二个子图：SPECIAL 类别中用户对动漫的评分分布
sns.histplot(fulldata[fulldata["type"]=="Special"]["user_rating"],
             color=palette[3], kde=True, ax=axs[1], bins="auto", alpha=1,
             fill=True, edgecolor=palette[12])
axs[1].lines[0].set_color(palette[11])
# axs[1].set_yscale("log")
axs[1].set_title("\nUsers Anime Ratings Distribution [Category : Special]\n",
                 fontsize=20)
axs[1].set_xlabel("Rating")
axs[1].set_ylabel("Total")

# 移除图形中的轴线
sns.despine(left=True, bottom=True)
plt.show()
```

上述代码绘制了两个子图，分别展示了 SPECIAL 类别中动漫的平均评分分布和用户对这些动漫的评分分布，如图 12-18 所示。其中左侧的子图展示了动漫的平均评分分布，右侧的子图展示了用户对这些动漫的评分分布。

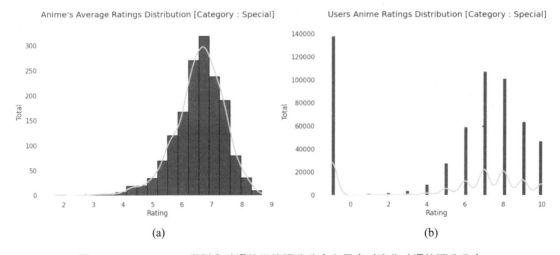

图 12-18　SPECIAL 类别中动漫的平均评分分布和用户对这些动漫的评分分布

此时可以得出如下结论。

- 大多数动漫评分分布在 5.5～8.0。
- 大多数用户评分分布在 5.0～10.0。
- 用户评分分布的众数在 7.0～8.0。
- 这两个分布都是左偏的，也就是大多数评分集中在数值较低的一端，而较少的评分分布在数值较高的一端。
- 用户评分中的值-1是用户评分中的异常值,可以被丢弃。

(5) 下面开始探索 ONA 类别中动漫的评分分布信息,具体实现代码如下:

```
# 创建包含两个子图的图形
_, axs = plt.subplots(1, 2, figsize=(20, 8), sharex=False, sharey=False)
                    plt.tight_layout(pad=4.0)

# 绘制第一个子图:ONA 类别中动漫的平均评分分布
sns.histplot(top_anime_temp2[top_anime_temp2["type"]=="ONA"]["rating"],
            color=palette[4], kde=True, ax=axs[0], bins=20, alpha=1, fill=True,
            edgecolor=palette[12])
axs[0].lines[0].set_color(palette[3])
axs[0].set_title("\nAnime's Average Ratings Distribution [Category : ONA]\n",
                fontsize=20)
axs[0].set_xlabel("Rating")
axs[0].set_ylabel("Total")

# 绘制第二个子图:ONA 类别中用户对动漫的评分分布
sns.histplot(fulldata[fulldata["type"]=="ONA"]["user_rating"], color=palette[4],
            kde=True, ax=axs[1], bins="auto", alpha=1, fill=True,
            edgecolor=palette[12])
axs[1].lines[0].set_color(palette[3])
# axs[1].set_yscale("log")
axs[1].set_title("\nUsers Anime Ratings Distribution [Category : ONA]\n", fontsize=20)
axs[1].set_xlabel("Rating")
axs[1].set_ylabel("Total")

# 移除图形中的轴线
sns.despine(left=True, bottom=True)
plt.show()
```

上述代码绘制了两个子图,分别展示了 ONA 类别中动漫的平均评分分布和用户对这些动漫的评分分布,如图 12-19 所示。其中左侧的子图展示了动漫的平均评分分布,右侧的子图展示了用户对这些动漫的评分分布。

此时可以得出如下结论。
- 大多数动漫评分分布在 4.0~7.0。
- 大多数用户评分分布在 5.0~10.0。
- 用户评分分布的众数在 7.0~8.0。
- 这两个分布都是左偏的,也就是大多数评分集中在数值较低的一端,而较少的评分分布在数值较高的一端。
- 用户评分中的值-1 是用户评分中的异常值,可以被丢弃。

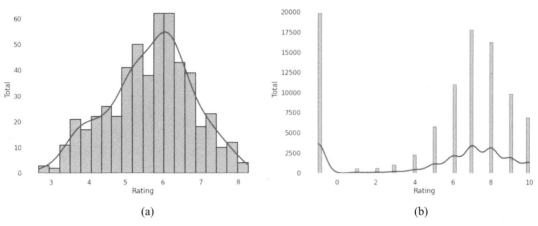

图 12-19 ONA 类别中动漫的平均评分分布和用户对这些动漫的评分分布

(6) 下面开始探索 MUSIC 类别中动漫的评分分布信息，具体实现代码如下：

```
# 创建包含两个子图的图形
_, axs = plt.subplots(1, 2, figsize=(20, 8), sharex=False, sharey=False)
plt.tight_layout(pad=4.0)

# 绘制第一个子图：MUSIC 类别中动漫的平均评分分布
sns.histplot(top_anime_temp2[top_anime_temp2["type"]=="Music"]["rating"],
             color=palette[5], kde=True, ax=axs[0], bins=20, alpha=1, fill=True,
             edgecolor=palette[12])
axs[0].lines[0].set_color(palette[11])
axs[0].set_title("\nAnime's Average Ratings Distribution [Category : Music]\n",
                 fontsize=20)
axs[0].set_xlabel("Rating")
axs[0].set_ylabel("Total")

# 绘制第二个子图：MUSIC 类别中用户对动漫的评分分布
sns.histplot(fulldata[fulldata["type"]=="Music"]["user_rating"],
             color=palette[5], kde=True, ax=axs[1], bins="auto", alpha=1,
             fill=True, edgecolor=palette[12])
axs[1].lines[0].set_color(palette[11])
# axs[1].set_yscale("log")
axs[1].set_title("\nUsers Anime Ratings Distribution [Category : Music]\n", fontsize=20)
axs[1].set_xlabel("Rating")
axs[1].set_ylabel("Total")

# 移除图形中的轴线
sns.despine(left=True, bottom=True)
plt.show()
```

上述代码绘制了两个子图，分别展示了 MUSIC 类别中动漫的平均评分分布和用户对这些动漫的评分分布，如图 12-20 所示。其中左侧的子图展示了动漫的平均评分分布，右侧的子图展示了用户对这些动漫的评分分布。

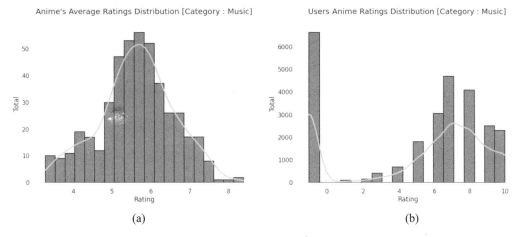

图 12-20　MUSIC 类别中动漫的平均评分分布和用户对这些动漫的评分分布

此时可以得出如下结论。
- 大多数动漫评分分布在 4.0～7.5。
- 大多数用户评分分布在 5.0～10.0。
- 用户评分分布的众数在 6.5～8.0。
- 这两个分布都是左偏的，也就是大多数评分集中在数值较低的一端，而较少的评分分布在数值较高的一端。
- 用户评分中的值-1 是用户评分中的异常值，可以被丢弃。

12.4.9　动漫类型

（1）下面开始探索动漫的类型。首先将动漫数据集中的类型字段按逗号拆分，并通过 explode()函数将其展开为单独的行。接着，对拆分后的类型进行标题化处理。最后，统计并输出唯一类型的总数以及每个类型的出现次数。代码如下：

```
top_anime_temp3 = top_anime[["genre"]]
top_anime_temp3["genre"] = top_anime_temp3["genre"].str.split(", | , | ,")
top_anime_temp3 = top_anime_temp3.explode("genre")
top_anime_temp3["genre"] = top_anime_temp3["genre"].str.title()

print(f'Total unique genres are {len(top_anime_temp3["genre"].unique())}')
print(f'Occurrences of unique genres:')
```

```
top_anime_temp3["genre"].value_counts().to_frame().T.style.set_properties
(**{"background-color": "#2a9d8f","color":"white","border": "1.5px solid black"})
```

执行代码后，会输出唯一类型的总数以及每个类型的出现次数，如图 12-21 所示。

genre	Comedy	Action	Adventure	Fantasy	Sci-Fi	Drama	Shounen	Romance	Kids	School	Slice Of Life	Hentai	Supernatural
	4271	2686	2197	2107	1981	1857	1636	1420	1306	1135	1115	1095	964

图 12-21　唯一类型的总数以及每个类型的出现次数

(2) 使用 WordCloud 库创建一个词云图，展示动漫类型的分布。词云图的背景色为黑色，使用 RdYlGn 颜色映射，最大字号大小为 100。最后，通过调用 show()方法展示生成的词云图。代码如下：

```
# 导入必要的库
from wordcloud import WordCloud

# 创建 WordCloud 对象
wordcloud = WordCloud(width=800, height=250, background_color="black",
            colormap="RdYlGn", max_font_size=100, stopwords=None,
repeat=True).generate(top_anime["genre"].str.cat(sep=", | , | ,"))

# 绘制词云图
print("Let's explore how genre's wordcloud looks like\n")
plt.figure(figsize=(20, 8), facecolor="#ffd100")
plt.imshow(wordcloud)
plt.axis("off")
plt.margins(x=0, y=0)
plt.tight_layout(pad=0)
plt.show()
```

生成的词云图效果如图 12-22 所示。

图 12-22　词云图效果

12.4.10 最终数据预处理

(1) 进行最终的数据预处理。首先,将用户评分中的值-1 替换为 NaN。接着,通过 dropna()函数删除包含 NaN 值的行。最后,输出处理后数据中的空值数量。代码如下:

```
data = fulldata.copy()
data["user_rating"].replace(to_replace=-1, value=np.nan, inplace=True)
data = data.dropna(axis=0)
print("Null values after final pre-processing :")
data.isna().sum().to_frame().T.style.set_properties(**{"background-color":
                "#2a9d8f","color":"white","border": "1.5px solid black"})
```

(2) 首先计算每个用户的评分数量,并筛选出至少 50 个有评分的用户。然后,通过 pivot_table()函数创建一个以动漫名称为行、用户 ID 为列、用户评分为值的数据透视表。其中空缺值被填充为 0。代码如下:

```
selected_users = data["user_id"].value_counts()
data = data[data["user_id"].isin(selected_users[selected_users >= 50].index)]

data_pivot_temp = data.pivot_table(index="name", columns="user_id",
                    values="user_rating").fillna(0)
data_pivot_temp.head()
```

执行代码后会输出:

```
user_id 3      5      7      11     14     17     21     23     24     27     ...  73495  73499  73500
        73501  73502  73503  73504  73507  73510  73515
name

&quot;0&quot;    0.0 0.0 0.0 0.0 0.0 0.0 0.0 0.0 0.0 0.0 ... 0.0 0.0 0.0 0.0
        0.0 0.0 0.0 0.0 0.0 0.0
&quot;Bungaku Shoujo&quot; Kyou no Oyatsu: Hatsukoi    0.0 0.0 0.0 0.0
        0.0 0.0 0.0 0.0 ... 0.0 0.0 0.0 10.0 0.0 0.0 0.0
&quot;Bungaku Shoujo&quot; Memoire       0.0 0.0 0.0 0.0 0.0 0.0
        ... 0.0 0.0 0.0 0.0 0.0 0.0 0.0 6.0 0.0
&quot;Bungaku Shoujo&quot; Movie         0.0 0.0 0.0 0.0 0.0 8.0 0.0 ...
        0.0 0.0 0.0 10.0 0.0 0.0 0.0
&quot;Eiji&quot;    0.0 0.0 0.0 0.0 0.0 0.0 0.0 0.0 0.0 0.0 ... 0.0 0.0 0.0 0.0
        0.0 0.0
5 rows × 32967 columns
```

(3) 定义一个 text_cleaning()函数,用于清理动漫名称中的一些特殊字符。然后,用该函数清理数据集中的动漫名称,并通过 pivot_table()函数创建一个以动漫名称为行、用户 ID 为列、用户评分为值的数据透视表。代码如下:

```
def text_cleaning(text):
    text = re.sub(r'&quot;', '', text)
    text = re.sub(r'.hack//', '', text)
    text = re.sub(r'&#039;', '', text)
    text = re.sub(r'A&#039;s', '', text)
    text = re.sub(r'I&#039;', 'I\'', text)
    text = re.sub(r'&amp;', 'and', text)

    return text

data["name"] = data["name"].apply(text_cleaning)

data_pivot = data.pivot_table(index="name", columns="user_id",
values="user_rating").fillna(0)
print("After Cleaning the anime names, let's see how it looks like.")
data_pivot.head()
```

执行代码后会输出：

```
user_id 3    5    7    11   14   17   21   23   24   27  ... 73495   73499   73500
    73501   73502   73503   73504   73507   73510   73515
name
0       0.0  0.0  0.0  0.0  0.0  0.0  0.0  0.0  0.0  0.0 ... 0.0 0.0 0.0 0.0 0.0 0.0
    0.0 0.0 0.0
001     0.0  0.0  0.0  0.0  0.0  0.0  0.0  0.0  0.0  0.0 ... 0.0 0.0 0.0 0.0 0.0 0.0
    0.0 0.0 0.0
009 Re:Cyborg    0.0 0.0 0.0 0.0 0.0 0.0 0.0 0.0 0.0 ... 0.0 0.0 0.0 0.0 0.0 0.0
    0.0 0.0 0.0 0.0 0.0
009-1   0.0  0.0  0.0  0.0  0.0  0.0  0.0  0.0  0.0  0.0 ... 0.0 0.0 0.0 0.0 0.0 0.0
    0.0 0.0 0.0 0.0
009-1: RandB 0.0 0.0 0.0 0.0 0.0 0.0 0.0 0.0 0.0 ... 0.0 0.0 0.0 0.0 0.0 0.0
    0.0 0.0 0.0 0.0 0.0
5 rows × 32967 columns
```

12.5 推荐系统

经过前面对数据集的预处理和数据分析，已经为推荐系统的开发工作打下基础。本节将详细讲解分别实现基于协同过滤的推荐系统和基于内容的推荐系统的过程。

12.5.1 协同过滤推荐系统

协同过滤是一种推荐技术，它能够基于相似用户的反馈来预测特定用户可能喜欢的项

扫码看视频

目。该技术通过在大量用户中寻找与目标用户口味类似的较小用户群体来实现推荐。我们使用余弦相似度作为衡量用户或项目之间相似性的度量标准，这种方法关注的是向量之间的角度，而不是它们的长度。在多维空间中，余弦相似度通过计算两个向量夹角的余弦值来衡量它们之间的相似度。

余弦相似度的优势在于，即使两个文档在欧几里得空间中的距离较远(这可能是由于它们的长度或规模不同导致的)，但如果它们的方向相似，即角度较小，那么它们的余弦相似度仍然会很高。这意味着，即使两个文档的规模不同，只要它们在内容上相似，就可以得到较高的相似度评分。

下面这段代码展示了实现基于协同过滤的推荐系统的关键步骤：

```
from scipy.sparse import csr_matrix
from sklearn.neighbors import NearestNeighbors

data_matrix = csr_matrix(data_pivot.values)

model_knn = NearestNeighbors(metric="cosine", algorithm="brute")
model_knn.fit(data_matrix)

query_no = np.random.choice(data_pivot.shape[0])   # 随机选择一个动漫标题并找到推荐
print(f"We will find recommendation for {query_no} no anime which is {data_pivot.index[query_no]}.")
distances, indices = model_knn.kneighbors(data_pivot.iloc[query_no, :].values.reshape(1, -1), n_neighbors=6)
```

上述代码的实现流程如下。

- 首先，导入了必要的库，包括 scipy.sparse 中的 csr_matrix 和 sklearn.neighbors 中的 NearestNeighbors，用于处理稀疏矩阵和构建 KNN 模型。
- 然后，通过将用户评分数据转换为稀疏矩阵，创建一个表示"用户-物品"关系的数据矩阵。
- 接着，使用 NearestNeighbors 构建一个基于余弦相似度的 KNN 模型。这个模型将根据用户对动漫的评分计算动漫间的相似性。
- 最后，从数据矩阵中随机选择一个动漫，然后使用 KNN 模型找到最相似的动漫，并返回相似动漫的距离和索引。这可以作为推荐系统的一部分，为用户提供与他喜欢的动漫相似的其他动漫。

我们将为动漫编号为 538 的作品"Asari-chan: Ai no Marchen Shoujo"寻找推荐。

使用协同过滤技术，基于用户评分数据，为指定动漫生成推荐列表。推荐是通过计算动漫之间的余弦相似度，找到与查询动漫最相似的几部动漫来完成的。代码如下：

```
no = []
name = []
distance = []
rating = []

for i in range(0, len(distances.flatten())):
    if i == 0:
        print(f"Recommendations for {data_pivot.index[query_no]} viewers :\n")
    else:
        no.append(i)
        name.append(data_pivot.index[indices.flatten()[i]])
        distance.append(distances.flatten()[i])
        rating.append(*anime[anime["name"]==data_pivot.index[indices.flatten()[i]]]
                ["rating"].values)

dic = {"No" : no, "Anime Name" : name, "Rating" : rating}
recommendation = pd.DataFrame(data = dic)
recommendation.set_index("No", inplace = True)
recommendation.style.set_properties(**{"background-color":
"#2a9d8f","color":"white","border": "1.5px solid black"})
```

上述代码的实现流程如下。

- 首先，创建 4 个空列表：no(编号)、name(动漫名称)、distance(相似度距离)和 rating(评分)。接着，使用循环遍历相似度列表和索引数组，将结果添加到相应的列表中。在循环中检查索引是否为 0，如果是，则打印查询动漫的推荐标题；否则添加相应的数据到列表中。
- 最后，将这些列表转换为一个 DataFrame，其中包含编号、动漫名称和评分，并将编号列设置为索引。使用样式来美化 DataFrame 的外观。

上述代码执行后，会生成一个推荐列表，其中包含了与查询动漫最相似的几部动漫，以及它们的评分，如图 12-23 所示。

1	To LOVE-Ru Darkness OVA	7.820000
2	Hanbun no Tsuki ga Noboru Sora	7.690000
3	Mai-HiME	7.590000
4	Doraemon Movie 28: Nobita to Midori no Kyojin Den	7.540000
5	Rurouni Kenshin Special	7.510000
6	Pikmin Short Movies	7.270000
7	Deadman Wonderland OVA	7.120000
8	Anata mo Robot ni Nareru feat. Kamome Jidou Gasshoudan	5.120000

图 12-23 推荐列表

12.5.2 基于内容的推荐系统

基于内容的推荐器是一种根据物品内容与用户个人资料之间的比较来推荐物品的方法，每个物品的内容表示为一组描述符或术语，通常是文档中出现的词语。基于内容的推荐器使用用户提供的数据，可以是显式的(评分)或隐式的(点击链接)，基于此数据，生成用户个人资料，然后用于向用户提供建议。随着用户提供更多输入或对推荐采取行动，推荐引擎变得越来越准确。

在基于内容的推荐系统中，TF(词频)和IDF(逆文档频率)是用于衡量单词在文档中重要性的指标。TF是一个词在文档中出现的频率，而IDF是整个文档语料库中文档频率的倒数。使用TF-IDF主要有两个原因：假设我们在Google上搜索"the rise of analytics"，很明显，the将比analytics更频繁地出现，但从搜索查询的角度来看，analytics的相对重要性更高。在这种情况下，TF-IDF加权抵消了高频词在确定项(文档)重要性方面的影响。

在本项目中，将使用TF-IDF在动漫的流派上进行操作，以便根据流派向用户推荐内容。

(1) 实现基于内容的推荐系统的数据准备阶段，利用TF-IDF向量化动漫的流派信息，为后续计算相似性和推荐提供基础。代码如下：

```
from sklearn.feature_extraction.text import TfidfVectorizer

tfv = TfidfVectorizer(min_df=3, max_features=None, strip_accents="unicode",
                      analyzer="word", token_pattern=r"\w{1,}",
                      ngram_range=(1, 3), stop_words = "english")

rec_data = fulldata.copy()
rec_data.drop_duplicates(subset ="name", keep = "first", inplace = True)
rec_data.reset_index(drop = True, inplace = True)
genres = rec_data["genre"].str.split(", | , | ,").astype(str)
tfv_matrix = tfv.fit_transform(genres)
```

上述代码的实现流程如下。

- 首先，导入TfidfVectorizer，这是用于将文本数据转换为TF-IDF特征矩阵的工具。接着，创建一个TfidfVectorizer对象，设置了一些参数，例如最小文档频率(min_df)、最大特征数(max_features)、分词模式(token_pattern)、n-gram范围(ngram_range)等。这些参数用于控制生成的特征矩阵的属性。
- 然后，创建一个数据副本rec_data，其中去除了重复的动漫条目，并对索引进行重置。接下来，提取动漫的流派信息，并将其转换为字符串形式，以便用于TF-IDF矩阵的构建。
- 最后，使用TfidfVectorizer的fit_transform()方法，对提取的流派信息进行TF-IDF

向量化，得到 TF-IDF 矩阵(tfv_matrix)。这个矩阵将用于计算动漫之间的相似性，以便进行基于内容的推荐。

此外，scikit-learn 提供了适用于向量集合的密集和稀疏表示的成对度量(在机器学习术语中称为核)。在本项目中需要为推荐的动漫分配 1，对于不推荐的动漫分配 0。本项目将使用 sigmoid 核。

(2) 实现基于内容的推荐系统，使用 TF-IDF 表示动漫的类型(genres)。通过计算动漫之间的 sigmoid 核，确定它们之间的相似度。最后，通过推荐函数为指定动漫(例如 Naruto)提供与之相似的前 10 个动漫的推荐列表。代码如下：

```
# 计算 sigmoid kernel
sig = sigmoid_kernel(tfv_matrix, tfv_matrix)

# 建立索引，用于查找推荐
rec_indices = pd.Series(rec_data.index, index=rec_data["name"]).drop_duplicates()

# 推荐函数
def give_recommendation(title, sig=sig):
    idx = rec_indices[title]  # 获取与原始标题对应的索引
    sig_score = list(enumerate(sig[idx]))  # 获取成对相似性分数
    sig_score = sorted(sig_score, key=lambda x: x[1], reverse=True)
    sig_score = sig_score[1:11]
    anime_indices = [i[0] for i in sig_score]

    # 获取前 10 个最相似的动漫
    rec_dic = {"No": range(1, 11),
               "Anime Name": anime["name"].iloc[anime_indices].values,
               "Rating": anime["rating"].iloc[anime_indices].values}
    dataframe = pd.DataFrame(data=rec_dic)
    dataframe.set_index("No", inplace=True)

    print(f"Recommendations for {title} viewers :\n")

    return dataframe.style.set_properties(**{"background-color": "#2a9d8f",
"color": "white", "border": "1.5px solid black"})

# 获取 Naruto 的推荐
give_recommendation("Naruto")
```

执行上述代码后，会生成一个推荐列表，其包含了与查询动漫最相似的几部动漫，以及它们的评分，如图 12-24 所示。

(3) 为 Death Note 提供相似的动漫推荐列表，这是基于输入的动漫(Death Note)的内容特征(在这里是动漫的类型/流派)与其他动漫之间的相似性计算而得出的。它并不是基于用户的评分数据，而是根据动漫的内容相似性。具体实现代码如下：

```
# 获取 Death Note 的推荐
give_recommendation("Death Note")
```

执行代码后的效果如图 12-25 所示。

No	Anime Name	Rating
1	To LOVE-Ru Darkness OVA	7.820000
2	Hanbun no Tsuki ga Noboru Sora	7.690000
3	Mai-HiME	7.590000
4	Doraemon Movie 28: Nobita to Midori no Kyojin Den	7.540000
5	Rurouni Kenshin Special	7.510000
6	Pikmin Short Movies	7.270000
7	Deadman Wonderland OVA	7.120000
8	Anata mo Robot ni Nareru feat. Kamome Jidou Gasshoudan	5.120000
9	Shinpi no Hou	5.370000
10	Toaru Majutsu no Index: Endymion no Kiseki	7.710000

图 12-24 推荐列表

No	Anime Name	Rating
1	Hachimitsu to Clover Specials	7.850000
2	Trapp Ikka Monogatari	7.750000
3	Major S1	8.420000
4	Hakkenden: Touhou Hakken Ibun	7.570000
5	Ushi Atama	4.870000
6	ef: A Tale of Melodies.	8.180000
7	Saki Achiga-hen: Episode of Side-A Specials	7.630000
8	One Piece: Oounabara ni Hirake! Dekkai Dekkai Chichi no Yume!	7.430000
9	Kizumonogatari II: Nekketsu-hen	8.730000
10	Gundam Evolve	6.890000

图 12-25 基于 Death Note 提供相似的动漫推荐列表

(4) 为 Mogura no Motoro 提供相似的动漫推荐列表，这是基于输入的动漫(Mogura no Motoro)的内容特征(在这里是动漫的类型/流派)与其他动漫之间的相似性计算而得出的。它并不是基于用户的评分数据，而是根据动漫的内容相似性。代码如下：

```
# 获取 Mogura no Motoro 的推荐
give_recommendation("Mogura no Motoro")
```

执行代码后的效果如图 12-26 所示。

No	Anime Name	Rating
1	Cat's Eye	7.210000
2	Black Jack ONA	6.820000
3	Ketsuekigata-kun!	6.790000
4	Puni Puni☆Poemii	6.680000
5	Arrow Emblem Grand Prix no Taka	6.660000
6	Redial	6.660000
7	Persona 4 the Golden Animation: Thank you Mr. Accomplice	6.610000
8	Shin-Men	6.540000
9	Human Crossing	6.530000
10	Baby☆Love	6.450000

图 12-26　基于 Mogura no Motoro 提供相似的动漫推荐列表

12.6　总结

扫码看视频

该项目是一个基于用户个性化兴趣的动漫推荐系统，通过综合考虑协同过滤和基于内容的推荐算法，为用户提供了更为个性化的动漫推荐服务。以下是项目的主要亮点和总结。

- ❑ 多算法融合：项目采用协同过滤和基于内容的推荐算法，综合考虑用户的历史行为和动漫的内容特征，提高了推荐的准确性和用户满意度。
- ❑ 数据分析与可视化：通过对动漫数据库的分析，系统生成了丰富的图表和统计信息，包括动漫类型分布、用户评分分布等，帮助用户更好地了解动漫领域。
- ❑ 推荐结果解释：用户不仅能够接收系统的推荐结果，还能够查看推荐的解释，了解为何系统给出这样的推荐，增加用户对推荐算法的信任感。
- ❑ 流行趋势和社区互动：系统展示了动漫作品的流行趋势，使用户能够紧跟最新、最热门的动漫；同时用户还可以通过系统分享看法、提供反馈，参与动漫社区。

总体而言，该项目通过结合不同推荐算法，提供数据分析和可视化功能，以及构建用户友好的交互界面，为用户提供了一个全面的动漫推荐平台。未来，可以考虑引入更复杂的深度学习模型，增加用户社交功能，以不断优化和扩展系统的推荐能力。